U0262825

木材美学

罗建举　吴义强 等　著

科 学 出 版 社
北　京

内 容 简 介

本书是系统学习木材美学属性和木材美学技术的专业书籍。全书共10章，分为上、下两篇，上篇讲述木材美学属性，下篇介绍木材美学技术。

上篇分6章，分别为绪论、树木之美、红木之美、名木之美、木材宏观之美和木材微观之美。其中，第1章简单介绍人类生活、科学、艺术和文学等领域的木材之美，可让读者获得对木材美学的初步认识和兴趣；第2章讲述树木生长之美、形貌之美和功能之美；第3章讲述国标八类红木的树木形貌特征和木材识别要点，并从材质、器形和工艺上赏析各种红木制品之美；第4章介绍柚木、蛇纹木、檀香木、金丝楠木、沉香木、愈疮木、阴沉木和化石木八类名木的特征，并赏析这些名木的制品之美；第5章从树木的树皮、材表、木节、树瘤、树根、年轮、纹理和朽木八个方面来分析木材的宏观之美；第6章从木材导管、木材纤维、木材射线、树脂道、薄壁组织、胞壁特征和胞腔内含物七个方面分析木材的微观之美。

下篇分4章，分别为木美素材开发、木美图案技术、木美应用技术和木美作品赏析。其中，第7章讨论木材美学应用的宏观素材、体视镜素材、光学镜素材和电镜素材开发技术；第8章介绍天然型、对称式、联缀式、散点式、分形几何和图元重组型木美图案的创作方法与设计技术；第9章通过实际案例，介绍木美画艺、木美布艺、木美陶艺、木美地板、木美箱包、木美扇艺和木美家具等木材美学作品的设计与制作技术；第10章与读者分享木美轴画、木美框画、木美领带、木美丝巾、木美箱包、木美陶瓷、木美地板和木美时装八类木美作品，这里读者既可以感受到木美素材的原始之美，又可以欣赏到木美作品的创作之美。

本书适合美学、美术、艺术、装潢、装帧、艺术设计、室内装饰工程和木材科学技术等专业的高校师生，以及从事这些专业的设计人员和具有木文化爱好的各界人士阅读。

图书在版编目(CIP)数据

木材美学／罗建举等著. —北京：科学出版社，2021. 5

ISBN 978-7-03-068680-0

Ⅰ.①木… Ⅱ.①罗… Ⅲ.①木材学-美学 Ⅳ.①S781

中国版本图书馆CIP数据核字（2021）第076485号

责任编辑：霍志国／责任校对：杜子昂

责任印制：肖 兴／封面设计：东方人华

科学出版社 出版

北京东黄城根北街16号

邮政编码：100717

http://www.sciencep.com

北京九天鸿程印刷有限责任公司 印刷

科学出版社发行 各地新华书店经销

*

2021年5月第 一 版 开本：720×1000 1/16

2021年5月第一次印刷 印张：20 3/4

字数：420 000

定价：150.00元

作者简介

罗建举教授，男，湖南省湘潭市人，1956年5月生。1982年本科毕业于中南林学院木材科学与工程专业，获工学学士学位；1985年毕业于该校木材科学与技术学科，获林学硕士学位；1999年毕业于中国林业科学研究院木材工业研究所林业工程学科，获工学博士学位；先后留学芬兰赫尔辛基工业大学和美国俄勒冈州立大学。1985年至今，在木材科学与技术领域从事教学与研究三十多年，出版研究专著6部，发表研究论文百余篇，获得了一系列教学与科研成果，先后获得全国模范教师和广西高校教学名师等荣誉称号。历任广西大学林学院院长、广西大学学术委员会委员和教育部高等学校林业工程专业教学指导委员会副主任委员。现任国际木材解剖协会中国分会副主席、中国野生植物保护协会木文化工作委员会副会长、广西红木文化研究会会长和广西祥盛家居材料股份有限公司独立董事。

吴义强教授，男，河南省固始县人，1967年7月生。1991年本科毕业于中南林学院木材机械加工专业，获工学学士学位；1999年毕业于该校木材科学与技术学科，获工学硕士学位；2005年毕业于日本国立爱媛大学木材科学与技术学科，获农学博士学位。长期致力于木材科学与技术领域的教学、科研及产业化等工作，以第一完成人获国家科学技术进步奖二等奖2项、国家教学成果奖二等奖1项、全国创新争先奖1项，教育部科学技术进步奖一等奖、湖南省科学技术进步奖一等奖和湖南光召科学技术奖等省部级奖励9项。主持国家自然科学基金重点项目/重大项目、国家科技支撑计划项目等国家、省部级项目20余项。发表学术论文200余篇，其中SCI、EI收录150余篇，获授权发明专利60余项，主编《中国林业百科全书·木材科学与技术卷》。入选教育部“长江学者奖励计划”特聘教授、国家首批“万人计划”中青年科技创新领军人才、“新世纪百千万人才工程”国家级人选，获全国优秀教师、湖南省高校教学名师、湖南省“创先争优”优秀共产党员（记一等功）等荣誉称号。历任中南林业科技大学材料科学与工程学院院长、副校长、校学术委员会主任，兼任第六、七、八届国务院学位委员会林业工程学科评议组成员，教育部高等学校林业工程专业教学指导委员会副主任委员，中国竹产业协会副会长和中国林学会木材科学分会副理事长等。

前　言

木材美学，既是传统常识，又是全新理念。从远古至今，木材一直与人们生活息息相关、休戚相伴，人们生活中的衣、食、住、行、娱，无一不依赖于木材。人类之所以永远对木材不离不弃、情有独钟，乃是源于木材独有的美学属性。

《易经》有曰，“地可观者，莫可观于木”。意即“世间万物，唯木最美”。木，生于青山绿水之中，长在高山峻岭之上，长年累月吸收山川大地的精华，享受阳光雨露的滋润，汇日月之光辉，聚天地之灵气，集自然之大美，因而能够成为世间最美之物。

木材之美的属性，最为突出地体现于它自始至终、尽善尽美的环境友好性。首先，木材起源于树木的生长，树木借太阳光之能量，吸收大气中的二氧化碳和水，通过树叶中叶绿素进行光合作用，生成高分子化合物，储藏于树干，木材便由此而产生。树木在生产木材的过程中，减少了大气中二氧化碳含量，增加了大气中负氧离子浓度，全过程不但没有能量消耗、没有环境污染，相反地，对环境具有很好的促进和保护作用。第二，木质材料能够吸能减震、调温调湿和隔热保温。在木材制品的加工和使用过程中，与其他材料相比较，木制品具有突出的节能环保性。第三，木材可以被环境微生物分解或燃烧热解。木材废弃物如果被微生物分解，变为腐殖质，回归于土，可行改良土壤的重要作用；如果将木材废弃物用作燃料，可以生产出大量热能供人们享用。由此可见，木材从树木生长到木制品的加工和使用，再到废旧处理的全程都具有很好的环境友好性。

人们对木材之美的感受，主要来源于它的质地、气味、纹理和丰富多彩、变幻无穷的花纹图案。在嗅觉上，木材气味清香，经久不息；触觉上，木材手感温润，冬暖夏凉；视觉上，木材的花纹赏心悦目，妙趣无穷。不同于其他材料，木材由树木生长而成，是千千万万个细胞的集合体，在这一点上，它与我们人体同质，都是由生物细胞所构成，所以人们对木材之美具有天然的亲和性。木材的生物属性使得它具有天然的生气与灵性，这正是木材之美的真谛所在。

过去人们开发利用木材，主要是对木材物质属性的利用，需要消耗大量的木材资源，对资源环境有较大的影响。木材美学价值是木材资源的一种非物质属性，木材的非物质属性同样可以具有很好的开发利用价值。本书中介绍的木材美学技术，开发了一种“非木”的木材利用方式，它所利用的不是木材物质本身，而是由木材物质所承载的美学属性。因此，木材美学开发利用，不需要消耗木材资源，不会对森林资源造成破坏，是一种理想的、可持续的木材利用方式。

"木材美学"是一个"木育+美育"的综合性学科，具有理学与文学交叉、技术与艺术结合、现代与传统相融的特色，它是以传统"木材学"理论为基础，综合运用现代技术与艺术手段，创新发展而形成的一个新兴学科领域。全书分上、下两篇，共10章。上篇关于木材美学属性，分为6章，分别为绪论、树木之美、红木之美、名木之美、木材宏观之美和木材微观之美；下篇关于木材美学技术，分为4章，分别为木美素材开发、木美图案技术、木美应用技术和木美作品赏析。通过系统地学习《木材美学》，读者将被引领进入一个精彩的木美世界。在这里，大家可以学习木材美之属性，探索木材美之原理，玩味木材美之奥秘，感受木材美之风韵，体验木美作品之神奇魅力。

本书用到了一些相关网站的图片，作者尽最大可能地追溯原始出处，并在参考文献中加以标注。但由于网上图片转载频繁，有些图片未能溯源到原创作者，故对这些图片的原创作者深怀歉意，并向他们表示衷心的感谢，同时郑重申明本书作者对这些图片不享有知识产权。

本书主要由罗建举、吴义强撰写、统稿。高伟、卿彦、苌姗姗、李秀荣、罗帆、何拓、徐云舟参与了撰写工作。

木材美学涉及树木学、木材学、视觉美学、哲学美学和图形技术等多方面知识，由于作者知识水平的局限性，书中恐有不妥之处，诚请读者批评指正。

作　者
2020年12月

目　录

上篇　木材美学属性

第 1 章　绪论 …… 3
1.1　木的生活 …… 3
1.1.1　木与衣 …… 3
1.1.2　木与食 …… 5
1.1.3　木与住 …… 6
1.1.4　木与行 …… 7
1.1.5　木与娱 …… 8
1.2　木的科学 …… 12
1.2.1　木与中国古代四大发明 …… 12
1.2.2　木与计算科学 …… 14
1.2.3　木与测量科学 …… 15
1.2.4　木与能源科学 …… 16
1.3　木的艺术 …… 16
1.3.1　木与音乐 …… 16
1.3.2　木与美术 …… 18
1.4　木的文学 …… 22
1.4.1　木与文字 …… 23
1.4.2　木与成语 …… 23
1.4.3　木与楹联 …… 24
1.4.4　木与诗歌 …… 25
1.4.5　木与故事 …… 26
1.5　木材美学内涵 …… 27
1.5.1　木材美学定义 …… 27
1.5.2　木材美学内涵 …… 28
第 2 章　树木之美 …… 31
2.1　树木生长之美 …… 31
2.1.1　树木的分类 …… 31

2.1.2 树木的高生长 …… 32
2.1.3 树木的径生长 …… 33
2.1.4 树木各部及其作用 …… 34
2.2 树木形貌之美 …… 35
2.2.1 叶之美 …… 36
2.2.2 花之美 …… 36
2.2.3 果之美 …… 37
2.2.4 形之美 …… 38
2.2.5 四季之美 …… 39
2.3 树木功能之美 …… 41
2.3.1 涵养水源 …… 41
2.3.2 防风固土 …… 41
2.3.3 吸尘降噪 …… 42
2.3.4 净化空气 …… 42
2.3.5 调节气候 …… 43
2.3.6 美化环境 …… 43
2.3.7 改善生物多样性 …… 44
第3章 红木之美 …… 45
3.1 红木概说 …… 45
3.1.1 红木的定义 …… 45
3.1.2 红木之名由来 …… 45
3.1.3 红木树种简介 …… 46
3.1.4 红木家具 …… 46
3.1.5 红木工艺品 …… 47
3.2 紫檀木之美 …… 49
3.2.1 树木简介 …… 49
3.2.2 产地分布 …… 49
3.2.3 实物图片 …… 49
3.2.4 识别要点 …… 50
3.2.5 精品赏析 …… 50
3.3 花梨木之美 …… 53
3.3.1 树木简介 …… 53
3.3.2 产地分布 …… 53
3.3.3 实物图片 …… 54
3.3.4 识别要点 …… 55

3.3.5　精品赏析 …… 55
3.4　香枝木之美 …… 57
3.4.1　树木简介 …… 58
3.4.2　产地分布 …… 58
3.4.3　实物图片 …… 58
3.4.4　识别要点 …… 59
3.4.5　精品赏析 …… 59
3.5　黑酸枝木之美 …… 62
3.5.1　树木简介 …… 62
3.5.2　产地分布 …… 63
3.5.3　实物图片 …… 63
3.5.4　识别要点 …… 64
3.5.5　精品赏析 …… 64
3.6　红酸枝木之美 …… 67
3.6.1　树木简介 …… 67
3.6.2　产地分布 …… 67
3.6.3　实物图片 …… 67
3.6.4　识别要点 …… 69
3.6.5　精品赏析 …… 69
3.7　乌木与条纹乌木之美 …… 72
3.7.1　树木简介 …… 72
3.7.2　产地分布 …… 73
3.7.3　实物图片 …… 73
3.7.4　识别要点 …… 74
3.7.5　精品赏析 …… 74
3.8　鸡翅木之美 …… 78
3.8.1　树木简介 …… 78
3.8.2　产地分布 …… 78
3.8.3　实物图片 …… 78
3.8.4　识别要点 …… 79
3.8.5　精品赏析 …… 79
第4章　名木之美 …… 83
4.1　柚木之美 …… 83
4.1.1　树木简介 …… 83
4.1.2　产地分布 …… 83

4.1.3 实物图片 …… 84
4.1.4 木材特性 …… 85
4.1.5 精品赏析 …… 85
4.2 蛇纹木之美 …… 87
4.2.1 树木简介 …… 88
4.2.2 产地分布 …… 88
4.2.3 实物图片 …… 88
4.2.4 木材特性 …… 88
4.2.5 精品赏析 …… 89
4.3 檀香木之美 …… 92
4.3.1 树木简介 …… 92
4.3.2 产地分布 …… 92
4.3.3 实物图片 …… 92
4.3.4 木材特性 …… 94
4.3.5 精品赏析 …… 94
4.4 金丝楠木之美 …… 97
4.4.1 树木简介 …… 97
4.4.2 产地分布 …… 98
4.4.3 实物图片 …… 98
4.4.4 木材特性 …… 99
4.4.5 精品赏析 …… 99
4.5 沉香木之美 …… 102
4.5.1 树木简介 …… 102
4.5.2 产地分布 …… 102
4.5.3 实物图片 …… 103
4.5.4 木材特性 …… 104
4.5.5 精品赏析 …… 104
4.6 愈疮木之美 …… 106
4.6.1 树木简介 …… 107
4.6.2 产地分布 …… 107
4.6.3 实物图片 …… 107
4.6.4 木材特性 …… 108
4.6.5 精品赏析 …… 108
4.7 阴沉木之美 …… 111
4.7.1 阴沉木的形成 …… 112

4.7.2　产地分布 ······ 112
4.7.3　实物图片 ······ 112
4.7.4　木材特性 ······ 113
4.7.5　精品赏析 ······ 113
4.8　化石木之美 ······ 116
4.8.1　化石木的形成 ······ 116
4.8.2　化石木的科学价值 ······ 116
4.8.3　化石木的美学价值 ······ 116
4.8.4　化石木的收藏价值 ······ 116
4.8.5　化石木颜色之美 ······ 117
4.8.6　化石木的质地之美 ······ 117
4.8.7　化石木的形态之美 ······ 118
4.8.8　化石木的纹理之美 ······ 119
第5章　木材宏观之美 ······ 120
5.1　树皮之美 ······ 120
5.1.1　树皮的美学因素 ······ 120
5.1.2　树皮的天然之美 ······ 123
5.1.3　树皮的创作之美 ······ 124
5.2　材表之美 ······ 125
5.2.1　材表的类型 ······ 125
5.2.2　材表的天然之美 ······ 130
5.2.3　材表的创作之美 ······ 131
5.3　木节之美 ······ 132
5.3.1　木节的类型 ······ 132
5.3.2　木节的天然之美 ······ 135
5.3.3　木节的创作之美 ······ 136
5.4　树瘤之美 ······ 137
5.4.1　树瘤的类型 ······ 138
5.4.2　树瘤天然之美 ······ 141
5.4.3　树瘤工艺品之美 ······ 141
5.4.4　树瘤的创作之美 ······ 144
5.5　树根之美 ······ 145
5.5.1　树根的各种形态 ······ 145
5.5.2　根雕作品之美 ······ 148
5.5.3　根书作品之美 ······ 149

5.5.4　树根素材图案创作 …… 150
5.6　年轮之美 …… 151
5.6.1　年轮美之原理 …… 152
5.6.2　年轮的表现 …… 152
5.6.3　年轮天然之美 …… 154
5.6.4　年轮创作之美 …… 154
5.7　纹理之美 …… 155
5.7.1　木材纹理 …… 156
5.7.2　木材花纹 …… 157
5.7.3　木纹图案创作 …… 160
5.8　朽木之美 …… 160
5.8.1　木材腐朽的类型 …… 161
5.8.2　朽木天然之美 …… 163
5.8.3　朽木创作之美 …… 164
第6章　木材微观之美 …… 167
6.1　木材导管之美 …… 167
6.1.1　导管的构造 …… 167
6.1.2　导管美学因素 …… 168
6.1.3　导管美学利用 …… 173
6.2　木材纤维之美 …… 174
6.2.1　针叶材管胞 …… 175
6.2.2　阔叶材木纤维 …… 176
6.3　木材射线之美 …… 179
6.3.1　木射线的类型 …… 179
6.3.2　木射线的表现 …… 179
6.3.3　木射线的异细胞 …… 180
6.3.4　木射线叠生构造 …… 181
6.3.5　木射线美学利用 …… 181
6.4　树脂道之美 …… 182
6.4.1　树脂道的构造 …… 182
6.4.2　树脂道的分类 …… 183
6.4.3　树脂道的美学利用 …… 184
6.5　薄壁组织之美 …… 186
6.5.1　木材薄壁组织类型 …… 186
6.5.2　轴向薄壁组织分类 …… 186

6.5.3　薄壁组织叠生构造 …… 188
6.5.4　薄壁组织美学利用 …… 188
6.6　胞壁特征之美 …… 190
6.6.1　木材纹孔 …… 190
6.6.2　螺纹加厚 …… 192
6.6.3　胞壁瘤层 …… 194
6.7　胞腔内含物之美 …… 195
6.7.1　侵填体之美 …… 196
6.7.2　结晶体之美 …… 196
6.7.3　淀粉粒之美 …… 197
6.7.4　树胶体之美 …… 199
6.7.5　菌丝体之美 …… 199

下篇　木材美学技术

第7章　木美素材开发 …… 203
7.1　宏观素材开发 …… 203
7.1.1　扫描 …… 203
7.1.2　摄像 …… 205
7.2　体视镜素材开发 …… 205
7.2.1　体视显微摄像系统 …… 206
7.2.2　体视镜素材开发技术 …… 207
7.2.3　各类木材的体视镜图像 …… 207
7.2.4　体视镜素材美学应用案例 …… 210
7.3　光学镜素材开发 …… 211
7.3.1　光学显微摄像系统 …… 211
7.3.2　光学镜素材开发技术 …… 211
7.3.3　各种木材组织的光学镜图像 …… 214
7.3.4　光学镜素材的美学应用案例 …… 216
7.4　电镜素材开发 …… 218
7.4.1　扫描电镜简介 …… 218
7.4.2　电镜素材开发技术 …… 219
7.4.3　电镜素材美学应用案例 …… 220
第8章　木美图案技术 …… 222
8.1　天然型木美图案 …… 222
8.1.1　天然型木美图案创作 …… 223

8.1.2 不同素材天然型木美图案 …… 224
8.1.3 天然型木美图案应用 …… 226
8.2 对称式木美图案 …… 228
8.2.1 对称式木美图案创作方法 …… 228
8.2.2 对称式木美图案创作案例 …… 229
8.2.3 不同素材对称式木美图案 …… 229
8.2.4 对称式木美图案应用 …… 231
8.3 联缀式木美图案 …… 232
8.3.1 联缀式木美图案创作方法 …… 232
8.3.2 联缀式木美图案创作案例 …… 233
8.3.3 不同素材联缀式木美图案 …… 235
8.3.4 联缀式木美图案应用 …… 237
8.4 散点式木美图案 …… 238
8.4.1 散点式木美图案创作方法 …… 238
8.4.2 散点式木美图案创作案例 …… 239
8.4.3 不同素材散点式木美图案 …… 240
8.4.4 散点式木美图案应用 …… 242
8.5 分形几何木美图案 …… 243
8.5.1 分形几何木美图案创作方法 …… 243
8.5.2 分形几何木美图案创作案例 …… 244
8.5.3 不同素材分形几何木美图案 …… 245
8.5.4 分形几何木美图案应用 …… 247
8.6 图元重组型木美图案 …… 248
8.6.1 不同树种的图元组合 …… 248
8.6.2 不同类型素材的图元组合 …… 249
8.6.3 图元重组的方式 …… 250
8.6.4 图元重组型木美图案应用 …… 252
第9章 木美应用技术 …… 254
9.1 木美画艺技术 …… 254
9.1.1 卷轴画 …… 254
9.1.2 框画 …… 256
9.1.3 无框画 …… 257
9.2 木美布艺技术 …… 258
9.2.1 布料装饰图案设计 …… 258
9.2.2 旗袍款式选择 …… 260

9.2.3　旗袍面料印制 …… 260
9.2.4　成衣制作 …… 261
9.3　木美陶艺技术 …… 261
9.3.1　器形设计 …… 261
9.3.2　美饰设计 …… 262
9.3.3　茶具陶坯制作 …… 263
9.3.4　陶坯雕刻、彩绘和上釉 …… 263
9.3.5　炉窑烧制 …… 264
9.4　木美地板技术 …… 264
9.4.1　美饰图案设计 …… 264
9.4.2　板坯成型 …… 265
9.4.3　板坯彩印 …… 266
9.4.4　板坯施釉 …… 266
9.4.5　炉窑烧制 …… 266
9.4.6　切割磨边 …… 267
9.5　木美箱包技术 …… 268
9.5.1　款式设计 …… 268
9.5.2　美饰图案设计 …… 268
9.5.3　箱包材料 …… 269
9.5.4　裁片 …… 270
9.5.5　缝合 …… 270
9.5.6　修饰与配件安装 …… 270
9.6　木美扇艺技术 …… 271
9.6.1　扇艺材料准备 …… 271
9.6.2　扇面图案创作 …… 272
9.6.3　扇面加工 …… 273
9.6.4　扇架制作 …… 273
9.6.5　组件压合 …… 274
9.6.6　扇形裁剪 …… 274
9.6.7　包边 …… 274
9.6.8　安装扇坠 …… 275
9.7　木美家具技术 …… 275
9.7.1　家具结构设计 …… 275
9.7.2　家具美饰设计 …… 276
9.7.3　家具材料生产 …… 277

9.7.4 家具成品生产 …… 278
第10章 木美作品赏析 …… 280
10.1 木美轴画 …… 280
10.1.1 青山松茂（作者·格木人） …… 280
10.1.2 狮身人面（作者·格木人） …… 282
10.2 木美框画 …… 283
10.2.1 引航灯塔（作者·格木人） …… 284
10.2.2 海底世界（作者·黎玉霞） …… 285
10.2.3 烈焰火山（作者·格木人） …… 286
10.3 木美领带 …… 287
10.3.1 蛇纹祥云（作者·格木人） …… 288
10.3.2 银桦波浪（作者·叶萍） …… 289
10.3.3 火红流星（作者·格木人） …… 290
10.4 木美丝巾 …… 291
10.4.1 方圆天地（作者·韦晶晶） …… 292
10.4.2 水波粼粼（作者·叶萍） …… 293
10.4.3 海浪山花（作者·格木人） …… 294
10.5 木美箱包 …… 295
10.5.1 迷彩拉杆箱（作者·孟陶陶） …… 296
10.5.2 圆形小坤包（作者·孟陶陶） …… 296
10.5.3 女式休闲袋（作者·格木人） …… 298
10.6 木美陶瓷 …… 300
10.6.1 幌伞枫泥陶茶具（作者·韦晓丹） …… 300
10.6.2 龙纹青花摆瓶（作者·何拓） …… 302
10.6.3 鸭嘴青瓷套瓶（作者·何拓） …… 304
10.7 木美地板 …… 304
10.7.1 金丝楠木纹地板（作者·格木人） …… 305
10.7.2 紫檀木纹地板（作者·格木人） …… 305
10.7.3 凤尾竹回纹地板（作者·格木人） …… 307
10.8 木美时装 …… 308
10.8.1 鸡翅木纹T恤（作者·格木人） …… 308
10.8.2 金丝楠木纹长裙（作者·朱雪萍） …… 309
10.8.3 银杏晶花旗袍（作者·格木人） …… 311
后记 …… 313
参考文献 …… 314

上篇　木材美学属性

第1章 绪　　论

木材之美主要体现在它对人们的生活和对人类科学、文学和艺术发展的重要作用及伟大贡献。在生活方面，人们的衣、食、住、行、娱，无一不依赖于木。在科学方面，中国古代四大发明都有木的重要贡献。木棍子算筹和木珠子算盘是现代计算科学的基础，“木棍丈量”是现代测量科学的起源，现代能源科学可以溯源至古人的“钻木取火”之术。在艺术方面，木是天然的乐器良材，从甲骨文的乐字可知，古人深谙“乐由木而生”之道。在传统绘画、雕塑和建筑艺术上，木既可以是艺术作品的载体，又可以成为艺术作品的美学元素，对艺术的形成与发展具有不可或缺的作用。在文学方面，由木创生的汉字有1000多个，它们是中文汉字库的基础。由木组成的成语有200多条，条条寓意深刻，是中华文化的精髓。此外，还有大量木的楹联、木的诗歌和木的故事等形式的文学作品，它们是中华文学宝库的重要内容。

木材美学是专门研究木材之美的学科，包括两个方面，一是研究木材美的属性；二是研究开发利用木材美的属性的方法和技术。本书分为上、下两篇，上篇讨论木材美学属性，下篇讨论木材美学技术，将引领读者去探索木材美的原理、认识木材美的属性、体会木材美的神韵、感受木美作品的神奇魅力。

总的说来，木材之美主要体现在它对人们生活的贡献之美，体现在它对人类文明发展的贡献之美。本章将分别从木的生活、木的科学、木的艺术、木的文学和木材美学内涵5个方面来讨论。

1.1 木的生活

从古至今，人们生活与木密切相关，衣、食、住、行、娱，无一不依赖于木。

1.1.1 木与衣

《圣经·创世纪》有个故事讲到，在混沌初开时期，上帝造出了第一个男人和第一个女人，即亚当与夏娃。由于亚当和夏娃的眼睛是什么都看不见的，于是上帝让他们在伊甸园内生活，并吩咐他们说，“园内各种树木的果实都可以采了吃，只有无花果（智慧树的果）不能吃，吃了你们马上就会死去”。

有一天，伊甸园里的蛇精对夏娃说，“其实，无花果也是可以吃的，上帝之所以不让吃，是害怕你们吃了无花果会变得眼睛明亮，智慧大增，不服管束”。夏娃听信了蛇精的话，便摘下无花果与亚当一起分了吃，结果两人眼睛真的顿时变得明亮起来，相互打望，才知道自己是赤身裸体的。于是，两人赶忙摘下无花果树叶来遮身，如图 1-1 所示。由此，无花果树叶就成为“遮羞布”的代名词，这就是遮羞布的来历。或许，这也就是人类衣物的起源。

图 1-1　亚当和夏娃

在最早期的猿人时期，人类身体长有体毛，所以不需要衣物来御寒。当人体体毛逐渐褪去以后，御寒成为了必要。这一时期，人们自然地会用身边容易获得的树叶（a）和树皮（b）作为御寒的衣料，如图 1-2 所示。清代《滇黔记游》、元代《文献通考》和宋代《太平寰宇记》等历史典籍中都有“纫树叶为衣、绩木皮为布”的记载。

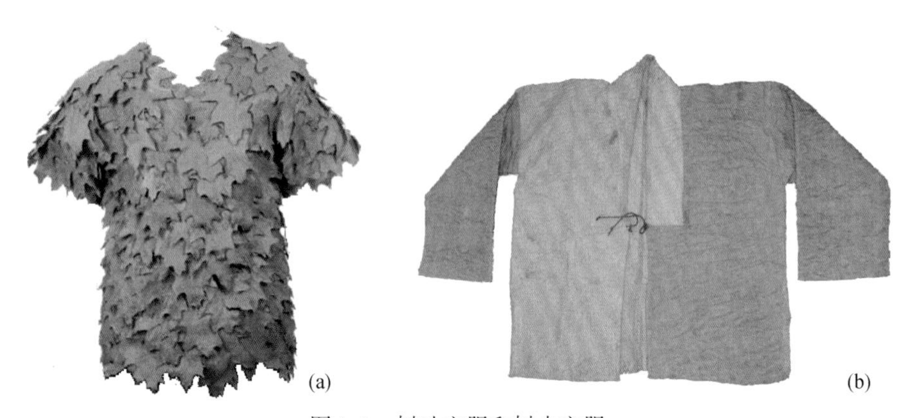

图 1-2　树叶衣服和树皮衣服

现在，人们当然不会直接穿这种树叶衣和树皮衣，但我们以木材为原料，通过现代化的加工技术，可以生产出木纤维布料，由此制作出高档舒适的木纤维衣服，如图1-3所示。木纤维布料很可能会成为未来衣料的主体。

图1-3　木纤维内衣

以上讨论可知，木是衣之起源，木是衣之基础，木是衣之未来。木对人类衣服的产生和发展具有极其重要的作用。

1.1.2　木与食

民以食为天。最早期的人类，是以采集为生，是以采集山林野果为主，是树木之果养育了我们人类的祖先。现在，树木之果虽然已经不再是人们赖以生存的主食，但依然还是人们茶余饭后的美味。当今，全世界木本粮油产量仍然很大，可以为解决世界粮食危机发挥重要作用。

自从掌握了"钻木取火"技术（图1-4），人类告别了"茹毛饮血"的野蛮生活，逐渐走向了熟食文明时代。这一时期，木作为柴火，是人们生活不可或缺的重要物资。随着人类文明的不断进步，人们逐渐学会了使用食具。早期的食具，钵、碗、瓢、盆，无一不是出自于木。长期以来，木制食具一直是中华民族餐饮文化的重要内涵。

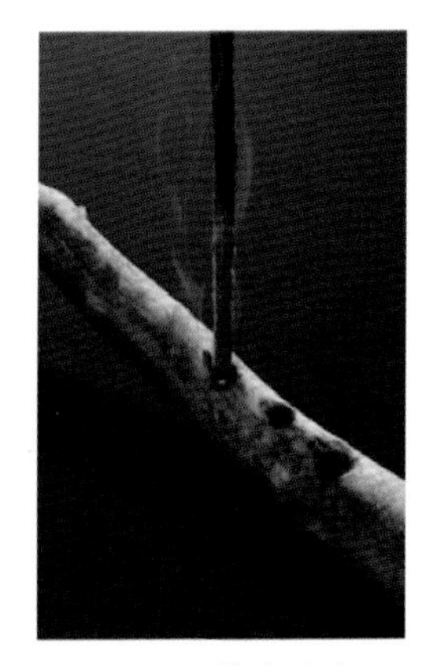

图1-4　钻木取火

1978年，在浙江余姚河姆渡遗址出土了一个新石器时期的朱漆木碗，现收藏于浙江省博物馆。为弘扬中华民族的木文化，1993年中国邮政特此发行了这款《新石器·朱漆木碗》特种邮票，如图1-5所示。

如图1-6所示为一双蛇纹木的筷子。筷子（chop-sticks），从其英文单词可以看出，是一种起源于两根柴棍的食具。现在，筷子已经成为世界东方文明的典型象征。

图 1-5 《新石器·朱漆木碗》特种邮票

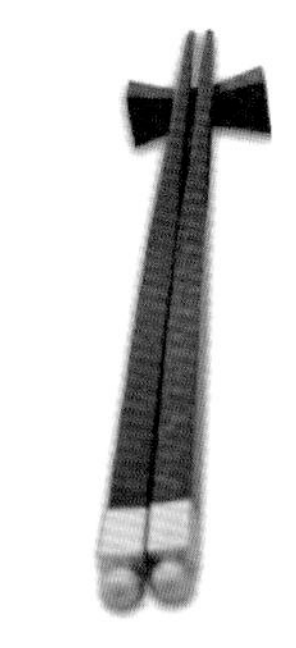

图 1-6 蛇纹木筷子

1.1.3 木与住

自猿人从树上来到地面，开始在地面修建住所，采用的核心技术就是“构木为巢”。从独木橧巢开始，经历了多木橧巢、干阑式民居、木结构宫殿和现代木构建筑等不同历史时期。

随着社会的进步，“构木为巢”的技艺不断提升，采用现代的 CLT 板材或 LVL 层积材，可以建造超大型的木结构建筑。如图 1-7 所示为挪威 Mjøstårnet 大楼，这栋大楼共有 18 层、全高 85.4m、建筑面积 11300m^2，内含公寓、酒店、餐厅和办公室，是一栋综合用途的木结构大楼，为当今世界木结构之最高。图 1-8 是西班牙“都市阳伞”（Metropol Parasol），高 28.5m，建筑面积为 12670m^2，它集结构美、形式美、功能美和环境美于一身，很好地表现了现代木结构建筑艺术，为当今世界木结构之最大。

图 1-7 挪威 Mjφstårnet 大楼

图 1-8 西班牙 Metropol Parasol

1.1.4 木与行

人类之行始终依赖于木。从爬行的猿进化到直立人的过程中，我们的祖先是攀扶着树干学会了站立，是拄着木棍学会了直立行走（图1-9）。

图1-9　人类从爬行到直立行走的进化过程

后来，人们偶遇树木横倒于山沟、溪涧之上的自然现象，从中得到启示而学会了造桥。桥的出现，大大拓展了人们的活动区域。随着人们活动区域的不断扩大，导致了后来汽车、船舶和飞机等现代交通工具产生。

汽车的问世，关键在于车轮的发明。滚动的圆木就是车轮的前身，如图1-10所示。水中航行，起源于古人“刳木为舟、剡木为楫”的活动，如图1-11所示。空中航行，始于古中国鲁班的木鸢，如图1-12所示，直到20世纪初美国莱特兄弟驾驶“飞行者1号”木制飞机，实现了人类的飞天梦想。

图1-10　车轮的前身

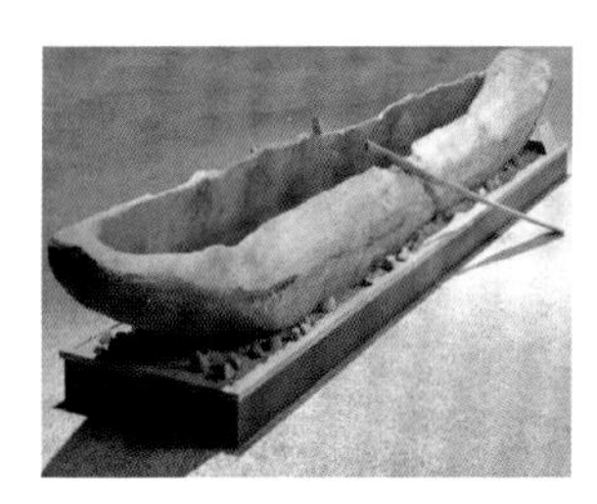

图1-11　舟与楫

图1-12　木鸢

在行的方面，人类从站立到直立行走，从桥梁、汽车和船舶的产生，再到飞机上天，始终都离不开木的作用。

1.1.5 木与娱

除了衣、食、住、行四个方面的基本生活以外，文化、艺术和娱乐也是人们生活的重要方面。下面与大家一起来探讨木对人们娱乐生活的影响和作用。

①木的谜语

谜语源自中国古代民间，历经数千年的演变和发展，已经成为我国广大人民群众集体智慧创造的文化产物，2008 年正式列入第二批国家级非物质文化遗产名录。谜语即为暗射事物或文字等供人猜想的隐语，是一种高雅的文娱活动，同时又是一种通俗的文化现象。

人们生活中频繁地与木打交道，创造出许多由木构成的文字，同时创造出许多由木而生的谜语，这里略举一些，供大家欣赏。

谜 面	谜 目	谜 底
小李子 丢了儿子	打一个汉字	木
木偶	打一个汉字	林
枫林风光	打一个汉字	森
休要丢人现眼	打一个汉字	相
东边九十九，西边九加九	打一个汉字	柏
春去三日，草木丰生	打一个汉字	茶
砍柴归来吹竹笛	打一个汉语成语	先斩后奏
进入林区伐木，立见北斗之魁	打一个汉字	枢
驱魔头，赶小鬼，赢得重九来相会	打一个汉字	林
两口吞吃一木头，酸甜苦辣全都有	打一个汉字	果
林木森森	打一个汉字	杂
东北角上一片田，西南方向树延绵	打一个汉字	棵
闲门遭劫，骑马开溜	打一个汉字	椅
枝头鸿雁入云端，香气飘飘绕庙堂	打一个汉字	桧

②木的玩具

木制玩具，品种繁多，可供儿童和成人娱乐，如图 1-13 所示，有木马（a）、积木（b）和陀螺（c）等，不胜枚举。

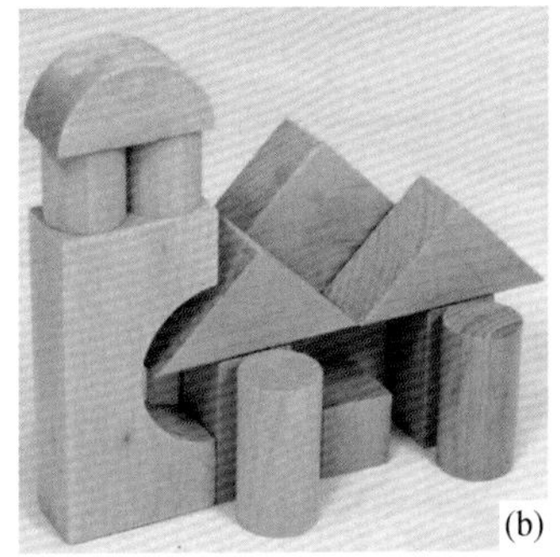

图1-13　木制玩具

③木的球类运动

与木有关的球类运动很多，这里介绍木球和板球两种。

● 木球

木球的球具包括球杆、球门和球，全为优质原木（紫檀等红木）制作，如图1-14所示。球的直径约9.5cm，质量约350g；球杆为T形，杆头呈酒瓶形状；球门由两个木制酒瓶及中间倒挂一个木制酒杯构成，球门内缘宽16cm，木制酒杯底部距离地面7cm。

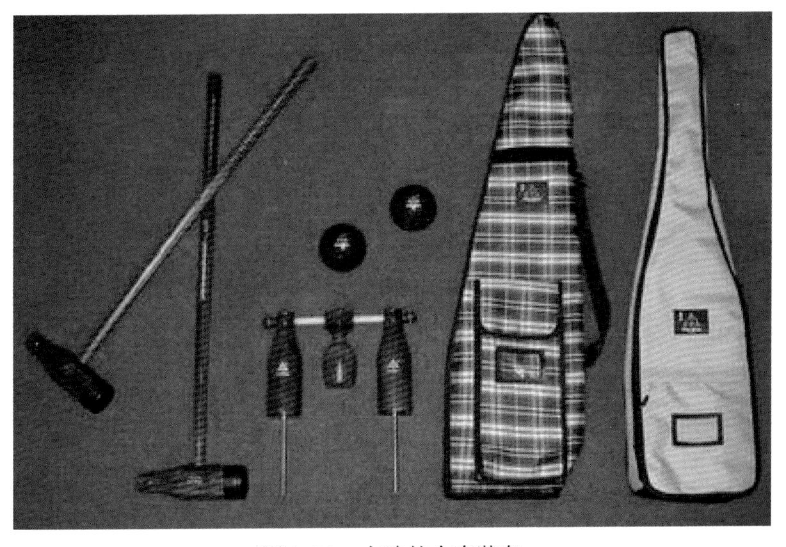

图1-14　木球的全套装备

● 板球

板球的球具主要包括球、球板和球门，都是用木来制作。除此以外，打板球还需要专门的护具，包括头盔、手套、护胸、护臂和腿罩等。

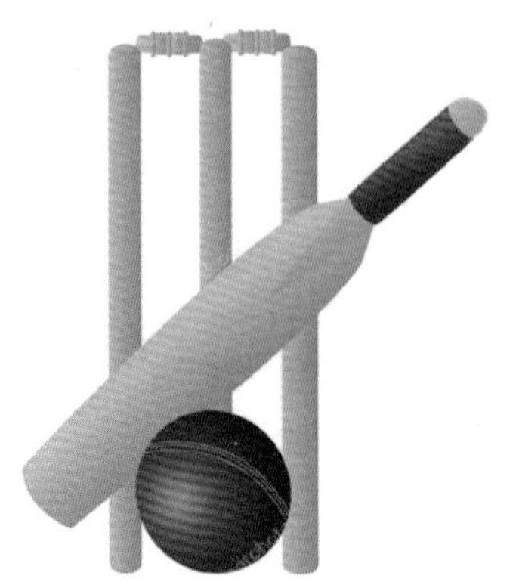

图 1-15　板球的装备

如图 1-15 所示，板球的球体由软木制作，外表用两块红色皮革包裹，并用白线缝合。球的直径约为 7cm，质量约为 160g。球板全长小于 96.5cm，最宽部位小于 10.8cm，全木制造。板面可加保护膜，但膜的厚度不能大于 1.56mm。球门为两组三柱门，平行置于球道两端。门柱为圆木杆，直径约为 3.6cm。

④木的竞技项目

与木有关的竞技项目也有很多，如图 1-16 所示，现代体操中的单杠（a）、双杠（b）、平衡木（c）都是与木相关的竞技项目。

图 1-16　与木相关的竞技项目

⑤木的益智游戏

木的益智玩具有很多种类，这里介绍七巧板、华容道和孔明锁 3 种。

• 七巧板

七巧板，又称智慧板，是中国传统智力玩具。如图 1-17 所示，它由七块小木板组成，包括五个等腰三角形、一个平行四边形和一个正方形。别看七巧板的构成非常简单，由它可以拼出 1600 种以上形似的人物（a）、动物（b）、器物（c）和数字（d）的图形，如图 1-18 所示。无论在古代还是现代，七巧板都是用于启发儿童智力的实用玩具。

• 华容道

华容道游戏取自中国古代三国中“关云长义释曹操”的故事。曹操在赤壁大战中被刘备和孙权所败，被迫退逃到华容道，但又遇上诸葛亮的伏兵。最后，关羽为了报答曹操对他的恩情，明逼实放，最后帮助曹操逃出了华容道。

图 1-17 七巧板

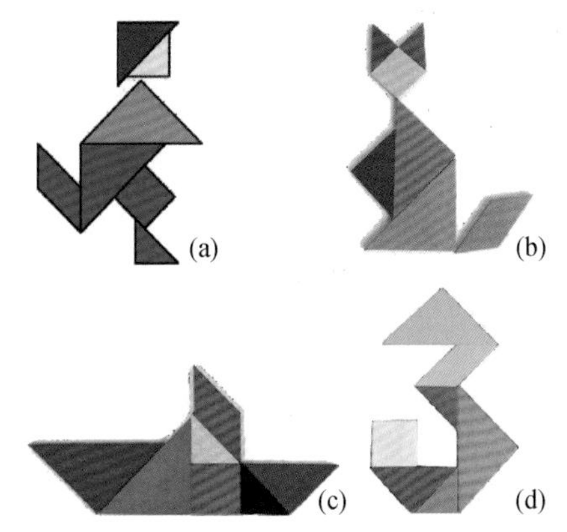

图 1-18 七巧板的拼图

如图 1-19 所示，三国华容道是一种滑块棋，棋盘为一个含 20 个小方格的长方形木盒，内有十个木块：曹操为占 4 格的大方块，张飞、赵云、关羽、马超和黄忠 5 位大将为占 2 格的长方块，四 4 个小兵各占 1 格，还留有两个空格。总的玩法是平移棋盘中的木块，设法让曹操尽快从棋盘下方的狭口逃脱。以移动木块次数少（或用时短）者为胜。

图 1-19 三国华容道棋具

由于棋盘中木块摆放的初始状况的不同，可以形成不同的棋局，有所谓“横刀立马”、“兵分三路”、“近在咫尺”和“巧过五关”等很多棋局，不同的棋局有不同解法。因此，三国华容道是一个很好的趣味数学游戏。

- 孔明锁

中国古代木结构，不用铁钉，也不用胶粘，全靠榫卯嵌合，凝结着古人非凡的智慧。孔明锁，就是源于中国古代传统木建筑的榫卯结构，是广泛流传于中国民间的智力玩具，民间又叫“莫奈何”或“难人木”。

孔明锁，或称鲁班锁，是一种老少皆宜的益智玩具，相传是三国时期诸葛孔明根据八卦玄学原理所发明。它对愉悦身心、开发大脑、灵活手指均大有益处。2014 年 10 月，李克强总理在中德经济技术论坛上，精心挑选了鲁班锁作为礼物送给默克尔总理，寄寓中德合作，发扬工匠精神，破解世界难题，开启美好未来。

孔明锁看似结构简单，但它内藏机关、奥妙无穷，不得要领，很难拆装。如图 1-20 所示，孔明锁可分为不同类型，有六方锁、梅花锁、足球锁和十八罗汉等 10 余种，它们的构造原理基本相同，解法大同小异。

图 1-20　不同类型的孔明锁

以上是本章第一节的内容，这一节分别从衣、食、住、行、娱 5 个方面讨论了木对人们生活的影响、作用和贡献。如果没有木，人们就不会有今天的生活。

1.2　木的科学

木对人类科学的产生与发展具有无可替代的推动作用。

1.2.1　木与中国古代四大发明

指南针、造纸术、火药和印刷术是中国古代的四大发明，对世界科学技术进步发挥了极其重要的作用，是中华民族为人类文明发展做出的伟大贡献。木，对四大发明都具有不可或缺的作用。

①指南针

指南针的前身是战国时期的司南。所谓司南，就是一个长勺，放于外方内圆的木盘之上，勺柄的指向为正南方向，如图 1-21（a）所示。人们的定向活动，从司南再往前，可追溯到公元前 6000 年的立杆测影，即根据木杆的日影来判定方位，如图1-21（b）所示。

(a) 司南定向 (b) 立杆测影

图1-21 指南针的前身

②造纸术

在我国，纸张问世之前，木简是文字的主要载体，如图1-22所示。东汉时期，蔡伦发明了造纸术，他所用原料是树木的树皮。现代造纸业，几乎完全依赖于木材原料。

图1-22 木简

③火药

火药的组分主要有三，即硫黄、硝石和木炭。三者按“一硫、二硝、三炭”的配比混合就是火药。木炭是火药的重要组分，有木炭的存在，火药才能产生剧烈的燃烧和爆炸。

④印刷术

中国传统的印刷术经历了两个阶段，北宋以前为雕版印刷，北宋以后为活字印刷，两者都依赖于木。雕版印刷是将整版文字按顺序反刻于木板上来印刷，如图 1-23（a）所示。活字印刷是将原来整块木板刻字改为单字雕刻，然后再根据文稿拣字排版印刷，如图 1-23（b）所示。

(a) 木雕版

(b) 木活字

图 1-23　木雕版与木活字

1.2.2　木与计算科学

我国历史上，计算技术经历了筹算、珠算和机算 3 个阶段。

①筹算

筹算诞生于我国东周春秋时期，它使用的计算工具称为算筹，如图 1-24（a）所示。所谓算筹，就是一些小木棍儿，日本人称之为“算木”。系统完整的筹算法则的建立，可以看作人类计算科学诞生的标志。

②珠算

后来，人们用木珠子取代木棍子，这样筹算就演变成了珠算。珠算使用的计算工具为算盘，如图 1-24（b）所示，因其精妙的构成和独特的算法，被誉为“世界最古老的计算机”。2013 年联合国教科文组织正式将中国珠算列入《世界非物质文化遗产名录》。

③机算

现在进入到了计算机时代，现代计算机技术的关键是计算程序，而计算机的编程思想乃是源于古老的木头织布机的花纹编织。早在 1804 年，法国人雅卡尔为了提高花纹编织的工作效率，发明了穿孔纸带控制的提花机，根据孔的有无来控制经线与纬线的上下关系。这种穿孔纸带为织造业带来了巨大技术革命，同时也为人类打开了一扇信息控制大门，现代计算机的编程思想就是源自于此。

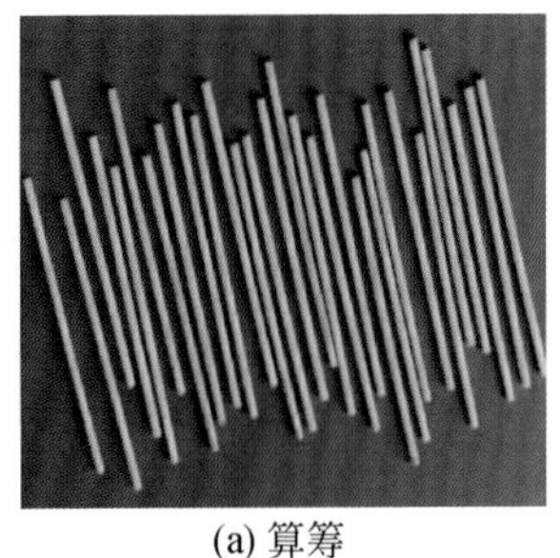
(a) 算筹

(b) 算盘

图1-24 筹算和珠算的计算工具

1.2.3 木与测量科学

木棍很可能是人类最早使用的测量工具。

①木棍丈量时代

在人类学会使用木棍来丈量物体之前，人们应该是用自己的肢体来丈量物体。后来，当遇到人体无法触及的物体，人们很自然地找来一根木棍替代自己的肢体，用它来进行丈量，如图1-25（a）所示。这样木棍丈量就逐渐成为一种普遍现象。

②尺子的诞生

显然，木棍丈量只能粗略地估量物体大小。为了提高测量准度，人们把木棍刨削成平直的木条，并把指关节的长度定义为1吋（即英寸，1英寸=2.54cm），然后在木条上刻痕，这样就创造出了现在普遍使用的尺子，如图1-25（b）所示。尺子是人类最基本的测量工具，是在木棍的基础上逐渐发展形成的。

(a) 木棍

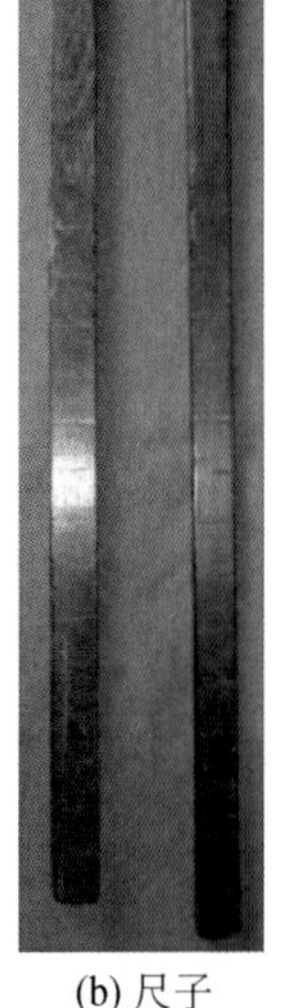
(b) 尺子

图1-25 丈量用的木棍与尺子

③其他木制测量工具

除了尺子之外，在长期的人类活动中，人们还开发出了许多木制测量工具。如图1-26所示，这里可以看到木工用的鲁班尺（a）、丈量土地的步弓（b）、丈量田亩的丈量步车（c）和计量里程的记里鼓车（d），这些是现代测量仪器和测量技术发展的基础。

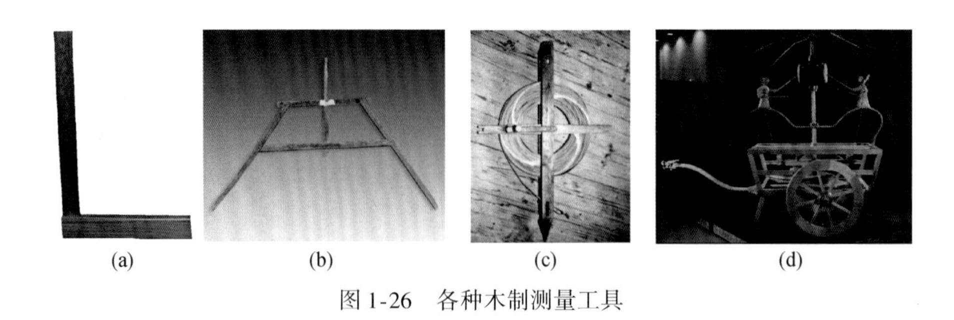

(a) (b) (c) (d)

图 1-26 各种木制测量工具

1.2.4 木与能源科学

“钻木取火”技术问世以来，木作为柴火，一直是人们生活最重要的能源物资。直到现在，世界上还有很大一部分人的生活仍然依赖于木，作为生产、生活所需要的重要能源。现代社会，煤、石油和天然气是人们生产、生活的主要能源，它们都属于化石能源，是一种由古生物体转化而来的能源。古生物体虽然包括植物、动物和微生物，但植物是主体。在植物界中又是以树木为王者。由此可知，当前我们所使用的煤、石油和天然气，主要还是由古树木演化而来的。

应用现代科学技术，人们可以更加快捷、更加高效地从树木获得能源。主要途径有：①种植木本油料树种，以其种籽生产生物柴油；②将木材直接液化，获得生物燃油；③木材水解，生产燃料酒精；④木材热解气化发电。通过这些技术途径，可以让树木为解决世界能源危机做出新的更大的贡献。

这一节我们从中国古代四大发明，以及计算科学、测量科学和能源科学 4 个方面讨论了木与人类科学发展的关系。古代指南针、造纸术、火药和印刷术的发明都离不开木的贡献；现代计算科学、测量科学和能源科学的形成与发展，木具有极其重要的推动作用。

1.3 木的艺术

这一节，我们从音乐和美术两个方面来讨论木对艺术的作用和贡献。

1.3.1 木与音乐

《说文 · 木部》中说“乐乃五声八音之总称”。图 1-27 为甲骨文中的“乐”字，这是一个象形、会意文字。上面的“丝”象形，如同乐器的丝弦；下面的“木”会意，表达古人“乐由木而生”的思想理念。

①木乃天生乐器良材

木材之所以特别适合于制作乐器，这是由木材的内部构造所决定的。如图1-28所示，木材由细胞所构成，一个细胞类似于一个房间，中间为细胞腔，周围是细胞壁。细胞壁上还生长有许多构造复杂而精妙的纹孔，这样一个细胞就相当于一个精致小音箱。一块木料具有无数细胞，所以用木材制作乐器的音响效果，其他材料无可比拟。正是由于木材所独有的这种微观水平上的细胞结构，以及细胞壁上超微观水平的纹孔结构，使得木材具有无与伦比的声学特性，因而能够成为天生的乐器良材。从“乐”字的创生，可以知道古人早已深谙木材的声学之道。

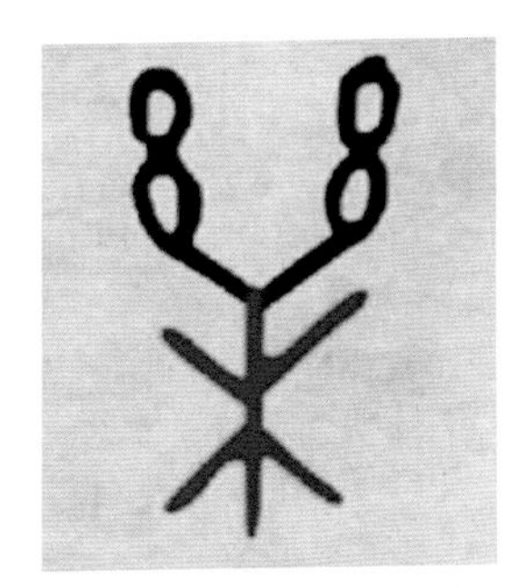

图1-27 甲骨文的乐字

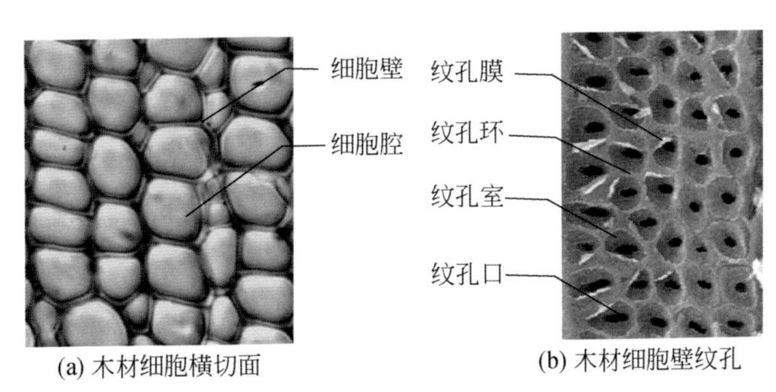

(a) 木材细胞横切面　(b) 木材细胞壁纹孔

图1-28 木材细胞微观构造

②各类木竹乐器

如图1-29所示为木制打击乐器，它们分别为木鼓（a）、乐杵（b）、木琴（c）和木鱼（d）。其中，木鼓最具代表性，它是最为古老的乐器，其原形就是一段空心的木头。

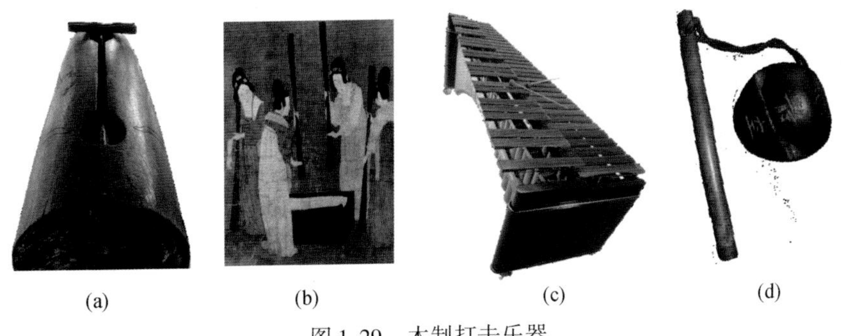

(a)　(b)　(c)　(d)

图1-29 木制打击乐器

关于木鼓，中国佤族有这样一个传说：母系氏族时期，一个叫安木的首领，她居住的洞口边有一棵空心的古木。如要集会，她就敲击树干，民人闻之，即刻赴会。由此可知，木鼓可以溯源到空心的古木。

如图 1-30 所示为木竹吹奏乐器，这里分别是唢呐（a）、排箫（b）、芦笙（c）和葫芦丝（d）。

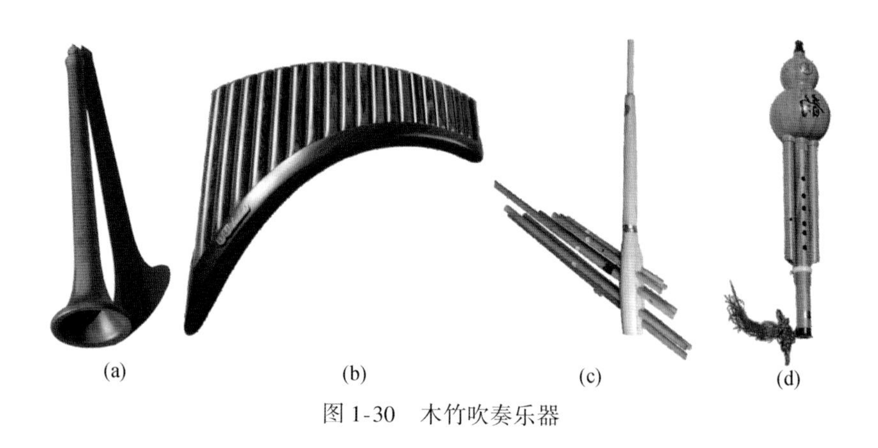

(a)　(b)　(c)　(d)

图 1-30　木竹吹奏乐器

如图 1-31 所示为木制丝弦乐器，这里分别为古筝（a）、马头琴（b）、竖琴（c）和琵琶（d）。

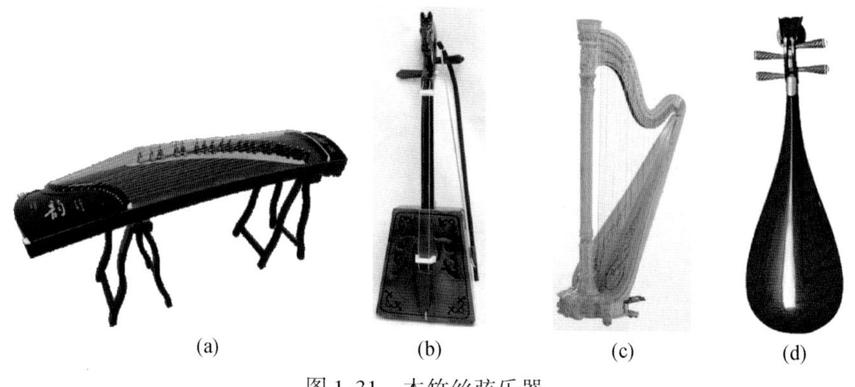

(a)　(b)　(c)　(d)

图 1-31　木竹丝弦乐器

以上我们看到的这些打击乐器、吹奏乐器和丝弦乐器，它们都是由木或竹制作而成的。

1.3.2　木与美术

美术是一种视觉艺术，主要涵盖绘画、雕塑、工艺美术和建筑艺术等方面。

①木与绘画

来自于树木的画艺作品主要包括树皮画、木纹画、木刻画和木版画四大类。

如图1-32所示，这里有桉树树皮画作品“火狐献艺”（a）、金丝楠木纹画作品“雪岭苍松”（b）、木板刻画“东阳湖景”（c）和木版印画“五子夺莲”（d）。

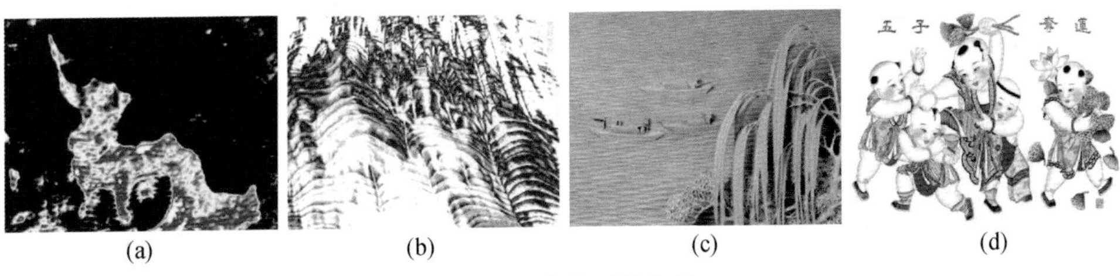

(a) (b) (c) (d)

图1-32　木的画艺作品

②木与雕塑

与木相关的雕塑艺术有木雕、根雕和木化石雕塑。如图1-33所示分别为“非洲妇女”木雕（a）、“曼妙舞女”根雕（b）和“书画笔架”木化石雕（c）。

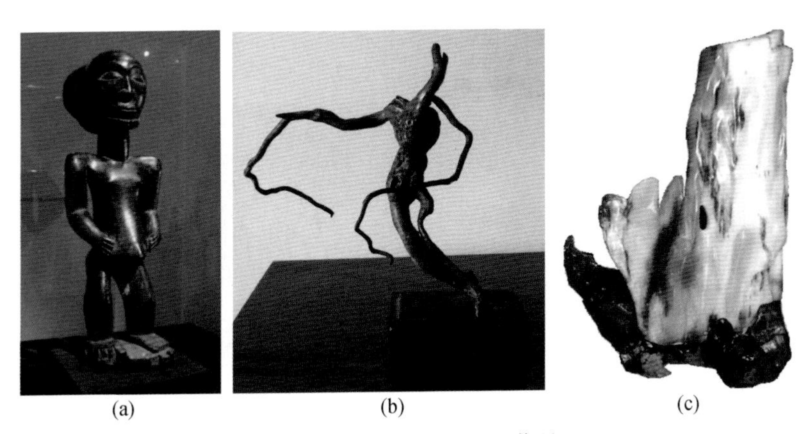

(a) (b) (c)

图1-33　与木相关的雕塑作品

③木与工艺美术

工艺美术是一种美化人们的生活用品和生活环境的艺术创作活动。工艺美术作品可分为实用工艺品和陈设工艺品两个大类。

• 实用工艺品

如图1-34所示为一些木制实用工艺品，它们分别为法国路易十六式条桌（a），现收藏于英国维多利亚博物馆；黄花梨材质的座椅（b），现收藏于广西建林博物馆；鸡翅木材质的如意花几（c），可用于摆放盆花。

• 陈设工艺品

如图1-35所示为一些木制陈设工艺品，它们分别是俄罗斯套娃（a），属于民族艺术工艺品，多用桦木或椴木制作；蛋壳状残缺花瓶（b），用槭树的瘿木

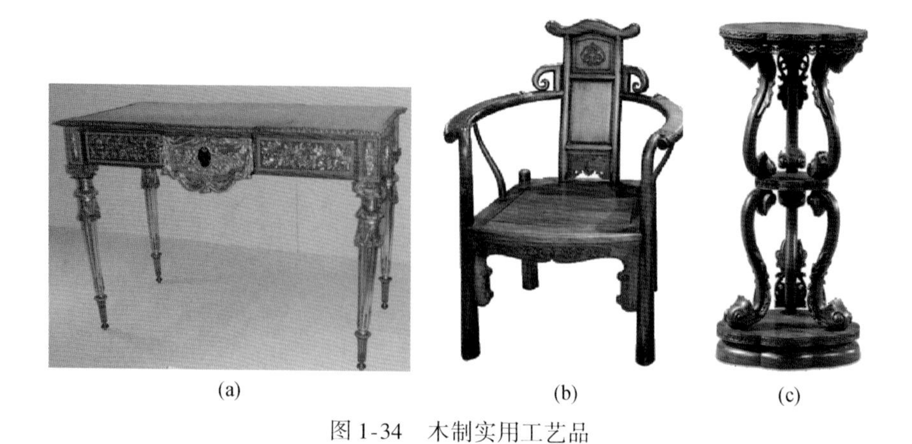

(a)　　(b)　　(c)

图 1-34　木制实用工艺品

制作，现收藏于美国洛杉矶博物馆；人参如意（c），用传统红木制作，肚部雕有人参，寓意人生如意。在中华文化中，如意是一种典型的陈设工艺品，又称“握君”或“执友”，作为吉祥如意的象征。

(a)　　(b)　　(c)

图 1-35　木制陈设工艺品

④木与建筑艺术

建筑艺术与工艺美术一样，也是一种实用性与审美性相结合的艺术。建筑的本质是建造供人们居家和活动的场所，所以实用性是其首要功能；同时，它必须按照美学规律，运用独特的建筑艺术语言，使建筑形象具有文化价值和审美价值，并充分体现民族性和时代感。这里从传统木建筑、现代木建筑和民族木建筑 3 个方面来讨论木与建筑艺术。

• 传统木建筑艺术

自原始巢居以来，人们构木为巢、建造亭台楼阁，创造出辉煌的木建筑历史、文化和艺术，为人类社会的进步和历史文明的发展做出了重要的贡献。

图1-36为广西容县真武阁，始建于明万历元年，享有“天南杰构”之美誉。

图1-36 广西容县真武阁

- 现代木建筑艺术

图1-37是位于西班牙塞维利亚的“都市阳伞”（Metropol Parasol）木结构建筑，采用现代木结构材料建造而成。它高28.5m，面积12670m^2，集结构美、形式美、功能美和环境美于一身，为当今世界木结构建筑之最大。

图1-37 西班牙“都市阳伞”木结构建筑

- 民族木建筑艺术

图1-38是位于广西三江县林溪镇的程阳风雨桥。它有2台、3墩、4孔、5

塔，集桥、廊、亭于一身，在中外建筑史上独具风韵。这个木建筑的惊人之处在于，整座桥梁不用一钉一铆，大小木条凿木相吻、以榫衔接，所有构件斜穿直套、纵横交错、丝毫不差。由于它别具一格的建筑技艺，以及其雄伟风姿而闻名于世，引得许多文人墨客慕名而来，并题诗赞美。

图 1-38　广西程阳风雨桥

关于程阳风雨桥，中国现代作家郭沫若先生曾经题诗赞美：

艳说林溪风雨桥，桥长廿丈四寻高。
重瓴联阁怡神巧，列砥横流入望遥。
竹木一身坚胜铁，茶林万载茁新苗。
何时得上三江道，学把犁锄事体劳。

以上我们从音乐和美术两个方面，就木对艺术的作用和贡献进行了讨论。音乐方面，甲骨文“乐”字的创生，充分表明古人早已深谙“乐由木而生”的木材声学之道。确实，木是天然的乐器良材，各类乐器大多用木来制作。美术方面，木既可作为艺术作品的载体，又可成为艺术作品中的美学元素。在传统绘画、雕塑、工艺品和木结构建筑中都充分体现出木的美学价值。

1.4　木的文学

文学是一种以文字为载体、以审美为目的，用来表述作者心灵世界、反映现实社会生活的艺术形式。下面从文字、成语、楹联、诗歌和故事 5 个方面来讨论文学与木的相依相生的关系。

1.4.1　木与文字

文字是构成文学作品的基本单元，是人们在长期社会实践中逐步创造和发展而成的。人们生活中频繁地与木打交道，因而创造出了许多与木相关的文字。

例如，象形文字的“木”，如树木之形，如图1-39所示；会意文字的“相”，会用眼观木之意；形声文字的“材”，原意为木料，这里木为形，才为声；指事文字的“本”，原意为树木之根，作为指示符号的横杠记于木的下部，即为本。

图1-39　甲骨文的“木”

据统计，由木创生或有木参与构成的中文汉字有1000多个，它们构成了中文汉字库的基础，是中文汉字的重要组成部分。木对文字的创生和发展具有重要的推动作用。

1.4.2　木与成语

成语是语言中经过长期使用、锤炼和积淀而形成的固定短语，简短精辟、生动简洁、形象鲜明、易记易用，富有深刻的思想内涵。木作为人们生活中最常见的事物，人们在频繁使用木构文字和词语的过程中，逐渐形成了许多由木（竹）组成的成语。

①移花接木

“移花接木”比喻暗中偷梁换柱，如图1-40所示，出自《战国策》。书中记载：战国后期，楚王无子，举国甚忧，遂求妇人宜子者进宫，响应者众，但仍然无子。赵国李园，欲把其妹进献楚王，以攀龙附凤。李园心想，楚王无子，定是他自己无能，遂用移花接木之术，让其妹先与楚相暗结珠胎，再入皇宫。入宫不久，李园之妹告知楚王已有身孕。瓜熟蒂落之时，如期产下一子，楚王大喜，当即封李园之妹为王后，后来李园也如愿成为当朝权贵。

②竹苞松茂

“竹苞松茂”比喻家门兴旺，如图1-41所示，出自《清朝野史大观》。书中记载：乾隆时期，和珅是个大贪官，他新修府第，请纪晓岚题写匾额，纪提笔写下“竹苞”二字，说是取“竹苞松茂”之意。和珅大喜，当即悬挂于厅堂。一天，乾隆来到和珅府上，看到匾额甚觉奇怪，纪晓岚素来鄙视和珅，怎么还给他题匾呢？凝思片刻，恍然大悟，便对和珅说：“卿家，你又被纪晓岚捉弄了，他讽刺你们家个个草包啊！”。

图 1-40　成语“移花接木”释义

图 1-41　成语“竹苞松茂”释义

1.4.3　木与楹联

楹联，又称对联，它言简意赅、对仗工整、平仄呼应、韵味无穷，是汉语言独特的艺术形式，是中华民族的文化瑰宝。

①楹联溯源

楹联的雏形是桃符，它源于《山海经》中的神话故事。所谓桃符就是雕刻有神荼和郁垒两位门神的桃木板，如图 1-42 所示。因为神荼和郁垒具有驱鬼邪的本领，所以人们把这种桃符钉在自家的门上，以驱鬼辟邪、祈求平安。

后来人们为简便计，不再雕刻门神图像，而是直接把祈福的文字写在木板（或红纸）上，这样就实现了桃符向楹联的演变，同时让人们从神话世界走向了现实生活。

②木雕楹联赏析

图 1-43 是一副清代的镂空金漆木雕楹联，雕有“松、竹、梅”岁寒三友，诗文为“五风十雨梅黄节，二水三山李白诗”，由明代文学家李东阳和程敏政合作，诗句中引经据典、对仗工整、幽默风趣，很有韵味，具有很高的历史、文化、艺术和收藏价值。

据说，这副楹联的诗文是李、程二人在长江行舟途中所作。上联说出了江南黄梅时节的特定气候，是根据王充《论衡 · 是应》中“风不鸣条，雨不破块，五日一风，十日一雨”的语句加工而成。下联引用了李白《登金陵凤凰台》的诗句“三山半落青天外，二水中分白鹭洲”中“二水三山”，来对上联的“五风十雨”，很是幽默风趣，充分显示出两位文人的非凡文采。

图 1-42　木板桃符

图 1-43　金漆木雕楹联

1.4.4　木与诗歌

诗歌为我国传统的文学形式，它是一种阐述诗者心灵的文学体裁。诗人的创作灵感，与画家一样，许多场合是触景生情而诗兴大发。在自然界中，人们最感兴趣的还是山和水，以及山水间的林木。所以，许多古诗名句都与树木有关。许多诗人将木拟人、借木抒情、以木展艺，留下了许多名篇佳作。如图 1-44 和图 1-45 所示分别为贺知章的咏柳和毛泽东的咏梅。

贺知章·咏柳

碧玉妆成一树高
万条垂下绿丝绦
不知细叶谁裁出
二月春风似剪刀

图 1-44　贺知章的咏柳

毛泽东·咏梅

风雨送春归，飞雪迎春到。
已是悬崖百丈冰，犹有花枝俏。
俏也不争春，只把春来报。
待到山花烂漫时，她在丛中笑。

图 1-45　毛泽东的咏梅

关于木的诗歌，还有很多。有的歌颂青松，凌霜傲雪、坚贞不屈；有的歌咏竹子，虚怀若谷、正直清高，在这里就不一一列举了。

1.4.5 木与故事

所谓“故事”，就是过去的事件，是一种描述过去人们生活中事件发生、发展过程的文学体裁。自从人类诞生以来，人们的衣、食、住、行、娱，与木密切相关，因此必然会发生许多与木相关的故事。下面与大家分享“乾隆盗木”的故事。

清政府在乾隆五十至五十二年间（公元1785—1787年）对明十三陵进行了一次大规模修葺。但修葺项目不全，且没有遵照原样，有的被拆除、有的被缩建，后世有“拆大改小十三陵”之说。民间广为流传的“乾隆盗木”的故事就是发生在这一时期。

故事说，乾隆皇帝看中了长陵·祾恩殿的金丝楠木大柱，便降旨修陵，想拆下这些木材来修建圆明园。由于纪晓岚等大臣的极力劝阻，乾隆皇帝才手下留情，没拆长陵，但还是拆毁了永陵·享殿，盗取了一些木料修建圆明园。

由此可见，故事中乾隆偷盗的并不是什么金银财宝，而是金丝楠木。这是可以理解的，对于乾隆皇帝，可谓是千金易得、良木难求，因为那样的楠木大柱，需要几百年才能长成。现在我们到长陵，还能看到这些金丝楠木大柱，如图1-46所示。

图1-46　北京长陵·祾恩殿中金丝楠木大柱

以上我们通过木的文字、木的成语、木的楹联、木的诗歌和木的故事5个方面的讨论，可以看到，无论是文字的创生还是成语的形成，无论是诗词、对联，还是民间故事，木都是构成各种文学作品的重要内容。木对文学的作用和贡献无处不在。

1.5　木材美学内涵

1.5.1　木材美学定义

①什么是美

什么是美，这在哲学界称为柏拉图之问。柏拉图问的是什么呢？他在求问，美的本质是什么？对此问题，许多哲学家和美学家一直在试图求解。有的说美在形式，有的说美是快感，有的认为美是一种形而上的学问，有的认为美的本质只可意会、不可言传，凡此种种，还有很多。

在所有这些答案都被否认之后，有人开始怀疑关于“什么是美”这个问题。有人甚至认为美的本质根本就不存在，“什么是美”这个问题，本身就是一个无解的假命题。柏拉图本人最后也说“什么是美？难有答案！”

于是，无奈的哲学家不无感叹地说：没有美学，谁都知道什么是美；有了美学，谁都不知美是什么！

②什么是美学

德国哲学家，亚历山大·戈特利布·鲍姆嘉通（Alexander Gottlieb Baumgarten）1750年出版了第一部美学专著*Aesthetics*，这标志着美学作为一个学科的正式诞生，鲍姆嘉通也因此被称为世界美学之父。

“美学”这个词语的英文表达为Aesthetics，来源于希腊语，其初始含义是“对感官的感受”。类似于“什么是美”的柏拉图之问，也有人提出了“什么是美学”这样的哲学命题。

自鲍姆嘉通出版美学专著之后，虽然世人称他为“美学之父”，但实际上他并没有把美学概念说清楚。以至于什么是美学，在哲学界和美学界，众说纷纭，各抒己见。有的说美学是研究美、美感、美的创造和美育规律的一门科学，有的说美学是研究人与现实审美关系的学问，凡此种种，不一而足。这与前面“什么是美”的命题一样，“什么是美学”，至今也没有公认的答案。

关于“什么是美学”，原中国人民大学美学研究所所长张法，在其所著《美学导论》（图1-47）的开篇语中有这样论述：“谁也不能用简单的话说清楚美学是什么，就已经说清楚了美学是什么”；在权威著作《大英百科全书》（图1-48）中有这样的论述：“美学就是关于美的学科”，这是目前公认度最大的关于美学一种的解释，同时也是美学之父鲍姆嘉通最原本的观点。

图 1-47　美学导论专著

图 1-48　大英百科全书

关于“什么是美，什么是美学”的问题，上升成为哲学命题之后，似乎让哲学家们搞得太过复杂了，在他们那里恐怕永远也不会有公认的答案。所以我们这里不再花时间去讨论哲学上的美和美学。下面回到我们的主题，讨论什么是木材美学。

③何谓木材之美

美的本意是善，善也就是好，故有“羊大为美”之说。这里我们根据美的本意来定义《木材美学》中所讨论的美。

《木材美学》中所讨论的美是：任何让人感到身心愉悦的东西。

木材之美就是：木材中任何让人感到身心愉悦的东西。它包括木材的构造美、性能美、视觉美、触觉美、听觉美、嗅觉美、文化美、历史美和生态美等。

④木材美学定义

根据《大英百科全书》中关于美学的论述，这里我们定义：木材美学是一门关于木材之美的学科。其中，木材之美包括木材中任何让人感到身心愉悦的东西。

1.5.2　木材美学内涵

目前而言，木材美学内涵可以包括两个方面。其一，研究木材美的各种属性，包括构造美、性能美、视觉美、触觉美、听觉美、嗅觉美、文化美、历史美和生态美等。其二，研究开发利用木材美的属性的方法和技术。木材的美的属性有很多方面，所以木材美学属性开发利用的方法也有很多。下面以木材构造美为例，简单介绍木材美的属性开发利用方法。

对于木材构造美，其开发利用的技术路线如图1-49所示。这里以木材美学领带为例，首先从树干（a）中取一小块木材试样（b），对试样进行木材解剖构造研究，获得木材构造图像（c），对木材构造图像进行美学分析，从中提取美学元素（d），将它应用于产品艺术设计，最后制造出木材美学领带作品（e）。

按照类似的技术方法，还可以开发出其他各式各样的木材美学作品，如图1-50所示，这里有木美挂画（a）、木美陶艺（b）、木美时装（c）、木美箱包（d）、木美地板（e）、木美装饰卷材（f）和木美家具（g）。

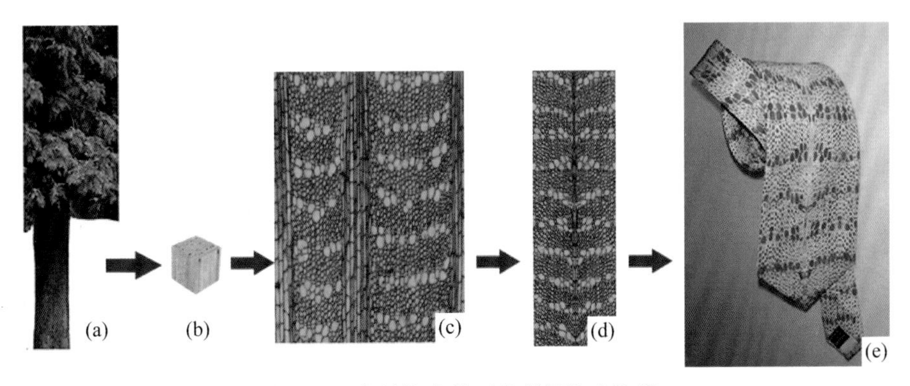

图1-49　木材构造美开发利用技术路线

图1-50　各式各样的木材美学作品

通过以上这些实例可以看到，木材美学并不是什么玄乎的东西，它是实实在在的一门科学，属于应用美学的范畴，具有很好的现实意义。通过广泛开展木材美学研究，可以开发出丰富的木材美学图案，应用这些木材美学图案，可以开发出各式各样的木材美学作品。这些木材美学作品可以应用于人们生活的方方面面，让人们能够在日常生活中真真切切地体会木材之美、享受木材之美，这就是作者撰写《木材美学》一书的宗旨。

第2章　树木之美

一木为树，二木为林，三木为森。树、林、森，三者都由木所构成。树乃木之源，树美乃木美之本，木美乃树美之汇。木之美，可以集树木、树林和森林之美的大全，它既能给予人们视觉、嗅觉、听觉和触觉上的感官之美，又能给予人们艺术上的精神享受。本章我们将从3个方面来讨论树木之美。第一，树木的生长之美，这里将为大家解读树木生长之奥秘，看看树木究竟是如何长高的、是如何长大的。第二，树木的形貌之美，这里将带领大家从“叶、花、果、形”四个方面和“春、夏、秋、冬”四个季节，全方位欣赏和感受树木之美。第三，树木的功能之美，这里可以让大家充分认识树木在保护环境和美化环境方面的生态功能，大家可以真实感受到树木功能之大全，可以切身体会到树木功能之大美。

2.1　树木生长之美

2.1.1　树木的分类

①自然界物种的划分

自然界所有物种，都是按照界、门、纲、目、科、属、种来进行划分。树木也是一样，这里以樱桃（图2-1）为例，它属于植物界的种子植物门、被子植物亚门、双子叶植物纲、蔷薇目、蔷薇科、樱属的樱桃种。

②树木的系统分类

树木属于植物界的种子植物门中的裸子植物亚门或被子植物亚门，其系统分类是采用传统植物学的分类方法，即按照科→属→种来进行分类。例如，降香黄檀（图2-2），它是属于蝶形花亚科、黄檀属的降香黄檀种。

③商品木材的分类

在木材商品贸易中，通常把木材分为3个大类，即针叶材、阔叶材和椰竹类木材。

- 针叶材，又称为软材或无孔材，属于裸子植物亚门。
- 阔叶材，又称为硬材或有孔材，属于被子植物亚门的双子叶植物纲。
- 椰竹类木材，属于被子植物亚门的单子叶植物纲，实际上，它们不属于真正意义上的木材。

图 2-1　樱桃

图 2-2　降香黄檀

这三种不同类型的树木，各具有不同的分枝方式，因而产生明显不同的树形。针叶树［图 2-3（a）］，树叶细小，呈针状，单轴分枝，树冠塔形，主干高拔、直通树顶。阔叶树［图 2-3（b）］，树叶阔大，合轴多级分枝，树冠伞形，主干矮、不明显、多弯曲。椰竹类，椰树［图 2-3（c）］有叶无枝，树冠小，树干挺直，无树皮；竹子［图 2-3（d）］单轴、单侧、节间对称分枝，顶尖弯弯而下垂。

(a)

(b)

(c)

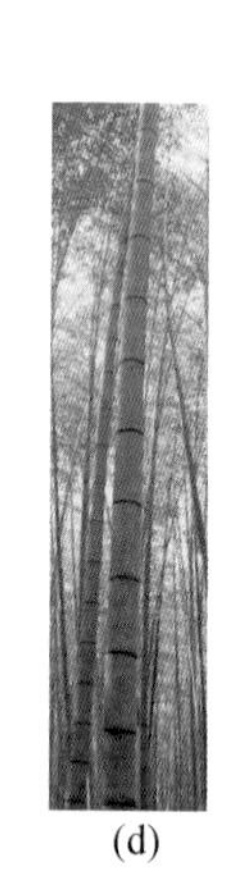

(d)

图 2-3　不同类型树木的形态

2.1.2　树木的高生长

如图 2-4 所示为斑皮桉，它是如何从幼小的树苗（a）长成几十米高的参天大树（b）的呢?

树木长高，是通过顶端生长点的作用。在树木主干的顶端和树枝的先端，都有一个生长点，如图2-5所示。生长点是一种分生能力极强的分生组织，可以不断地分生出新的细胞，新产生的细胞叠加在原有细胞的上面。随着新分生的细胞数量的增多和尺寸的长大，树干就会不断地长高，枝条就会不断地生长。这就是树木长高的机制。由此可见，树木的长高，就像砌烟囱一样，由下到上一个个细胞叠加堆积而长高的，而不是从底下往上推举升高的。

图2-4 斑皮桉大树及幼苗

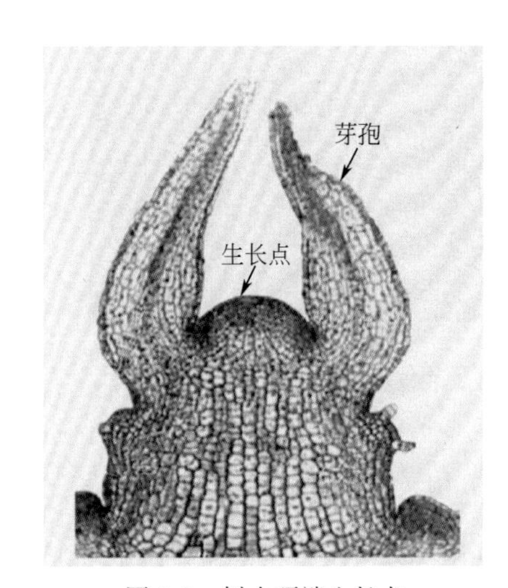

图2-5 树木顶端生长点

2.1.3 树木的径生长

如图2-6所示为广西龙州的一株蚬木，又称铁木。这株蚬木，直径3m，号称世界铁木之王，它究竟是如何从这么幼小的树苗（a），长成如此粗大的王者身躯（b）的呢？

树木长粗，是由于形成层的作用。在树干的树皮与木材之间有一层特殊的细胞组织，叫木材形成层。木材形成层也是一种分生组织，具有很强的分生能力。它向内分生木材细胞，叠加在原来木材的外围；向外分生树皮细胞，叠加在原来树皮的内圈。随着新分生细胞数量的增多和体积的长大，树干直径就会不断地长大（图2-7）。

由此可知，树木直径的长粗包含两个部分，一是内部木材直径的增大；二是外部树皮的增厚。木材与树皮之间的形成层可以比作一台环绕立式3D打印机，它具有双向打印功能。向内喷射使木材直径不断增粗，向外喷射使树皮增厚。树干内部的木材直径增粗是从外围一层层叠加而实现的。但树皮是从内部加厚，这对原来外部的树皮会产生向外推挤作用，这样外树皮会被挤破、开裂、失水，逐渐干枯而掉落。因此，尽管内部不断有新的树皮产生，但树干的树皮不会无限增厚。

图 2-6　广西龙州铁木之王

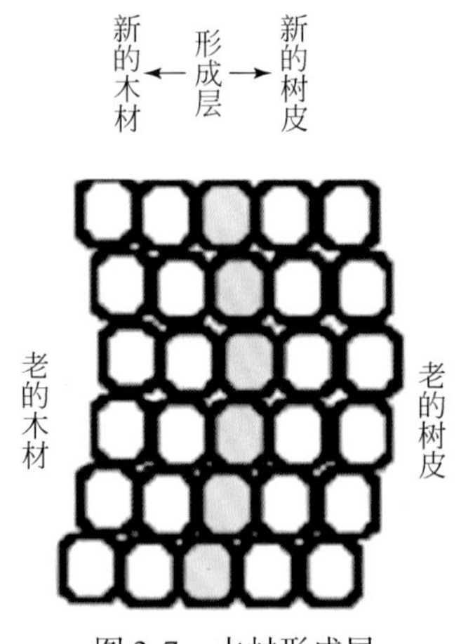

图 2-7　木材形成层

2.1.4　树木各部及其作用

如图 2-8 所示，一棵树，由下到上，可以分为树根、树干和树冠 3 个部分。

①树冠的作用

树冠的作用是吸收太阳能，进行光合作用，制造树木生长所需的营养。树冠的叶片中含有许多的叶绿素，每一个细胞，相当于一个养分加工厂，它可以吸收空气中的 CO_2 和 H_2O，借太阳能的作用，进行光合反应，生成碳水化合物和新鲜氧气，供树木生长之需（图 2-9）。

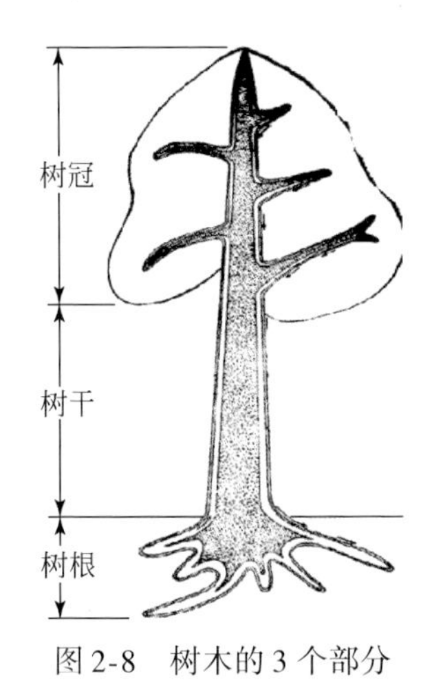

图 2-8　树木的 3 个部分

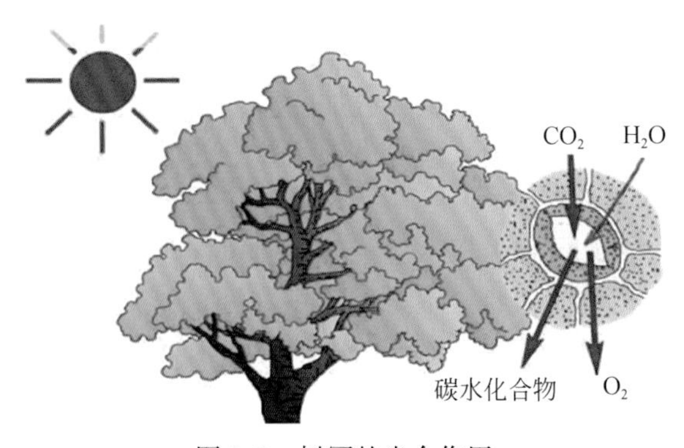

图 2-9　树冠的光合作用

树木在进行光合反应的过程中，树冠吸收空气中的 CO_2，转换成碳水化合物，即木材物质，存储于树干，并向空气中释放出新鲜的氧气。

根据光合作用反应式：

$$6CO_2+12H_2O \xrightarrow{\text{太阳能}} C_6H_{12}O_6+6H_2O+6O_2$$

可以进行定量计算，树木每生长 $1m^3$ 木材，可以吸收大约 800kg CO_2，释放 600kg O_2。树木在生长过程中，能够从大气中吸收 CO_2，并以木材物质的形式固定于树干之中，这就是树木的固碳作用。树木之所以具有很好的净化空气、优化环境的功能，正是由于它的固碳作用。

②树干的作用

对于树木本身而言，树干的作用主要有三个，如图 2-10 所示。一是机械支撑，托举树冠，高于其他植物，让自己获得更多的阳光雨露，生长成为植物之王。二是运输通道，土壤中的无机养分，经由树干的边材，向上输送到树冠；树冠制造的有机养分，经由树干的树皮，向下输送到树木各部，供树木生长。三是储藏养分，树木在春夏季节制造的多余养分，储藏于树干的薄壁组织中，供树木的秋冬之需。冬天，有些树木的树叶干枯了、掉落了，因而不能制造养分。这时，树木生命体需要的养分就取自于存储于树干中的养分。

③树根的作用

对于树木的生长，树根的作用也有 3 个方面，如图 2-11 所示。其一，稳固植株，使树木不会被大风吹倒、吹跑；其二，吸收水分和养分，树木生长所需要的无机养分和水分，主要是通过树根从土壤中吸收得到的；其三，储藏养分，像树干一样，树木在根部也有一些薄壁组织，也能用来储藏养分。

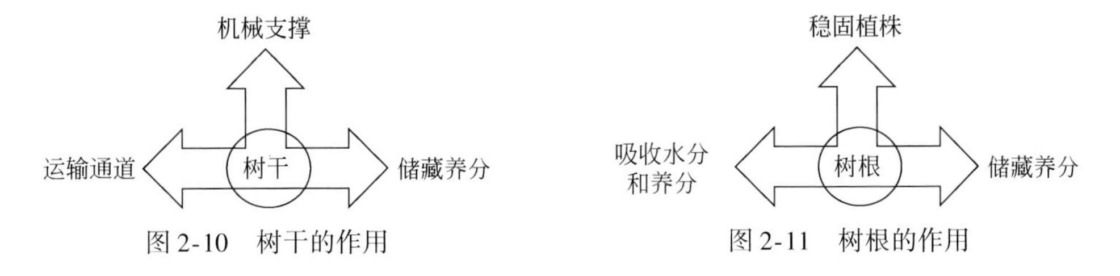

图 2-10　树干的作用　　图 2-11　树根的作用

以上是第一节的内容，这一节对树木的枝叶生长方式，树干和树冠的形貌，树高和树径的生长机制，以及树木各部对树木生长的作用展开了讨论。所有这些无不表现出树木生物特征之美和生长方式之美。

2.2　树木形貌之美

树木的外形、外貌是通过树木的枝叶、花果和形体等方面来表现的，主要由树木的遗传基因所控制，同时也会受到树木生长环境条件等因素的影响，下面让我们一起来全方位欣赏树木的形貌之美。

2.2.1 叶之美

树叶是树木的衣裳，是树木之美的重要元素，是树木之美最直接、最具体的外在表现。树叶的形状、大小和质地变化很多，颜色更是丰富多彩，因而能够把大自然装点得绚丽斑斓。图 2-12 是北京香山的红叶，不是油画，胜似油画。现在北京香山公园，每年金秋十月，都要举办主题为“秋染香山 · 红叶传情”的香山红叶文化节。2018 年在香山红叶节期间，世界各地的游客共有 130 多万人，来到香山观赏红叶，这就是树叶之美的魅力。

图 2-12 北京香山红叶

树叶之美还体现在它的功能之美。其一，树叶中具有无数的叶绿素，叶绿素能够进行光合反应，这使得树木具有吸收 CO_2 和释放新鲜 O_2 的作用；其二，树叶表面多有绒毛或黏液，能够吸滞大气中的尘埃，因而具有净化空气的作用；其三，树叶表面有许多的气孔，能够起到吸音降噪的作用。正是由于树叶的汇碳、释氧、吸尘和降噪等作用，树木因此而获得环境保护“绿色卫士”之美称。

2.2.2 花之美

花朵，是树木之美的精华。树木之花五彩缤纷，许多奇异无比、艳美非凡，无不让人赏心悦目、咋舌称奇！

图 2-13 中可见多姿多彩的树木之花，这里有樱花迎春（a）和寒梅傲雪

（b），有粉红的槐花（c）和金黄的茶花（d），还有木棉花（e）像是闪亮发光的红星，珙桐花（f）如同展翅欲飞的白鸽。

图2-13 五彩缤纷的树木之花

2.2.3 果之美

树果，是树木之美的结晶，其美可闻、可见、可尝、可赏。如图2-14所示的树木之果，无不令人垂涎欲滴。

图2-14中可见，石榴（a）万子同苞、红似玛瑙、玉粒琼浆，令人垂涎欲滴，这里有唐·白居易的诗句为证：日照血球将滴地，风翻火焰欲烧人。荔枝（b）软糯嫩滑、多汁清甜、香沁肺腑，是唐·杨贵妃的最爱。传说唐玄宗为博

图 2-14　美味诱人的树木之果

妃子一笑，令快马日夜兼程将南方荔枝送往长安。此事有唐 · 杜牧的诗句为证：一骑红尘妃子笑，无人知是荔枝来。(c) 正是《西游记》中王母瑶池寿宴上的那种寿桃果。(d) 正是《西游记》中行者悟空万寿山偷吃的那种人参果。

2.2.4　形之美

树木生长的形态，主要是受到树木遗传基因的控制。在 2.1 节讲到，针叶树的单轴分枝方式，导致其树木多呈塔形；阔叶树的合轴分枝方式，导致其树木多呈伞形。除了遗传基因的控制因素之外，树木生长的环境条件对其形态也具有重要影响。如图 2-15 所示，石壁上的黄山松会长成典型的迎客松形状。

图 2-15　石壁上的黄山松

树木的遗传基因非常丰富，树木的生长环境也是变化万千，因而树木之形，可以千姿百态，这为风景园林规划和生态环境工程提供多种多样的选择。图 2-16 为各种形态的树木，有的婀娜多姿 (a)，有的小巧玲珑 (b)，有的刚直挺拔（c），有的树影婆娑（d）。

图2-16 不同形态的树木
（a）榕树；（b）槭树；（c）面包树；（d）柳树

2.2.5 四季之美

春、夏、秋、冬，一年四季，是树木一个完整的生长周期。在每一个生长周期之内，树木的形态和生理机能会随季节更替而变化，因而表现出不同的美的状态。

初春之时，树木新芽吐绿，春意盎然。如图2-17（a）所示为初春的新柳，春天到来，枯老的树桩上抽出了翠绿的枝条，犹如少女出浴，秀发披肩、婀娜多姿、含情脉脉，带来了阵阵清香，散发出无限的生机和魅力，宛若仙境，美得让人如痴如醉。盛夏之时，树木枝繁叶茂，郁郁葱葱。如图2-17（b）所示为盛夏的青松，墨绿的松针，团团簇簇、层层叠叠、密密麻麻，正是生长旺盛之时，更显树木的勃勃生机。晚秋时节，树木有的通红似火，有的黄灿如金，这红彤彤、黄灿灿的颜色，可以是果，也可以是叶。如图2-17（c）所示为晚秋的红枫之美。寒冬腊月中的树木，虽是银装素裹，却也分外妖娆。如图2-17（d）所示为寒冬之柳，大地一派白雪皑皑，唯树木之美犹在。

图2-17　树木的四季之美

以上我们从“叶、花、果、形”4个方面和“春、夏、秋、冬”4个季节欣赏了树木之美。树之叶是树木美丽的衣裳，绚丽斑斓；树之花为树木美之精华，让人赏心悦目；树之果乃树木美之结晶，诱人垂涎欲滴；树木之形，千姿百态；树木之美，四季常新。

2.3　树木功能之美

从树木生态学的角度来看，林木除了生产木材之外，还具有涵养水源、防风固土、吸尘降噪、净化空气、调节气候、美化环境和改善生物多样性等生态功能，而且林木生态功能方面的价值远大于木材生产方面的价值。

2.3.1　涵养水源

林地上深厚的枯枝落叶层和腐殖质层，具有很好的保水和储水作用，所以林地具有很强的涵养水源功能。人们常说“高山有好水，平地有好花”。但可能有人不知，高山上的好水乃是源自于山中林木的涵养，平地上的好花应该归功于高山好水的浇灌。电视剧《血色湘西》的片尾曲中有歌词“高山有好水，瀑飞壮豪情”，它描述的正是林木涵养水源功能所造就的美丽壮景，如图2-18所示。

图2-18　高山瀑飞壮豪情

2.3.2　防风固土

树木浓密的树冠可以阻挡风沙、减少暴风雨对地表的冲刷和侵蚀。地面之下网状如织的树根系统可以把持泥土、减少水土流失。所以林木具有很好的防风固土功能，在农田保护和水土保持方面可以发挥重要作用，如图2-19所示。

图2-19　农田防护林

2.3.3　吸尘降噪

如图 2-20 所示，树木是天然的吸尘器和消音器。树叶表面多有绒毛或黏液（a），能够吸附或黏滞大气中的尘埃，降低空气的烟尘污染。树木的树叶上面有许多的气孔（b），树皮上面有许多的皮孔（c），这种气孔和皮孔具有很强的吸音降噪作用。

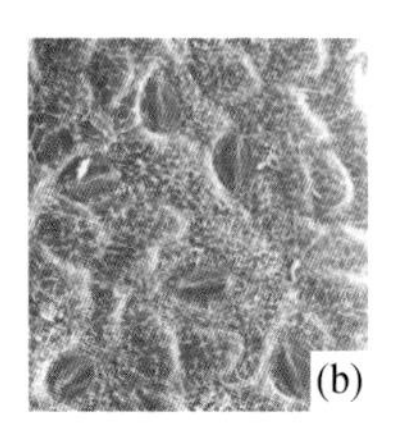

图 2-20　树木的吸尘与消音器官

在铁路和公路两旁，一般都要种植上宽宽的林带，如图 2-21 所示。这种林带除了绿化和美化环境的功能以外，还具有更重要的吸尘与降噪的作用。

图 2-21　高速公路两旁的林带

2.3.4　净化空气

大家知道，绿色的树叶具有光合作用，能够在太阳能的作用下，把空气中的 CO_2 和 H_2O，合成高能碳水化合物，同时放出新鲜氧气，如图 2-22 所示。

树木的生长过程是一个净化空气的过程，即吸收空气中的二氧化碳废气，放出清新的氧气，这就是林木的“碳汇”作用。通过专业的碳交易市场，种植碳汇林，如图 2-23 所示，同样也可以获得很好的经济效益。由此可见，习近平主席提出“绿水青山就是金山银山”的理念，具有充分的科学依据。

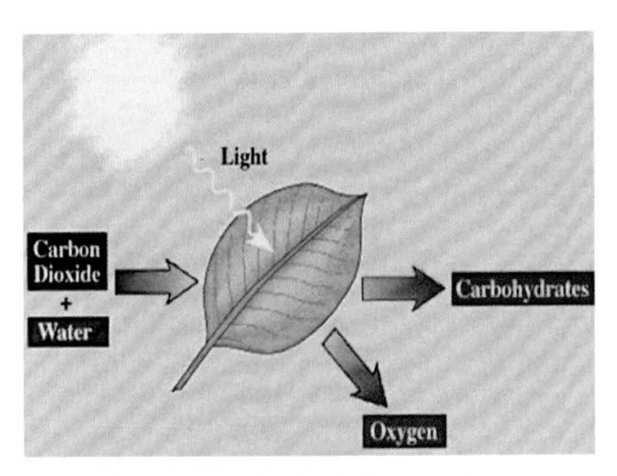

图2-22 绿色植物的光合作用

图2-23 碳汇林

2.3.5 调节气候

森林可以减少太阳辐射、减小昼夜温差、降低风速、增加空气湿度和降水量。科学研究表明，有林地区年降水量比无林地区要多17%；炎热的夏天，树荫底下的温度比树荫外面要低3～5℃。人们常说“大树底下好乘凉”，这既是用数据可以证实的科学道理，也是人们和动物们可以切身感知的实践经验，如图2-24所示。

图2-24 人们和动物们享受着大树的阴凉

2.3.6 美化环境

如图2-25所示，树木颜色绚丽多彩，树木形状千姿百态。因此，树木具有很好的绿化和美化环境的效果。美化环境正是风景园林和小区绿化树木的主要功能。

图 2-25　绚丽多彩的树木

2.3.7　改善生物多样性

森林生态系统不仅为人类提供了很好的生活环境，同时也为其他生物提供了理想的生存条件。因此，森林具有很好的促进和保护生物多样性功能。图 2-26 中这些奇异的动物、植物和微生物只有在大森林里才可见到。

图 2-26　森林中奇异的动物、植物和微生物

以上对森林涵养水源、防风固土、吸尘降噪、净化空气、调节气候、美化环境和改善生物多样性 7 个方面展开了讨论，希望能够让大家真切地感受和体会到树木功能之大全和树木功能之大美。

第3章　红木之美

红木之名源于中国明清时期的红木家具。明清时期，皇宫中用一些优质深色名贵木材打造了大量高档家具，民间把它们美名为“红木家具”。后来，这些用于制作红木家具的木料就得名为红木。红木之美，主要美在颜色、花纹和气味3个方面。红木心材细胞腔中含有大量的深色内含物质，正是这些内含物质赋予了红木的颜色之美。红木的花纹，一方面是来源于木材内含物质，如条纹乌木的花纹就是其木材内含物质渗透到木材表面而形成；另一方面是源于红木树种特殊的纹理结构，例如黄花梨鬼脸，就是由于木节在弦面板上聚生的结果。红木树种多有天然的香气，而且不同种类的红木具有不同的标志性气味。例如，香枝木具有降香气味、酸枝木具有醋香气味、花梨木具有清香气味等，这些赋予了红木的气味之美。本章主要讨论归属于2科5属的8大类红木，讲述红木树种形貌特征和木材特性方面的基本知识，并赏析一些精品红木器物的材质、器形和工艺之美。

3.1　红木概说

红木是民间对一些高档优质木材的专用名称。

3.1.1　红木的定义

根据中华人民共和国关于红木的国家标准（GB 18107—2017），红木为紫檀属、黄檀属、柿树属、崖豆属和决明属树种的心材，其构造特征、木材密度和颜色（大气中变深的材色）都要符合国家标准要求。在2000年颁发的红木国家标准中，决明属称为铁刀木属。

3.1.2　红木之名由来

从前面关于红木的定义可知，红木并不是指某一种木材，它是对一些高档优质木材的统称。红木是我国独有的一个专有名词，外国语言中没有对应的词汇，因此红木的英文表述直接采用汉语拼音：Hongmu。

“红木”这个专有名词的出现晚于“红木家具”，即先有红木家具之说，后有红木之说。红木之说源于中国明、清时期的皇宫古典家具。据说，明·郑和七下西洋时期，商人们用船只运送中国的瓷器、丝绸和铜铁器具出口到南洋国家。

回国的时候，为了防止船只因空载而颠覆，故把当地盛产的木材作为压船之用。南洋地区木材优质，这些作为压船用的木材运回国内之后，被工匠们做成精美的家具，颇受宫中达官贵人和鸿儒雅士们的喜欢和欣赏，成为皇宫极品，视为国宝。

后来，这些皇宫古典家具流落于民间，也深受平民百姓推崇和喜爱。因为这些家具出自于皇宫，且大多为深红颜色，故民间把它们尊称为“红木家具”。所谓“红木”，就是造作红木家具的木料，红木之名，乃源于此。由此看来，红木之名的含义，除了描述其木材为深红颜色（有些并非红色）之外，还包含有“出自皇宫、根正苗红”之意。

3.1.3　红木树种简介

根据国家标准 GB 18107—2017，红木来源于 2 科 5 属 8 类 29 种树木。

①豆科

豆科有 4 属 6 类 24 种红木。其中，紫檀属有 2 类 6 种，它们分别是紫檀木类的檀香紫檀，以及花梨木类的大果紫檀、印度紫檀、囊状紫檀、安达曼紫檀和刺猬紫檀；黄檀属有 3 类 15 种，它们分别是香枝木类的降香黄檀，黑酸枝木类的阔叶黄檀、刀状黑黄檀、卢氏黑黄檀、东非黑黄檀、巴西黑黄檀、亚马孙黄檀和伯利兹黄檀，红酸枝木类的交趾黄檀、巴厘黄檀、奥氏黄檀、赛州黄檀、绒毛黄檀、微凹黄檀和中美洲黄檀；崖豆属有 1 类 2 种，即鸡翅木类的白花崖豆木和非洲崖豆木；决明属有 1 类 1 种，即鸡翅木类的铁刀木。这里需要特别注意的是，崖豆属的白花崖豆木和非洲崖豆木，以及决明属的铁刀木，在红木分类中归属于同一类木材，即为鸡翅木类。

②柿树科

柿树科有 1 属 2 类 5 种红木，它们分别是柿树属乌木类的乌木和厚瓣乌木，以及条纹乌木类的苏拉威西乌木、菲律宾乌木和毛药乌木。

3.1.4　红木家具

红木多用于制作各种类型的居家实木家具，包括卧具、坐具、案几和橱柜等类型，如图 3-1 所示。这里有红木架子床（a），属于卧具类；红木顶箱柜（b），属于橱柜类；红木翘头案（c），属于案几类；红木座椅（d），属于坐具类。

红木家具美之风韵、美之精髓，可以用 4 个词来概括，即古朴、典雅、精细、精美。古朴是指在红木家具制作过程中，崇尚先人的古朴之风，充分利用红木自身特有的肌理和材色，来彰显红木家具的自然、质朴之美。典雅体现在红木家具在造型和装饰等方面表现出的庄重、典雅之美，充分反映明清时期文人墨客

图3-1　各种类型的红木家具

浓郁的书卷气息和超凡的儒雅风范。精细反映在红木家具结构严谨，做工精细，全为榫卯连接，结合严丝无缝；同时用料非常精准、恰到好处，多一分则长、少一分则短，粗一点则臃、细一点则瘦，整体上表现出精细、精准的美感。精美表现于红木家具结构设计和细节处理非常精巧，点、线、面的比例得当，整体效果上，体态均衡、精致简练，充分表现出人体工效学之美。

3.1.5　红木工艺品

红木的工艺品可谓是品种繁多，琳琅满目、应有尽有，一般可分为3大类，即实用件、摆设件和首饰件。

①实用件工艺品

如图3-2所示为红木的实用件工艺品，这里有黄花梨木的花瓶（a）和紫檀木的围棋提盒（b），它们材质精良、工艺精细、造型精美，具有很好的实用和审美价值。

②摆设件工艺品

如图3-3所示为红木的摆设件工艺品，这里花梨木的如意（a），采用镂空雕刻工艺，枝叶花果，通身缠绕，非常漂亮；红酸枝木的艺术茶壶（b），结构简洁，茶壶的形体流线设计与木材纹理走势巧妙配合，获得了非凡的艺术效果。

③首饰件工艺品

如图3-4所示为红木的首饰件工艺品。红木树种的心材中多含有天然精油，非常适合用作首饰物品，这里有黄花梨木的手串（a）和红酸枝木的吊坠（b）。

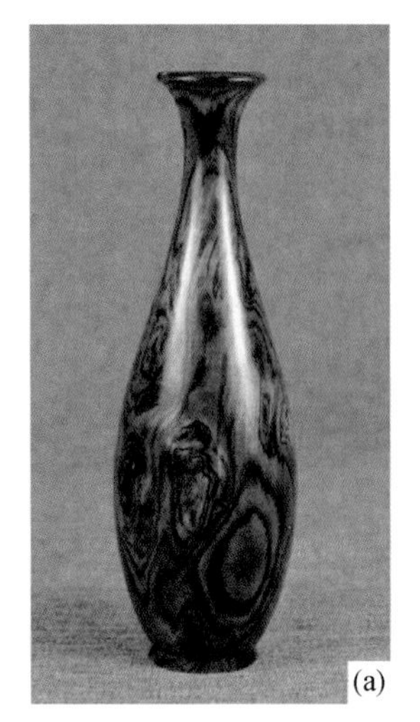

图 3-2　红木实用件工艺品

图 3-3　红木摆设件工艺品

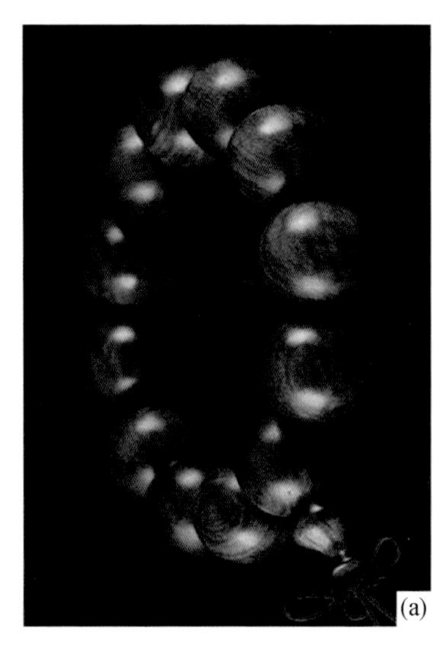

图 3-4　红木首饰件工艺品

以上是本章第一节的内容，这一节主要就红木的定义、红木名称由来、红木树种分类、红木家具及红木工艺品进行了概要性的介绍，以期为后续章节的深入学习建立基本概念。

3.2 紫檀木之美

紫檀木类的红木，只有1个种，即檀香紫檀。

3.2.1 树木简介

檀香紫檀属于豆科的紫檀属，拉丁文学名是 *Pterocarpus santalinus*，商品名称为 Red sanders，别名有紫檀、小叶紫檀、印度紫檀、金星紫檀、鸡血紫檀和牛毛紫檀等。

3.2.2 产地分布

檀香紫檀的原产地在印度南部，主产地在印度的迈索尔邦，中国以及缅甸、柬埔寨、老挝、泰国和越南等东南亚国家现已有引种。

3.2.3 实物图片

如图3-5所示为檀香紫檀树的实物图片，包括树木（a）及其枝、叶、花（b）和果（c）。

(a) (b) (c)

图3-5 檀香紫檀树木

图 3-6 是檀香紫檀木的实物图片，包括原木材堆（a）、木材圆盘（b）和木板（c）。

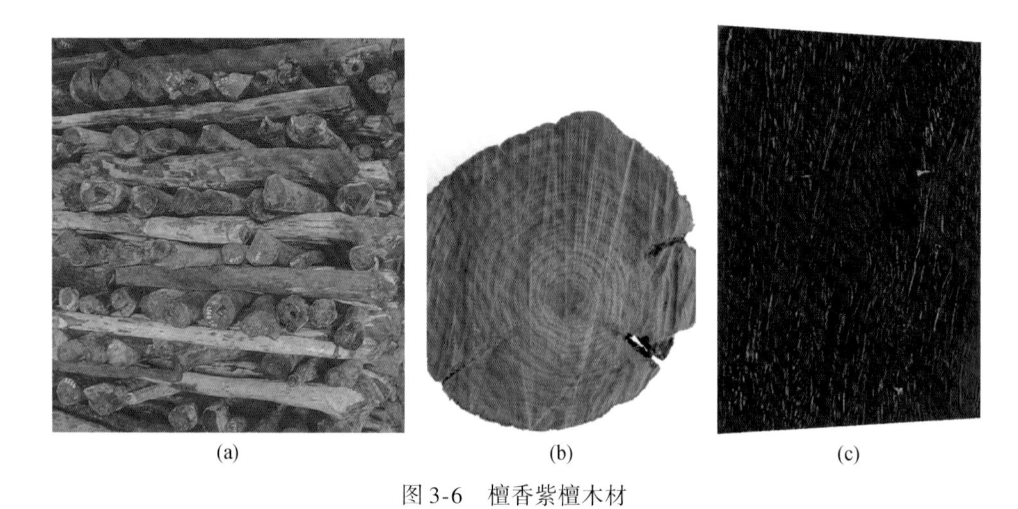

(a)　(b)　(c)

图 3-6　檀香紫檀木材

3.2.4　识别要点

下面是关于檀香紫檀木材 6 个方面的识别要点，正宗的檀香紫檀木材必须同时具备这样 6 个方面的特征。

①木材新切面橘红色，放久后转为紫黑色；

②木块在白纸上划痕，形成红色线条；

③用清水浸泡木屑，水面上会有蓝绿色荧光；

④用酒精浸泡木屑，有大量橘红色烟雾产生；

⑤用酒精棉签擦拭材面，棉球很快变为橘红色；

⑥气干木材入水下沉。

3.2.5　精品赏析

①清 · 紫檀文具盒

图 3-7 是一件清代文具盒，呈四方形，边长 11.4cm，高 9.5cm。该物件用料讲究，以檀香紫檀为制作木料，子母口，盖面微微凸起，四边起线，棱角处均作倭角。盒身四壁光素无饰，盒盖界面处起唇边。盒子底边四角起足，分外精美。整件器物用料上乘，紫黑带红，润滑细腻，牛毛细纹清晰可见。整件器物榫边拼接而就，规整雅致，包浆厚实，乃文房赏玩收藏之佳品。

图3-7　清·紫檀文具盒

②明式提梁盒

图3-8是一件明式提梁盒，呈长方形状，高21cm，长30cm，宽16.5cm。此物件以名贵檀香紫檀木材为之，盒身均由榫卯结构制成。底座攒作长方形框，边角圆润，框内横两枨，上安横梁，状似拱桥。立柱两侧夹饰镂空如意纹站牙。盒分三撞，加盖后四层。下盒落在底槽内，每层口沿皆起灯草线，带厚的子口，使上下吻合更好。盒盖两侧立墙打孔，提梁与此孔眼相对处亦有穿孔，用铜条贯穿。铜条一端焊接有一块小铜板，另一端开有小孔，可以用来挂锁。这件提梁盒品相极佳，形制规整，造型大方，做工精良，通体无瑕，木纹清晰，色泽稳重，雅趣盎然。

图3-8　明式提梁盒

③古典办公桌椅

图 3-9 为一套檀香紫檀木的大班台，摆放于厅堂，非常大气。走进大堂，一种庄重、肃穆、宁静而华美之感，油然而生。

图 3-9　古典办公桌椅

④紫檀木龙椅

图 3-10 是一件清·乾隆皇帝的龙椅宝座，用极为名贵的檀香紫檀木制作而成。这件器物材质细腻、纹理致密、光泽深邃，式样古朴大气，浮雕工艺十分精湛，座椅靠背上海水波纹气势磅礴，水中游龙栩栩如生，是一件座椅类的皇家极品。2009 年，该物件在香港苏富比拍卖行以 8578 万港元成交。

图 3-10　清·乾隆皇帝龙椅

⑤六根清净·工艺品

图3-11是现收藏于广西玉林云天宫的一件工艺品，是一个檀香紫檀木制作的洗脸盆架。这件作品有个艺名，称为“六根清净”。

对于这件作品的名称，这里的“六根”应该是个双关语。表象上看，它是指洗脸盆架的六条腿，但其寓意是指人的视觉、嗅觉和听觉，这样六条通道。另外，佛语中也有“六根”的说法，是指“眼、耳、鼻、舌、身、意”6个方面。由此可以理解该物件作者所要表达的深刻含义就是：如果生活中能够有这么美的木材艺术品相伴，则可达到心满意足、别无他求的境界，静心地享受着木材之美，足矣！

这件作品形体很小，可置于手掌之上，但它的造型非常朴实，尺寸比例非常精准，制作工艺非常精细，所以看上去实用感很强，是一件十分珍贵的红木陈设艺术品，具有很好收藏价值。

图3-11　紫檀木洗脸盆架

以上是本章第二节的内容，这一节从树木简介、产地分布、实物图片、识别要点和精品赏析5个方面，就紫檀木类的红木之美进行了讨论和赏析。

3.3　花梨木之美

花梨木类的红木，共有5种，它们分别是大果紫檀、印度紫檀、囊状紫檀、刺猬紫檀和安达曼紫檀。

3.3.1　树木简介

花梨木都属于豆科的紫檀属，与紫檀木类红木同属，其拉丁文学名为*Pterocarpus* spp.，商品名称有Andaman padauk（安达曼紫檀）、Ambila（刺猬紫檀）、Narra（印度紫檀）、Burma padauk（大果紫檀）和Bijasal（囊状紫檀），别名有草花梨、红花梨、新花梨和香红木等。

3.3.2　产地分布

花梨木类有5个树种，其中大果紫檀主要产于东南亚的中南半岛（包括缅甸、泰国、老挝、越南、柬埔寨和马来西亚的西部）；印度紫檀的主要产地为印度，东南亚和中国台湾、广东和云南地区；囊状紫檀主要产地为老挝、印度和斯里兰卡；刺猬紫檀主产于热带非洲，包括冈比亚、科特迪瓦、几内亚比绍、马里、塞内加尔和莫桑比克；安达曼紫檀主要产地为安达曼群岛。

3.3.3 实物图片

图 3-12 是花梨木树木的实物图片，包括树木（a）及其枝、叶、花（b）和果（c）。

图 3-12　花梨木的树木

图 3-13 是花梨木的实物图片，包括材堆（a）、木段（b）和木板（c）。

图 3-13　花梨木的木材

3.3.4　识别要点

下面是关于花梨木6个方面的识别要点，属于花梨木的红木必须同时具备这样6个方面的特征。

①新切面具有花梨木特有的清香气味；

②用水浸泡花梨木，水面出现绿色的荧光物质；

③用清水滴在材面，干了以后会留下明显的水迹；

④木材横切面上薄壁组织弦向排列成带状；

⑤木材具有叠生构造，弦切面上可见波痕；

⑥构造与紫檀木相似，但颜色浅、质量轻、不沉水。

3.3.5　精品赏析

①花梨木办公台

图3-14为花梨木的红木办公台，原木颜色，原汁原味，既可以嗅出木的清香，还可以抚摸到木的温暖。这套办公台为一桌一椅，椅为标准的明式四出头官帽椅，桌为仿古的柜桶式书桌，但两侧的柜桶变形为架空的案几结构，中间还带有脚踏，看上去通透秀美，简洁大气。

图3-14　花梨木办公台

②圈椅三件套

图3-15是一套花梨木的圈椅。圈椅是一种椅背连着扶手，从高到低一顺而下的休闲座椅。它结构简洁稳重、造型圆婉优美、式样独具特色，坐靠舒适，颇受人们喜爱。

图 3-15　花梨木圈椅三件套

③花梨木贵妃床

图 3-16 是一件贵妃床。贵妃床又称美人榻，是古时皇室贵族的休闲家具，通常放在客厅、书房或卧室，在小歇和品茗时使用。

图 3-16　花梨木贵妃床

④牛角沙发五件套

图 3-17 为一套客厅沙发。这套沙发的靠背与扶手连成一体，形似牛角，因而得名牛角沙发。沙发腿为典型中国古典家具的三弯腿型，外翻马蹄足，赋予灵动美感。整体设计包含了中国明式家具风格，同时还融合了北欧简约、时尚等人文元素。

图3-17 牛角沙发五件套

⑤花梨木笔筒

图3-18 花梨木笔筒

图3-18为一个花梨木的笔筒，属于实用工艺品。用作笔筒，它具有盛放文具的实用功能；作为工艺品，它又具有供艺术鉴赏的价值，可以从材质之美、工艺之美和雕刻图案等方面来欣赏。就这件笔筒而言，作品由一整段优质的花梨木原木挖雕而成，材质密实、硬重、细腻、光滑，纹理清晰，手感温润，质量上乘。笔筒的外壁上雕刻有莲花、富贵竹和鸳鸯戏水等吉祥图案。富贵竹代表吉祥如意、大富大贵，莲花寓意雅洁清高、多子多福，鸳鸯象征相亲相爱、生活美满，这些都是对作品拥有者和鉴赏者的美好祝愿。

以上是本章第三节的内容，这一节从树木简介、产地分布、实物图片、识别要点和精品赏析5个方面，就花梨木类的红木之美进行了讨论和赏析。

3.4 香枝木之美

香枝木类的红木，中华人民共和国国家标准中只有1种木材，即降香黄檀。此外，红木市场上还有一种叫“越南黄花梨”的木材，现在行内普遍认为也属于香枝木类红木。

3.4.1 树木简介

降香黄檀属于豆科的黄檀属，拉丁文学名为 *Dalbergia odorifera*，商品名称为 Scented rosewood，别称有黄花梨、花梨、花黎和花榈等。越南黄花梨的中文名称为越南黄檀或东京黄檀，拉丁文学名为 *Dalbergia tonkinensis*。

3.4.2 产地分布

降香黄檀亦称海南黄花梨，所以它主要产于我国海南省，分布于海南岛的吊罗山和尖峰岭等林区低海拔的平原和丘陵地带，我国广东和广西南部亦有栽种。越南黄花梨主要分布于越南与老挝交界的长山山脉东西两侧。

3.4.3 实物图片

图 3-19 是降香黄檀树木的实物图片，包括树木（a）及其枝、叶、花（b）和果（c）。

图 3-19　降香黄檀树木

图 3-20 为降香黄檀木材的实物图片，包括木段（a）、圆盘（b）和木板（c）。

(a)

(b)

(c)

图3-20　降香黄檀木材

3.4.4　识别要点

下面是关于降香黄檀木材7个方面的识别要点，属于降香黄檀的红木必须同时具备这样7个方面的特征。

①木材酱红褐色，具有红酸枝木的纹和花梨木的底；

②新切面有浓郁的辛辣香气，即所谓“降香”气味；

③横切面上薄壁组织弦列成带，与射线构成栅栏状；

④木材具有叠生构造，弦切面上可见波痕；

⑤材面通常呈现漩涡纹理，俗称鬼脸花纹；

⑥散孔至半环孔，管孔多散生，偶有径列复管孔；

⑦轴向薄壁组织翼状、聚翼状和带状。

图3-21　透雕门圆角柜

3.4.5　精品赏析

①透格门圆角柜

图3-21是一件现收藏于广西建林博物馆的藏品，为透雕门圆角柜。这件作品的木材用料

为极其珍贵的海南黄花梨，材质非常细腻，经长期抚摸后油光发亮。柜的上部透雕、下部为浅雕，雕刻图案除了传统的松、竹、梅（岁寒三友）以外，还有喜鹊、祥云、仕女和仙鹤，具有极高的艺术鉴赏价值。

②圈椅三件套

图 3-22 为一套海南黄花梨的圈椅。这套圈椅没有过多的雕饰，仅凭海南黄花梨木材本身的材色、材质之美，足以表现出它光彩照人、卓尔不凡的魅力。

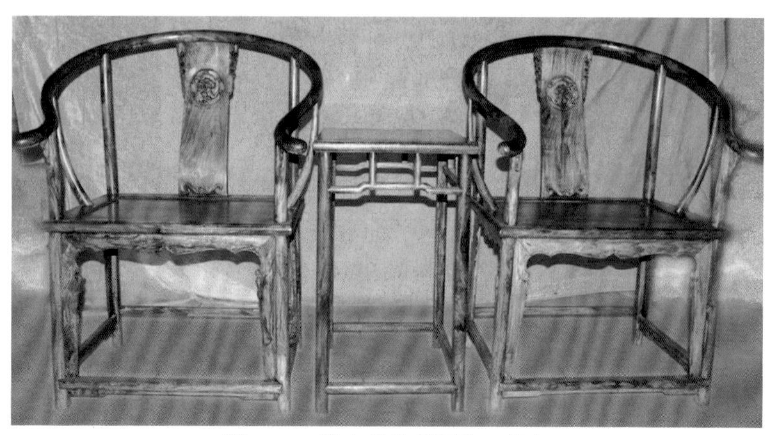

图 3-22 海南黄花梨圈椅三件套

③月洞门博古架

图 3-23 是一个月洞门博古架。博古架是室内用来摆放古玩、玉器或瓷器等小件艺术藏品的古雅家具。这种家具除了其陈设物品的实用价值外，本身也具有很好的装饰性与观赏性。这个海南黄花梨木材的博古架，带有一个单圈月洞门，可用于室内空间的隔断。它用材名贵、做工精细、构形优美，其粽角榫和凹面线的运用，更加凸显了这件作品的简洁、流畅与灵动之美感。

图 3-23 月洞门博古架

④顶箱柜组合

图3-24是一套海南黄花梨木材的顶箱柜组合，虽是新近之作，但它体量很大、做工精细、雕技高超，当属稀世之作。

图3-24　海南黄花梨顶箱柜组合

⑤海黄翘头案

图3-25是一件海南黄花梨的翘头案。翘头案是一种古老的中式家具，主要用于承放古玩和工艺品，因其案面两端设有翘起的飞角而得名。

图3-25　海南黄花梨翘头案

⑥海黄把玩件

图3-26是一个海南黄花梨的小玩件，它肌理细腻光滑、花纹地造天生、把之爱不释手。

⑦海黄手串

现在市场上，珍稀名贵木材的手串十分火热，特别是沉香木和海南黄花梨手串（图3-27），更是趋之若鹜，贵如黄金。海黄手串的火热金贵，固然有市场炒作的成分，但确实也有它本身的价值。其一，嗅觉上闻之香气浓郁；其二，触觉上抚之如婴儿肌肤，而且略带油性，抚摸后手留余香；第三，视觉上花纹丰富，且若隐若现、生动多变，让人尽饱眼福。

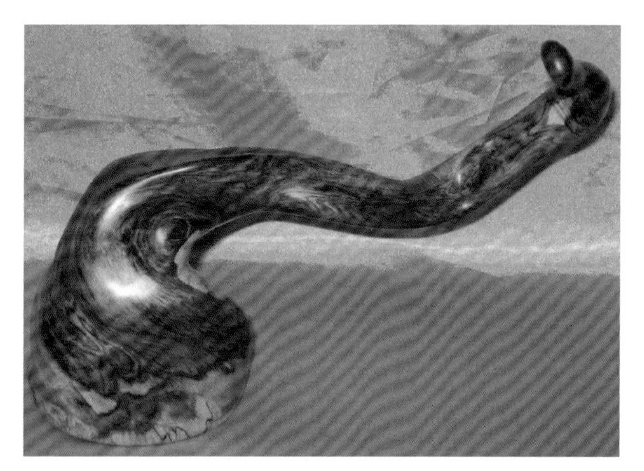

图3-26　海南黄花梨把玩件

图3-27　海南黄花梨手串

以上是本章第四节的内容，这一节从树木简介、产地分布、实物图片、识别要点和精品赏析5个方面，就香枝木类的红木之美进行了讨论和赏析。

3.5　黑酸枝木之美

黑酸枝木类的红木，共有7个种，分别为刀状黑黄檀、阔叶黄檀、卢氏黑黄檀、东非黑黄檀、巴西黑黄檀、亚马孙黄檀和伯利兹黄檀。

3.5.1　树木简介

黑酸枝木属于豆科的黄檀属，与香枝木类同属，其拉丁文学名为 *Dalbergia* spp.，英文名称为 Black rosewood，商品名称有 Burma blackwood（刀状黑黄檀）、Indian rosewood（阔叶黄檀）、Bois de rose（卢氏黑黄檀）、African blackwood（东非黑黄檀）、Brazilian rosewood（巴西黑黄檀）、Jacarranda-do-para（亚马孙黄檀）和 Honduras rosewood（伯利兹黄檀），别称有黑檀、黑黄檀、大叶檀和南美花枝等。

3.5.2　产地分布

黑酸枝木有7个树种，其中阔叶黄檀的原产地为印度和印度尼西亚；刀状黑黄檀的原产地在缅甸和印度；卢氏黑黄檀的原产地为马达加斯加；东非黑黄檀的原产地在非洲东部一些国家；巴西黑黄檀的原产地为以巴西为主的南美地区；亚马孙黄檀主要产于巴西，在亚马孙河流域的热带雨林中有天然分布；伯利兹黄檀主产于中美洲伯利兹地区。

3.5.3　实物图片

图3-28为黑酸枝树木和木材的实物图片，包括树木（a）、枝叶（b）、果（c）、木段（d）、圆盘（e）和木板（f）。

图3-28　黑酸枝树木及其木材

3.5.4 识别要点

图 3-29 大漆顶箱柜

下面是关于黑酸枝木 5 个方面的识别要点，属于黑酸枝木类的红木必须同时具备这样 5 个方面的特征。

①材质硬重，散孔材，生长轮不太明显；
②木材以黑色为主调，间有不规则浅色条纹；
③轴向薄壁组织明显，傍管带状，呈波浪形；
④木材具叠生构造，弦切面上波痕明显；
⑤木材新切面醋香气味浓郁。

3.5.5 精品赏析

①大漆顶箱柜

图 3-29 是一个顶箱柜，涂饰传统大漆，用材为优质黑酸枝木。该物件材质密实、硬重而细腻，做工细致入微，雕刻手法娴熟。柜面雕刻有中华传统文化的松竹梅，竹林中有画眉，梅枝上有喜鹊，松林里还有鹿和豺。植物刻画入微，动物描绘传神，表现出作者非凡的构图技巧和高超的木作技艺。

②清代条桌

图 3-30 是一张清代条桌，属于清中期的作品，具有典型的清代宫廷家具风格。采用优质黑酸枝木料制作，桌面攒框镶嵌天然大理石，外翻如意腿，边框起线、束腰。牙板及引腿采用浮雕和透雕技法，刀工细腻流畅，雕有万寿藤纹样，

图 3-30 清代条桌

逶迁多姿，富有动感，寓意延绵不断，生生不息。器物包浆润厚，是一件极具收藏价值的红木精品。

③灵芝摆件

图3-31是一个木雕摆件，取灵芝造型，以整块黑酸枝木雕琢而成。整件作品有灵芝九株，有壮、有瘦，或折、或仰、或覆、或藏、或隐，用刀爽朗有力，动感流畅。因把玩年代久远，包浆润厚，黝黑光亮，是一件难得的文房雅物。

图3-31 灵芝摆件

④沙发八件套

图3-32为一组客厅沙发，八件套。这套沙发虽是现代产品，但其用料和用工还算上乘。

图3-32 客厅沙发八件套

⑤清代半圆桌

图 3-33 是一对清代黑酸枝木的石面半圆桌。这对半圆桌虽然是清代制品，但完全没有传统清式家具那种厚重、笨拙之态，尽显轻盈灵秀之美，很是让人喜爱。2013 年在香港淳浩艺术品交易会上，以人民币 8.05 万元拍卖成交。

图 3-33　清代半圆桌

⑥罗汉床

罗汉床是一种中国古典卧具。古代家具中的卧具，由小到大、由矮到高，可以分为榻、罗汉床、架子床和拔步床。后两者为专属卧具，前两者除了作为卧具

图 3-34　罗汉床

之外，还兼有坐具的功能。作为卧具，榻和罗汉床只用于白天小歇，晚上正式睡觉是用架子床或拔步床。所以，榻和罗汉床更多时间是当坐具使用。后来，随着其卧具功能的逐渐弱化，坐具功能逐渐强化，到明清时期就衍生出宫廷家具“龙椅宝座”，罗汉床可以看成龙椅宝座的前身。

图3-34为一件黑酸枝木的罗汉床，它材质硬重、密实、细腻、光滑，采用了浅雕、凹雕、透雕和镂空等多种雕刻表现技法，雕刻有中华传统文化中的梅、兰、菊、竹等纹样。在靠背和扶手部位还装嵌有天然大理石板。如此木石结合、相得益彰，是一件传统老式家具的典藏之作。

以上是本章第五节的内容，这一节从树木简介、产地分布、实物图片、识别要点和精品赏析5个方面，就黑酸枝木类的红木之美进行了讨论和赏析。

3.6　红酸枝木之美

红酸枝木类的红木，共有7个种，它们分别为交趾黄檀、巴里黄檀、奥氏黄檀、赛州黄檀、绒毛黄檀、微凹黄檀和中美洲黄檀。

3.6.1　树木简介

红酸枝木的树种属于豆科的黄檀属，与香枝木和黑酸枝木类的红木同属。它们的拉丁文名为 *Dalbergia* spp.，英文名称为 Red rosewood，商品名称有 Siam rosewood（交趾黄檀）、Neang nuon（巴厘黄檀）、Kingwood（赛州黄檀）、Brazilian tulipwood（绒毛黄檀）、Burrna tulipwood（奥氏黄檀）、Cocobolo（微凹黄檀和中美洲黄檀），别名有红枝、白枝、花枝和大红酸枝等。

3.6.2　产地分布

红酸枝木有7个树种，其中交趾黄檀主产于越南、老挝、柬埔寨和泰国；巴里黄檀主产于越南、老挝和柬埔寨；奥氏黄檀主产于缅甸和泰国；赛州黄檀分布于热带南美洲，主产巴西；绒毛黄檀分布于热带南美洲，主产巴西；微凹黄檀主产于南美洲和中美洲；中美洲黄檀主产于南美洲及北美洲的墨西哥。

3.6.3　实物图片

图3-35为红酸枝木的树木图片，包括树木（a）、枝叶（b）和果（c）。

图 3-35　红酸枝的树木

图 3-36 为红酸枝木材的实物图片，包括材堆（a）、木段（b）和木板（c）。

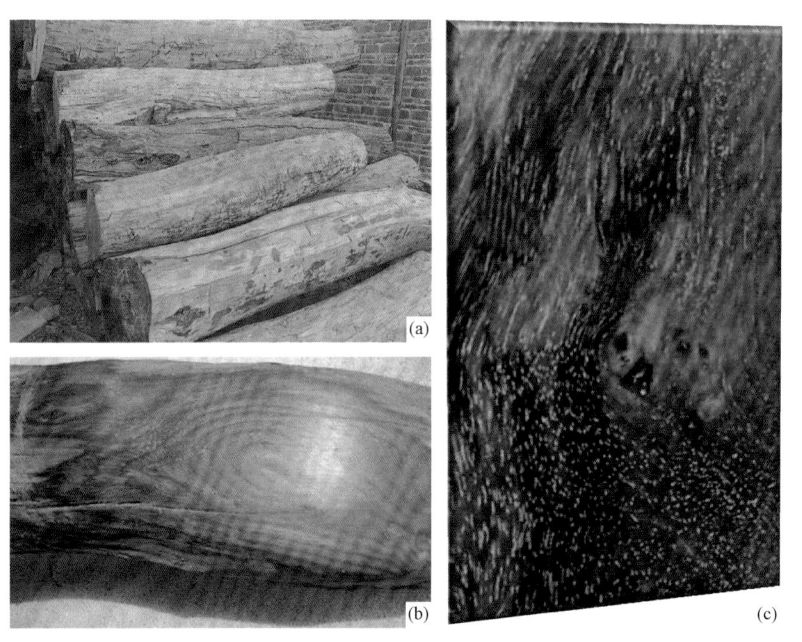

图 3-36　红酸枝的木材

3.6.4　识别要点

下面是关于红酸枝木6个方面的识别要点，属于红酸枝木类的红木必须同时具备这样6个方面的特征。

①散孔材，生长轮不太明显；

②材质硬重，多沉于水；

③心材红褐色，常夹带有“黑筋”；

④轴向薄壁组织明显，傍管带状，与木射线垂直相交，构成网状；

⑤木材具叠生构造，弦切面上波痕明显；

⑥木材新切面醋香气味浓郁。

3.6.5　精品赏析

①五足鼓凳

鼓凳是中国传统家具之一，因其外形如鼓而得名。这种造型正适合穿裙子的女子端坐，多与梳妆台配伍，是江浙一带流行的“十里红妆”中必备嫁妆。鼓凳又称绣凳，这是因为女子总是喜欢用自己的绣片来装饰打扮自己的坐凳。鼓凳的外形圆鼓鼓、胖墩墩，与其他家具那种方正生硬、棱角分明的特征形成对照，让室内有些变化，可以增添些许和谐之感。同时，圆鼓鼓、胖墩墩，又是殷实、富足、可爱的形象，民间流行的“老树、赖狗、胖丫头”的说法，就是比喻大户人家传承悠久、做人宽厚、殷实富足的做派。

图3-37为一套红木五足鼓凳，用上等大红酸枝木料制作，结构简洁、造型优美、做工精细，可算是红木家具中的精品。

图3-37　红酸枝木五足鼓凳

②博古架

图 3-38 为一对红酸枝木的博古架，它结构简洁、设计美观、工艺细致，略有一些雕花作为装饰。摆放一些古董、文物或工艺品，可以大大增添室内书香气息和主人的儒雅风范。

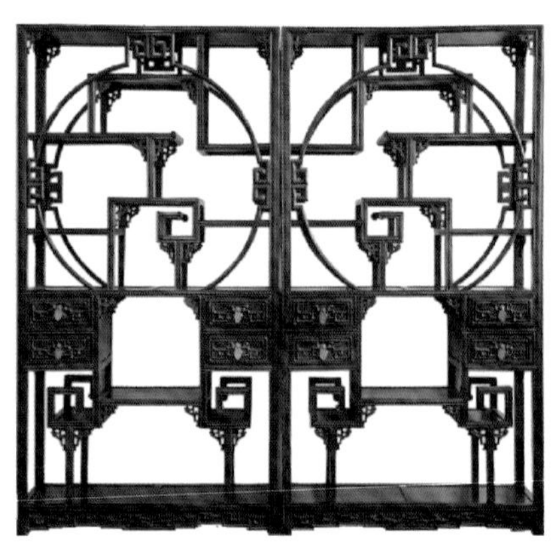

图 3-38　红酸枝木博古架

③交椅三件套

交椅，因两腿交叉而得名，南宋时期制作工艺已经成熟，明代已经广为流行。明式交椅以造型优美流畅而著称。

图 3-39 为明式交椅的典型款式，精选老挝大红酸枝木料做成。这套交椅制作工艺考究，在扶手、靠背和踏板之处都有黄铜装饰件包裹，不仅起到加固作用，更具有点缀美化功能。椅圈和扶手连成一体，曲线弧度柔和自如，两端为外撇云纹结构，端庄凝重；后背椅板上方施以浮雕双螭纹，气势恢弘；背板两侧的

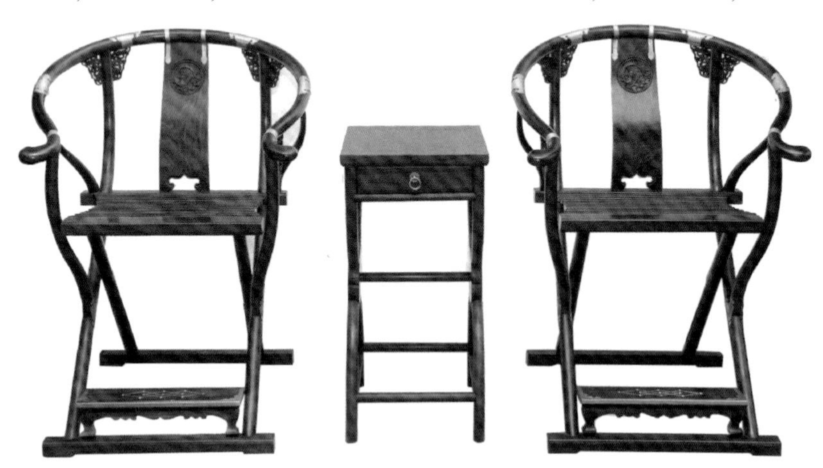

图 3-39　红木交椅三件套

“鹅头枨”亭亭玉立，典雅大气；前足底部安置踏板，装饰与实用两相宜。这套大红酸枝交椅堪称红木家具精品。

④翘头三联橱

图3-40为一件三联橱，它台面两端小翘，具有翘头案的功能和效果。用材为优质的红酸枝木料，材色光鲜亮丽。用料十分考究，三个抽屉、四扇柜门面板纹理非常匹配，黄铜拿手，更是起到画龙点睛的作用，整体很有美感。

图3-40　红木翘头三联橱

⑤龙椅宝座

龙椅宝座是由罗汉床演变过来的，在明清时期为宫廷专属家具，后来民间大户人家也有享用。图3-41这件龙椅宝座，造型优美、做工精细、雕工精湛、当属精品。2012年在上海艺术品拍卖会上以10万元成交。

图3-41　红木龙椅宝座

⑥八角算盘

算盘是中华民族在计算科学上的伟大发明。作为装饰挂件，它既是中华传统文化的象征，又是告诫家人保持“勤俭持家”优良家风的警示物件。中国传统文化中讲究精打细算、厉行节约、勤俭持家。以算盘作为装饰，正是对这种文化理念的倡导和宣扬。

图 3-42 为一个八角算盘挂饰件，以大红酸枝为材料，通过精准设计、精细加工，做成了这样一个正八边形的异型算盘。挂于室内，这个算盘既是“精打细算、勤俭持家”优良家风的倡导，又是红木精品艺术的展示。

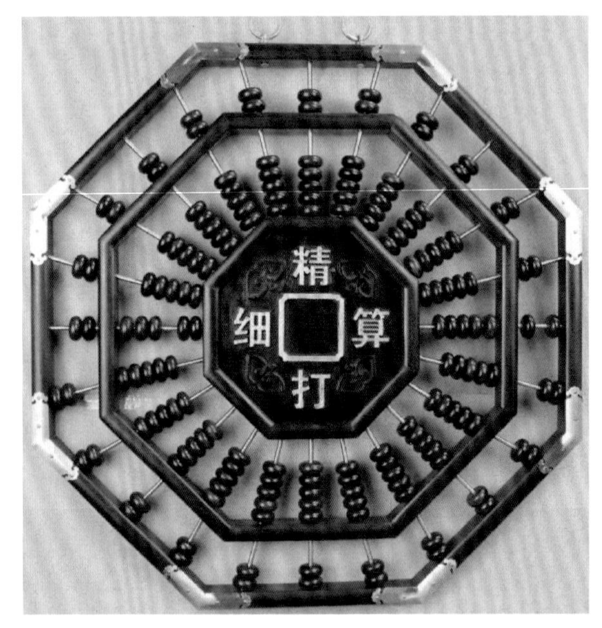

图 3-42　红木八角算盘

以上是本章第六节的内容，这一节从树木简介、产地分布、实物图片、识别要点和精品赏析 5 个方面，就红酸枝木类的红木之美进行了讨论和赏析。

3.7　乌木与条纹乌木之美

乌木类和条纹乌木类红木共有 5 个种。其中，乌木类两种，即乌木和厚瓣乌木；条纹乌木类 3 种，分别为苏拉威西乌木、菲律宾乌木和毛药乌木。

3.7.1　树木简介

乌木和条纹乌木，同属于柿树科柿树属。它们的拉丁文学名为 *Diospyros* spp.,

英文名称乌木为 Ebony、条纹乌木为 Streak ebony，商品名称有 Ceylon ebony（乌木）、African ebony（厚瓣乌木）、Macassar ebony（苏拉威西乌木）、Kamagong ebony（菲律宾乌木）和 Bolong-eta（毛药乌木），别名有黑木、黑檀、乌纹材和乌云木等。

3.7.2 产地分布

乌木类有两种红木，其中，乌木主要产于斯里兰卡和印度，厚瓣乌木主要分布于热带西非国家。条纹乌木类红木有 3 种，其中，毛药乌木主要产于菲律宾，菲律宾乌木主要分布在菲律宾、斯里兰卡和中国台湾，苏拉威西乌木主要分布在印度尼西亚苏拉威西岛上。

3.7.3 实物图片

图 3-43 是乌木的实物图片，包括树木（a）、枝叶（b）和木块（c）。

图 3-43 乌木的树木和木材

图 3-44 是条纹乌木的实物图片，包括树木（a）、圆盘（b）和木板（c）。

图 3-44　条纹乌木的树木和木材

3.7.4　识别要点

下面是关于乌木和条纹乌木 6 个方面的识别要点，属于乌木和条纹乌木类的红木必须同时具备这样 6 个方面的特征。

①散孔材，管孔少而小，生长轮不明显；

②材色乌黑发亮，结构细腻，材质硬重；

③轴向薄壁组织为离管细线状，肉眼几乎不见；

④木材横切面上常见有白色斑点；

⑤木材新切面无醋香气味（此可与黑酸枝木区分开来）；

⑥弦切材面无波痕（此可与紫檀属和黄檀属的红木区分开来）。

以上为乌木与条纹乌木共有的识别特征，它们两者之间的主要区别有如下两点：

①条纹乌木的材色不如乌木那样黑亮；

②条纹乌木材面上多有条纹，所以称为条纹乌木。

3.7.5　精品赏析

①乌木 · 圈椅三件套

乌木油性重，材质非常细腻而硬重。图 3-45 为一套典型的明式圈椅，它体态秀丽，古朴典雅，线条简洁流畅，制作技艺炉火纯青，令人赏心悦目。圈椅的扶手如箭弓，由两条太极线组成，末端呈 S 形，整体形态及其粗细变化让人感受到中华传统太极的刚柔相济之韵味。由于长期人体的接触和抚摸，椅圈和扶手包浆厚重，表现出古铜般光泽和质感。

图3-45　乌木圈椅三件套

②条纹乌木·贵妃床

贵妃床又称美人榻，古时皇室贵族才得以拥有，通常放在客厅、书房或卧室，供仕女们茶歇品茗时享用。图3-46为一件现代市场上的贵妃床，条纹乌木特征非常明显。

图3-46　条纹乌木贵妃床

③乌木·插屏

图3-47为一个乌木小插屏，整体高23cm，宽16cm。整件作品精选乌木老料制作，质地细腻，纹路清晰，色调沉稳，手感油润，有如丝绸般爽滑。作品双面

满工雕刻，正面雕有道教神仙中的福、禄、寿三星，手持宝物，脚踏祥云；背面雕有“福从天降”图案；底部雕有螭龙和如意纹饰。作品构思巧妙、做工精美，人物雕饰、惟妙惟肖、栩栩如生，是一件适合摆放、赏玩的红木精品。

图 3-47　乌木插屏的前后两面

④乌木 · 棋台

图 3-48 为一个乌木的棋台。这个乌木棋台出土于公元前 1300 多年的古埃及法老的墓葬。至今已有 3000 多年的历史，该棋台保存完好无损，可见乌木的天然耐久性非常之好。

图 3-48　乌木棋台

⑤乌木·笔筒

图3-49为一个乌木笔筒，高12cm、外径10cm、内径6cm，用一整段原木雕挖而成。筒壁分为内外两圈，内圈黑色，为乌木的心材部分；外圈黄色，为乌木的边材部分，俗称白皮。整件作品保持原木天然形状，白皮完整，材表上保留有粗糙的凸刺和槽棱，更显自然朴实，非常精美漂亮。

⑥木雕·非洲女人

图3-50是一件非洲人物木雕作品，用一段乌木整料雕成。据收藏者述说，买来的时候，人体雕像通身黑色，看起来很完美。但是后来越看越别扭，越看越觉得有些不对劲，因为右臂是处于边材部位，怎么会是黑色的呢？于是把它拿到水池里洗刷。果然，手臂的黑色很快就被洗刷掉了，露出了边材的原色。这个木雕的故事说明一个深刻的道理，那就是“美必须要真”，只有真、善、美，才是真正的美。

图3-49 乌木笔筒

图3-50 非洲女人木雕

以上是本章第七节的内容，这一节从树木简介、产地分布、实物图片、识别要点和精品赏析5个方面，就乌木类和条纹乌木类的红木之美进行了讨论和赏析。

3.8　鸡翅木之美

鸡翅木类的红木，共有 3 种，即白花崖豆木、非洲崖豆木和铁刀木。

3.8.1　树木简介

鸡翅木属于豆科的崖豆属或决明属。它们的拉丁文名称为 *Millettia* spp. 或 *Senna siamea*，英文名称为 Chicken-wing wood，商品名称有 Thinwen（白花崖豆）、Wenge（非洲崖豆）和 Siamese senna（铁刀木），别名有红豆木、相思木、黑心木和见光乌等。

3.8.2　产地分布

鸡翅木类红木有 3 种，其中，白花崖豆木主产于缅甸和泰国；非洲崖豆木主产于非洲中部国家；铁刀木主产于南亚、东南亚地区，以及我国云南、福建、广东和广西。

3.8.3　实物图片

图 3-51 为鸡翅木的树木实物图片，包括树木（a）、枝、叶、花（b）和果（c）。

图 3-51　鸡翅木的树木

图3-52是鸡翅木的材堆（a）和木段（b）。

图3-52　鸡翅木的木材

3.8.4　识别要点

下面是关于鸡翅木5个方面的识别要点，属于鸡翅木类的红木必须同时具备这样5个方面的特征。

①散孔材，管孔肉眼下可见，生长轮不明显；

②心、边材区别明显，心材栗褐色，材质硬重；

③轴向薄壁组织丰富，肉眼下明显，呈聚翼状或傍管带状；

④横切面上可见颜色深浅不同的条带，相间分布；

⑤弦切面上具有明显的鸡翅状花纹。

3.8.5　精品赏析

①如意花几

图3-53　“多多如意”花几

图3-53是一个鸡翅木的花几，造型很是特别，它既是一件实用的家具，又是一件极具审美价值的艺术作品。这个花几的艺名为“多多如意”。对于这个名称，何以理解呢？

在中国传统艺术中，有一种叫做“如意”的艺术品。“如意”在传统艺术品中非常流行，有玉的、木的以及象牙的。

这个花几，有6个这样的如意，就是花几的6条腿，上、下各有3个。因此，顺理成章，很自然地就把这个花几取名为“多多如意”花几。

②鸡翅木大床

图3-54是一套鸡翅木的大床，材质光滑、花纹清晰、古色古香。

图3-54　鸡翅木大床

③鸡翅木宝座

图3-55是一件鸡翅木的清晚期宝座，设计有书卷形搭脑和五档扶围，靠背板上采用铲地浮雕技法雕饰有夔凤如意番莲纹饰，配有内翻马蹄形四足，并加有托泥底框。结构简洁、造型古朴、年代久远、包浆厚重，不失为一件红木精品。

图3-55　鸡翅木宝座

④鸡翅木梳子椅

图3-56为一对红木座椅，用鸡翅木制作，其靠背和两侧围栏为梳齿形状而得名梳齿椅。这套座椅整体上结构简洁，线条感极强，很有美感。

图3-56 鸡翅木座椅

⑤鸡翅木托架

图3-57是一个鸡翅木的托架，高17cm、直径16cm。托架的台面镶嵌有大理石板，材质上乘、手工精美、造型精致、典雅大方。搭配典雅的古董，非常适合。

图3-57 鸡翅木托架

⑥鸡翅木帽架

图 3-58 是一个鸡翅木的帽架，高 29. 8cm。采用镂空技法，在上部圆球满雕云蝠纹饰。2004 年出现在北京翰海艺术品拍卖会上，估价为 8 万 ~ 10 万，最后以 16. 50 万元成交。

图 3-58　鸡翅木帽架

以上是本章第八节的内容，这一节从树木简介、产地分布、实物图片、识别要点和精品赏析 5 个方面，就鸡翅木类的红木之美进行了讨论和赏析。

第4章　名木之美

自然界的木本植物约有3万多种。其中有许多极为珍贵的名木，除了前面讲到的红木以外，还有沉香木和蛇纹木等名木。本章针对当前社会与市场的热点，介绍柚木、金丝楠木、蛇纹木、檀香木、沉香木、愈疮木、阴沉木和化石木这样八类名木。这里，前面六类名木是属于单一树种的木材。对于这六种名木，下面将分为树木简介、产地分布、实物图片、木材特性和精品赏析5个方面进行讨论。对于阴沉木和化石木，市场上比较少见，它们都不是属于某一种树木，在特定的条件下，任何树木都可以形成。阴沉木是一种深埋于地下历时数千年后的木材，其颜色乌黑，故有人把它成为乌木。但是此乌木与红木中的乌木不可混为一谈。化石木是史前古树木之遗体，它是树木深埋于地下，历时一亿多年后完全石质化，但仍保留有木材形态的一种石材。化石木可以展现出漂亮的木材花纹，很多具有玉石的质地，因而可以表现出很好的美学价值。

4.1　柚木之美

从用材的角度来看，柚木乃世界名材，是世界上最为珍贵的木材之一。柚木的材质之好，美誉为“万木之王”，在缅甸、印尼和泰国被视为“国宝”。柚木是家具、地板、装饰装修和车辆船舶制造的上等材料。超级豪华游轮“泰坦尼克号”上的甲板就是用柚木铺设的。现在，柚木仍然是高档建筑装饰装修的首选材料。

4.1.1　树木简介

柚木属于马鞭草科的柚木属，其拉丁学名为 *Tectona grandis*，英文名称为Teak，别名有胭脂木和泰柚木等。

4.1.2　产地分布

柚木分布于南亚和东南亚的一些国家，如缅甸、印尼、老挝、越南、泰国和印度，我国在靠近云南边境的地方也有分布。其中，以泰国和缅甸生产的柚木品质最好。

4.1.3 实物图片

图 4-1 是柚木的树木实物图片，包括树木（a）花（b）和枝、叶、果（c）。

图 4-1　柚木的树木

图 4-2 为柚木的木材实物图片，包括材堆（a）、木段（b）和木板（c）。

图 4-2　柚木的木材

4.1.4　木材特性

优质的柚木必须同时具备如下6个方面的特性。

①材色金黄、有油性、光泽性好、油漆后光亮度高。

②纹理通直、清晰，材面上有明显的墨线或血筋。

③质量中等，木材硬度和强度较高。

④干缩性极小，尺寸稳定性好，不易开裂变形。

⑤耐腐性极好，不易被虫菌腐朽。

⑥加工性能特别好，切面非常光滑。

4.1.5　精品赏析

①收藏箱

图4-3是一个柚木箱子。它材色金黄，做工精细，雕刻非常漂亮。采用高浮雕手法，在木箱的顶面和正面雕刻有满幅的山林画卷，包括树木、水流和林中动物。树木刻画入微，动物形态入神，是一件难得的艺术珍品。

图4-3　柚木收藏箱

②扶手椅

图4-4是两对清晚时期的扶手椅，用优质泰国柚木纯手工打造而成，设计上中西合璧，兼具有传统中式和欧式的风格。

图4-4　清晚期的柚木扶手椅

③办公桌椅

图4-5为一套明式办公桌椅，造型古朴，少有雕饰，尽显柚木本色之美。

图4-5　明式柚木办公桌椅

④实木地板

如图4-6所示为室内装修用的柚木地板。柚木的实木地板可称地板之王，它硬度适中、材质坚韧、干缩性小、尺寸稳定、不易开裂变形，油性好、光泽度高、色泽如蜜、纹理细腻、触感极佳、品质非常高档，但价格也极为昂贵。

图4-6　柚木地板

⑤酒瓶架

图4-7是一个酒瓶架，是一件用优质泰国柚木精心制作的实用工艺品。搁放酒瓶是其实用功能，但除了实用功能以外，它还具有很高的艺术价值。整件作品

经过作者的精心设计，上有凤头，下有佛手，整体造型为一只正在梳理着羽毛的凤凰。这件作品纯手工雕刻，极具东南亚民族特色。

⑥人物雕塑

图4-8为一件人物雕塑。这件少女木雕作品，以柚木为原材，采用简练的刀法，让一个上身半裸、神态安详的东方女性跃然而出，充分表现出作者娴熟、高超的雕刻技术。2009年这件作品曾经在上海新华艺术品拍卖会上出现，并以6720成交。

图4-7　柚木酒瓶架

图4-8　少女雕像

以上是本章第一节的内容，这一节从树木简介、产地分布、实物图片、木材特性和精品赏析5个方面就柚木之美进行了讨论和赏析。

4.2　蛇纹木之美

蛇纹木为世界濒危植物，是世界上最名贵的木材之一，素有“木材中的钻石”之美誉。中华传统文化中，蛇为小龙、檀木为优质高档硬木，所以在中国木材市场上，蛇纹木又称为龙檀。蛇纹木由于具有独特的花纹和很好的光泽，用作室内装饰，极为高档。号称世界最豪华的香港半岛酒店的总统套房和比尔·盖茨的豪宅都用了蛇纹木做室内装饰。

4.2.1 树木简介

蛇纹木属于桑科的蛇桑属，其拉丁学名为 *Piratinera guianensis*，英文名称为 Snake wood，别名有蛇桑木、龙檀木、Letterwood 和 Leopardwood。

4.2.2 产地分布

蛇纹木星散性地分布在南美洲亚马逊河流域附近的原始丛林中，主产于苏里南和圭亚那（法属）两个国家。圭亚那产的蛇纹木只限于留在本国制作工艺品，所以国际市场流通的蛇纹木大多是来自于南美洲的苏里南。

4.2.3 实物图片

图 4-9 是蛇纹木的实物图片，包括材堆（a）、木段（b）和木板（c）。

图 4-9　蛇纹木

4.2.4 木材特性

优质的蛇纹木必须同时具备如下 5 个方面的特性。

①心、边材区别明显，边材淡黄白色，心材红褐色；

②具有不规则黑色斑点和条纹、类似蛇纹，故曰蛇纹木；

③木材强度极高，气干密度 1.20 ~ 1.36，锯切加工困难；

④散孔材，纹理通直，木材结构细腻、均匀、硬重。

⑤木材切面光滑，抛光性好，光泽度高，无需油漆，抛光打蜡后非常漂亮。

4.2.5　精品赏析

①蛇纹木圈椅三件套

图4-10为圈椅三件套。这套蛇纹木的圈椅造型古朴典雅，线条简洁流畅，制作技艺炉火纯青。设计上把“天圆地方”的中国文化融入到座椅的造型，构筑了完美的艺术想象空间。

图4-10　蛇纹木圈椅三件套

②蛇纹木官帽椅三件套

图4-11为官帽椅三件套。这套蛇纹木的官帽椅端庄、大气、简约，线条极

图4-11　蛇纹木官帽椅

为流畅，椅背、搭脑、扶手乃至竖枨和鹅脖，有如潺潺流水，充满着灵动。摆放于厅堂或书房，一种安之若素、气定神闲之感油然而生。

③蛇纹木茶叶罐

图 4-12 是一个蛇纹木的茶叶罐，高度为 11cm，直径 10. 5cm，呈鼓型，用一整段原木雕挖而成，品相非常完美。这件作品除了其盛放茶叶的实用功能之外，还具有很好的欣赏和把玩价值，是一件难得的实用工艺品。

④蛇纹木花瓶

图 4-13 为蛇纹木的花瓶。同样，这些蛇纹木的花瓶也是属于实用工艺品，插上花枝后，花瓶与花，可以相互映衬、相互媲美。

图 4-12　蛇纹木茶叶罐

图 4-13　蛇纹木花瓶

⑤蛇纹木镇纸

镇纸是书写作画时用来压纸的东西，通常为尺形，故又称镇尺或压尺。古代文人常把小型的青铜器、玉器等放在案头上把玩、欣赏，书写作画之时，就会顺手拿来压纸。这或许就是镇纸的起源，后来发展成为一种专用的文房器物。蛇纹木材质硬重、细腻光滑，非常适合用作镇纸。图 4-14 是一对蛇纹木的螭龙镇纸。螭龙在中国民间寓意美好、吉祥和爱情，所以这对蛇纹木的螭龙镇纸的文化艺术价值远大于其作为镇纸的实用价值。

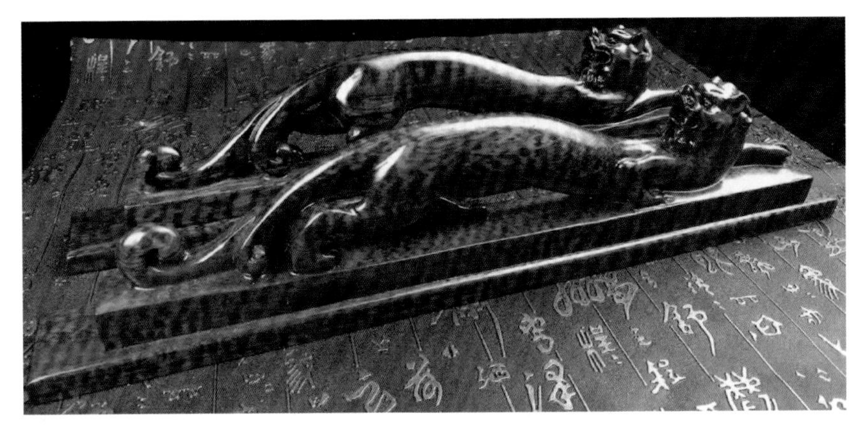

图4-14 蛇纹木螭龙镇纸

⑥蛇纹木手杖

手杖作为实用之物，就是用来扶助老人行走，故又称“扶老”。除此以外，它还可以看作文雅之物。如“龙头拐杖”是至高无上的权力象征；“商神手杖”是国际商贸的象征，并作为海关关徽的通用标志。图4-15为一些蛇纹木的手杖。这些手杖既有其原始的扶老功能，又具有很好的把玩、欣赏价值。

图4-15 蛇纹木手杖

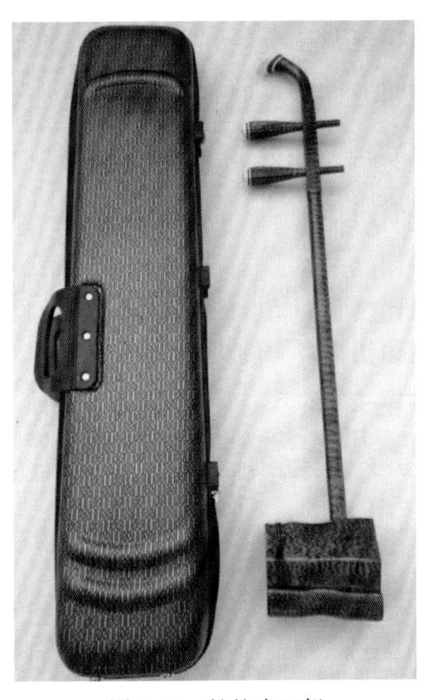

图4-16 蛇纹木二胡

⑦蛇纹木二胡

图 4-16 是一把用蛇纹木制作的二胡。蛇纹木材质密实、细腻、弹性好，是乐器制作的理想材料。这把用蛇纹木制作的二胡，既是一件实用的乐器，又是一件高档木制工艺品，具有很好的欣赏和收藏价值。

以上是本章第二节的内容，这一节从树木简介、产地分布、实物图片、木材特性和精品赏析 5 个方面就蛇纹木之美进行了讨论和赏析。

4.3 檀香木之美

檀香树对生长条件要求非常苛刻，其幼苗必须寄生在红豆、相思等豆科植物上才能长活。所以檀香木产量很小，极为珍贵。檀香树所产的檀香是非常名贵的天然香料，含 90% 的檀香醇，素有“香料之王”和“绿色黄金”之美誉。檀香可以入药，外敷可以消炎去肿、滋润肌肤；熏烧可以杀菌消毒、驱瘟辟疫。檀香木即为含有檀香的木材。檀香木的工艺品深受人们喜爱，摆放于厅堂，芳香四溢、经久不息；置于衣柜，可让衣物带上淡淡的天然檀香。

4.3.1 树木简介

檀香树属于檀香科的檀香属，其拉丁学名为 *Santalum album*，英文名称为 Sandal wood，别名为白檀木。

4.3.2 产地分布

檀香木分布于中国、朝鲜、日本、印度、澳洲、东南亚和北美地区，主产于印度东部、泰国、印尼、马来西亚、斐济和澳大利亚等湿热地区，其中以产自印度东部地区的品质最好。为此，市场上把印度东部地区生产的檀香木称为老山檀，极为珍贵。美国的夏威夷也是檀香木的产地，因此华人把它称为檀香山。

4.3.3 实物图片

图 4-17 是檀香树木的实物图片，包括树木（a）、枝、叶、花（b）和果（c）。

图4-17 檀香树木

图4-18为檀香木材的实物图片，包括木段（a）、木块（b）和木板（c）。

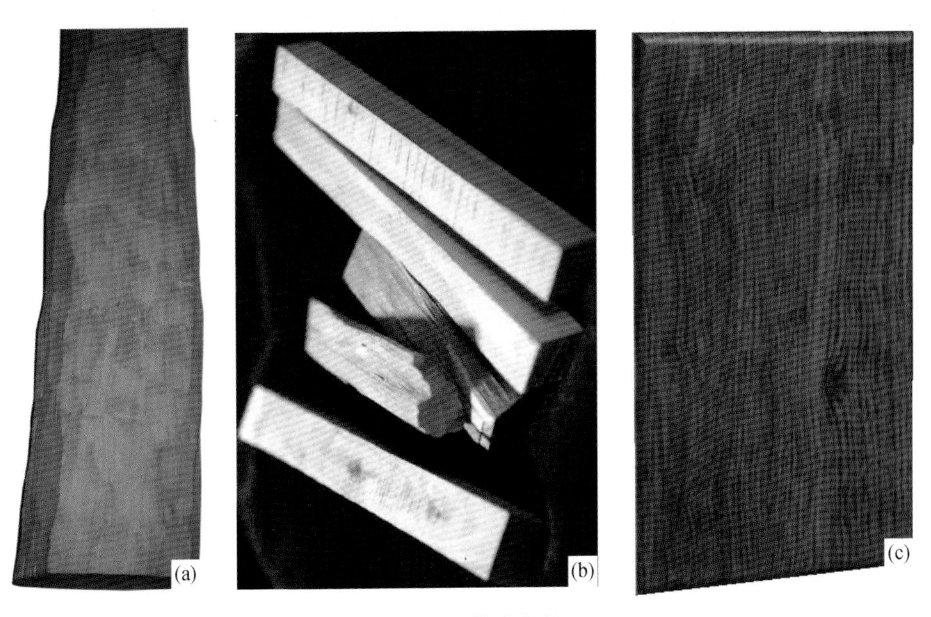

图4-18 檀香木材

4.3.4 木材特性

优质的檀香木必须同时具备如下 5 个方面的特性。

①年轮不太清晰，心、边材区别明显，边材黄白色，心材黄褐色；

②散孔材，结构细腻、均匀，加工性能良好，切面光滑、手感温润；

③材质硬重，气干密度为 0.87 ~0.97；

④纹理直、强度高、干缩小、雕刻性能特好；

⑤木材具有奇香，这是檀香木的显著特征。

4.3.5 精品赏析

①檀香木双人大床

图 4-19 为一张檀香木的双人大床，它古色古香，床屏上沿线条流畅，有如行云流水。

图 4-19 檀香木双人大床

②檀香木水呈

纸墨笔砚是中国传统书画的文房四宝。其中的墨，需要用水来研磨，以获得书画所用的墨水。水呈就是专门用来盛水的一种文房器物，是文人案头常见的文房用品。图 4-20 是一件清代的檀香木雕花水呈，高 4cm、直径 7cm，呈扁圆形。采用剔红技法，满雕有植物花卉，是一件极为难得的木制实用艺术品。

图4-20　檀香木水呈

③檀香木书签

图4-21是5枚檀香木的老书签，长约10cm，每枚造型各异，花草烙画也各不相同，传世60多年，香气依旧。

④檀香木折扇

图4-22是一把清代的折扇，其扇片和扇柄都是用檀香木制作。扇片平刻有庭院人物，扇柄采用深浮雕技法，雕有亭台楼阁，工艺十分精湛。轻摇折扇，透着丝丝秀美，享受着淡淡清香，甚是惬意。这把折扇2012年曾出现在北京隆荣国际拍卖行，拍得9000元。

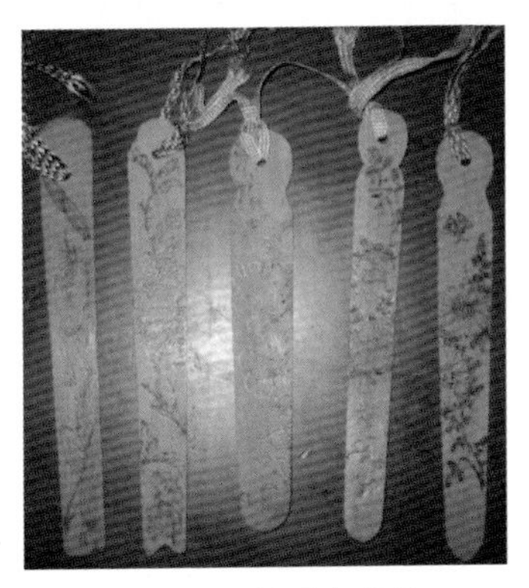

图4-21　檀香木书签

图4-22　檀香木折扇

⑤檀香木盖盒

图4-23是一个檀香木的盖盒，为19世纪东南亚宫廷之物，高20cm，长宽36.7cm×27.5cm。这个物件造型规整大方、包浆厚重温润、工艺十分精美，四周和顶部雕有数以千计的佛像，可谓巧夺天工，2010年曾出现在浙江民和拍卖行，拍得89600元。

图 4-23　檀香木盖盒

⑥弥勒大佛雕像

图 4-24 是一尊供奉于北京雍和宫万福阁里的檀香木雕像。万福阁初建于清·乾隆十三至十五年（公元 1748—1750 年），这尊檀香木雕佛像已有 270 多年历史，保存至今，完好无损，足见檀香木天然耐久性非常之好。

图 4-24　弥勒大佛雕像

图 4-25　世界吉尼斯纪录凭证

雕像为迈达拉弥勒大佛，通高26m，8m埋入地下，地面部分18m，由一整根檀香木雕成，蔚为壮观。1990年8月这尊檀香木雕像被载入世界吉尼斯纪录（图4-25），为独木雕成的高大佛像的世界之最，现今每天仍有许多人慕名前往瞻仰。

以上是本章第三节的内容，这一节从树木简介、产地分布、实物图片、木材特性和精品赏析五个方面就檀香木之美进行了讨论和赏析。

4.4　金丝楠木之美

樟、梓、楠、椆，历来是中国南方的四大名材。正宗的金丝楠木就是樟科、桢楠属、桢楠种的木材。在木材市场上，凡显现有金丝状线条的桢楠属的木材都称为金丝楠木（我国有34种），甚至有人认为，还可以把樟属木材囊括进来。

金丝楠木名气很大，在中国历来被看成特有的珍贵木材，自古以来为皇家专属，历史上专用于皇家宫殿建造和龙椅宝座制作。图4-26是北京明十三陵的长陵祾恩殿，立于此殿可闻香气阵阵，这是源于殿堂中的这些金丝楠木大柱。此殿建于公元1427年，距今约600年，这些木材依然完好无损，足以说明，金丝楠木的材性之好。

图4-26　北京明·长陵·祾恩殿金丝楠木大柱

4.4.1　树木简介

金丝楠属于樟科的桢楠属，其拉丁学名为 *Phoebe zhennan*，英文名称为Phoebe wood，别名有金心楠、紫金楠和楠木等。

4.4.2 产地分布

金丝楠木为中国所独有，主要分布于四川、贵州、湖南、湖北和云南等亚热带地区，生长在海拔 1000 ~ 1500m 的阴湿山谷、山洼及溪流两旁。产自四川邛崃、峨眉山，以及川滇边界的金丝楠木品质最好，明、清时期皇家宫廷所用的金丝楠木大多采自这些地方。

4.4.3 实物图片

图 4-27 是金丝楠树木的实物图片，包括树株（a）、枝叶（b）和花（c）。

图 4-27 金丝楠树木

图 4-28 是金丝楠木材的实物图片，包括木段（a）和木板（b）。

图 4-28 金丝楠木材

4.4.4 木材特性

优质的金丝楠木必须同时具备如下5个方面的特性。

①木材绿黄褐色，新切面有香气，微苦；

②心、边材区别不明显，散孔材，材质均匀，结构细腻；

③木材的硬度、质量和强度适中；

④木材干缩小，耐腐性强，素有“水不能浸、蚁不能穴”的说法；

⑤木材光泽强，材面有光亮条纹，即所谓“金丝”，如图4-29所示。

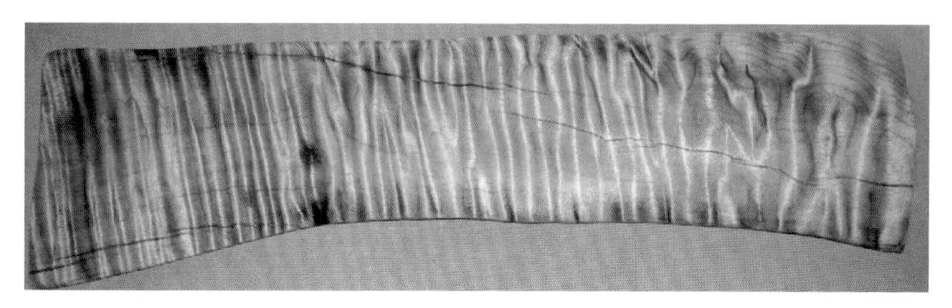

图4-29　金丝楠木材面上典型的“金丝”

4.4.5 精品赏析

①金丝楠木条案

图4-30是一件明式小条案。它结构简洁，攒边框镶整块板心，案面光素，冰盘沿下接牙板，牙条边起阳线与腿相接。四腿呈剑形，造型别致，秀美华贵，大有卓雅不凡之势。

图4-30　金丝楠木条案

②金丝楠木画柜

画柜是专门用来珍藏传统轴画的柜子。图 4-31 为一件金丝楠木画柜，其 6 个柜桶的面板都是一木对开独板，板面上对称虎斑花纹，如幻似真，美妙绝伦。画柜整体光素，不事雕琢，大朴无华，堪称精品。

③金丝楠木单门柜

图 4-32 是一件金丝楠木的清式方角单门柜，门内框镶板，在柜门面板上施以铲地高浮雕技法，雕刻有海水、江崖、云龙图纹。凝视柜门，可见波涛之上、浮云之间，双龙张牙舞爪、辗转腾挪、气宇轩昂，大有翻江倒海之势。

图 4-31　金丝楠木画柜

图 4-32　金丝楠木单门柜

④金丝楠木顶箱柜

图 4-33 是一组金丝楠木的明式顶箱柜，全身光素，但选材考究，八扇柜门四边攒框镶金丝楠木对开独板。板面上天然的水波纹及虎斑纹对称大方，美如锦画，非常难得。

⑤金丝楠木花几

图 4-34 是一件明式的金丝楠木束腰五足花几。看其结构，束腰打洼，以插肩榫结合腿足与牙板。牙板外撇，沿着边缘起阳线，顺足而下，一气贯通。此器物用料敦厚，整体简洁精练，不雕不饰，却有古雅清逸、卓尔不群之美。

图4-33　金丝楠木顶箱柜

图4-34　金丝楠木花几

⑥金丝楠木架子床

图4-35是一张明式双月洞门架子床，其门罩、床围及挂檐，雕满“海棠十字连方”灯笼锦，花团锦簇，玲珑剔透，令人心旷神怡。这件架子床形制高大、体态秀美、设计严谨、工艺精良，具有很好的实用及收藏价值。

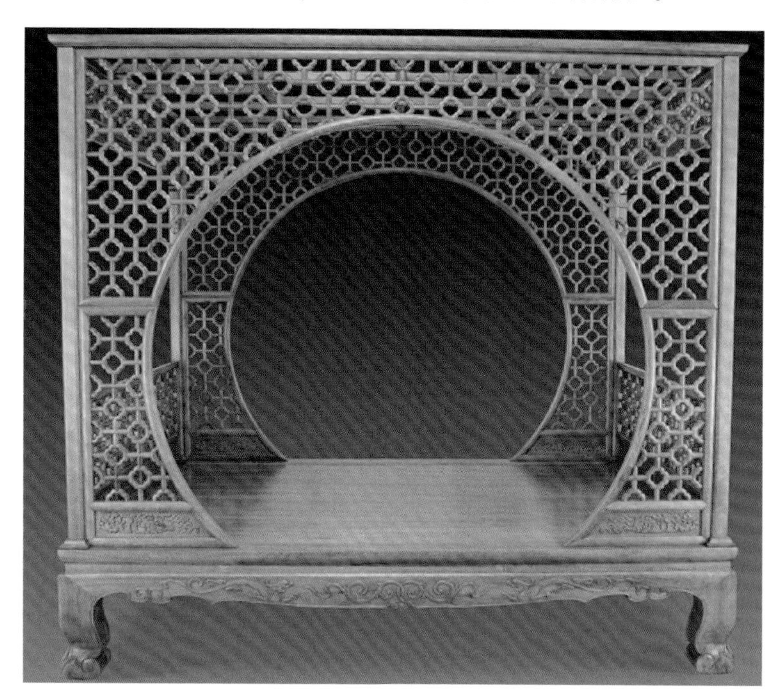

图4-35　金丝楠木架子床

以上是本章第四节的内容，这一节从树木简介、产地分布、实物图片、木材特性和精品赏析 5 个方面就金丝楠木之美进行了分析和讨论。

4.5 沉香木之美

沉香木是一种含有沉香的木材，这种沉香是白木香属的树木，因受真菌寄生而分泌出树脂，再经过多年沉积而成。其密度大、沉于水，且具有奇香，因而得名沉香。沉香具有很好的药用功效，熏烧香气四溢，可杀菌消毒、醒神益智、保健养生；服用可内补五脏、行气镇痛、纳气平喘，效果十分明显。沉香木中黑褐色树脂与黄白色木质相间分布，在材面上形成特殊的斑纹，具有特别的美学效果，是制作工艺品的上等原料，明、清时期宫廷皇室多用来制作文房器物。

市场上的沉香分为死沉香和活沉香两类，共有 6 种。

①结有沉香的树木受到自然因素而倒伏，经长期风吹雨淋、虫蛀菌腐之后，得以保留下来的部分称为“倒架”；

②结有沉香的树木倒伏后被深埋于土壤之中，受到土壤中动物和微生物的长期侵蚀后，得以保留下来的部分称为“土沉”；

③结有沉香的树木倒伏后被深埋于沼泽之中，受到沼泽中动物和微生物的长期侵蚀后，得以保留下来的部分称为“水沉”；

④结有沉香的活体树木被人为砍伐倒地，经长期白蚁等蛀蚀后，得以保留下来的部分称为“蚁沉”；

⑤在结有沉香的树木上直接割取含香部分的木材为“活沉”；

⑥树龄在十年以下，略有香气的木材称为“白香”。

以上前三种为死沉香，即倒架、土沉和水沉，自然状态下就能散发香气；后三种为活沉香，即蚁沉、活沉和白香，熏烧时才会有香气。

4.5.1 树木简介

沉香木属于瑞香科的白木香属，拉丁学名为 *Aquilaria sinensis*，英文名称为 Chinese eaglewood，别名有白木香和女儿香等。

4.5.2 产地分布

沉香木的产地主要分布于东南亚的越南、柬埔寨、老挝、泰国、马来西亚、新加坡和印度尼西亚群岛等热带雨林气候地区。我国的海南和福建也是沉香木的原产地，但由于过度采伐，现在已经非常稀少了。

4.5.3　实物图片

图4-36为沉香树木的实物图片，包括树木（a）、花枝（b）和果（c）。

图4-36　沉香树木

图4-37为沉香木材的实物图片，包括木段（a）、圆盘（b）和木板（c）。

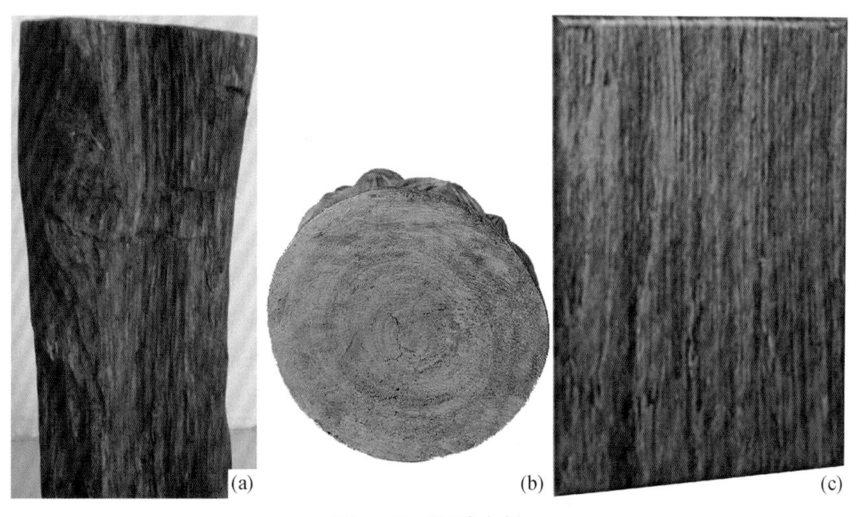

图4-37　沉香木材

4.5.4　木材特性

优质的沉香木必须同时具备如下 5 个方面的特性。

①心、边材区别不明显，材色浅黄，在空气中慢慢变深，有树脂的地方为黑褐色；

②年轮不清晰，散孔材，管孔小，放大镜下可见；

③木射线细、轴向薄壁组织少，肉眼下不可见；

④横切面上可见均匀分布的岛屿状内含韧皮部，如图 4-38 所示；

⑤结有沉香的木材，香气浓郁，材面上可见颜色深浅相间的斑纹，如图 4-39 所示。

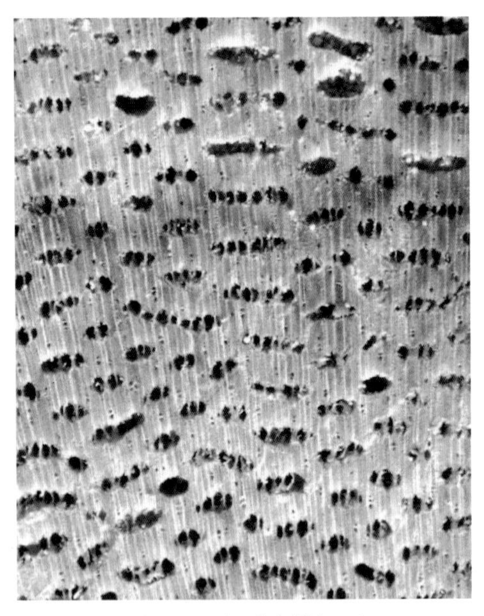

图 4-38　沉香木横切面

图 4-39　沉香木块

4.5.5　精品赏析

① 沉香木宝箱

图 4-40 是一个清 · 乾隆的宝箱，用沉香木制作。该器物形制规整、工艺精良、雕刻精湛。它顶面雕有道家八仙的各式法器，正面雕有江崖海水云龙纹。凝视宝箱一会儿，仿佛可见流云飞舞、连绵不绝，江崖海水、激荡汹涌，龙姿威猛、气势恢宏，充分表露出至高无上的皇家风范。

②荷叶笔洗

图4-41是一个清代的沉香木笔洗，长14cm、宽12cm、高6cm。造型为荷叶包拢之态，内外各雕有一只螃蟹，甚是自然生动，荷叶表面叶脉缠绕、清香淡雅、意趣盎然，将荷塘情趣表现得淋漓尽致，极具闲适文雅之美。

图4-40　清·乾隆宝箱

③六方笔筒

图4-42是一个清代的沉香木笔筒，高18.9cm。笔筒的横断面呈六边形，六面所刻文字为唐·柳宗元的《江雪》：千山鸟飞绝，万径人踪灭；孤舟蓑笠翁，独钓寒江雪。笔筒上下六角都有黄铜包饰，与木色相宜。整体显示出一种古朴大气、古韵悠长之美。

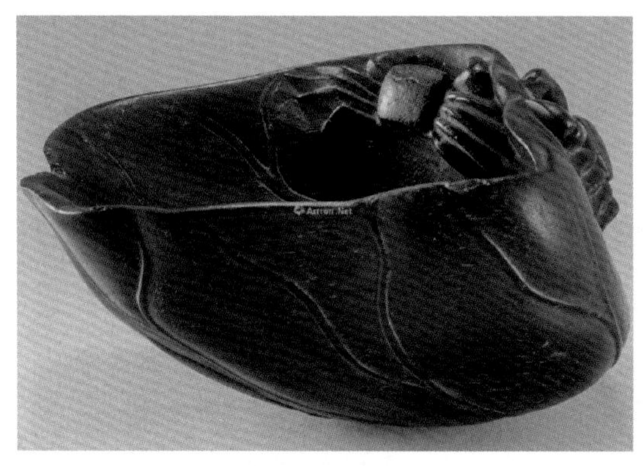

图4-41　荷叶笔洗

图4-42　六方笔筒

④雕花笔筒

图4-43也是一个清代笔筒。该笔筒选料精良，用一整段沉香木雕挖而成，随形而至、工艺精良。笔筒外壁雕鹤鹿同春，画卷上可见峰峦叠嶂、古松挺拔；一羽仙鹤单足挺立在苍松之下，回首相望；树下有几株灵芝，生机盎然。整个画面叶盖婆娑、纠缠掩映、错落有致、意趣横生。再加上木料的包浆厚重，色泽红润，抚之爱不释手。

⑤雕花酒樽

图4-44是一个明末清初的沉香木酒樽，器口呈花瓣形，器身雕亭楼屋宇、树木灵石，构图严谨、雕刻细腻、线条流畅、形象生动，把手可玩、惹人喜爱，再加上天然清晰的木纹、自然清淡的沉香、浑厚温润的包浆，当属沉香玩件极

品。2010 年，这个酒樽以超过 100 万元的高价拍卖成交。

图 4-43　雕花笔筒　　　图 4-44　雕花酒樽

⑥ 瑞兽摆件

图 4-45 是一个清代的沉香木瑞兽摆件。该物件施以圆雕技法，用整料雕琢而成。瑞兽外貌像狮子，宽吻、肥腮、圆鼻、大嘴，口衔方孔钱。器物造型规整、刻画入微、毛色光亮、惟妙惟肖。此摆件集雕工的精美、瑞兽的祈福和沉香木的清香于一体，堪称经典。

图 4-45　沉香木摆件

以上是本章第五节的内容，这一节从树木简介、产地分布、实物图片、木材特性和精品赏析 5 个方面就沉香木之美进行了讨论和赏析。

4.6　愈疮木之美

愈疮木是名副其实的木中之王，是世界上最重的木材，其密度远大于前面介绍的红木和其他名贵木材，气干密度可以达到 $1.30g/m^3$ 以上，接近木材的实质密度。这就是说愈疮木的木材中孔隙几乎为零。愈疮木的另一个特点是木材的油性大，耐磨性特好，具有自润滑性，可用于制作轴承、轴瓦和滑轮。愈疮木因其材质优良、心材为暗绿色，在国内木材市场通常称它为绿檀木。

4.6.1　树木简介

愈疮木属于蒺藜科的愈疮木属，拉丁学名为 *Guaiacum* spp.，英文名称为 lignum vitae，别名有绿檀木，铁木和圣檀木等。

4.6.2　产地分布

愈疮木分布在赤道与北纬30°之间。在中美洲和西印度群岛一带有集中分布。其主要产地为巴哈马诸岛、大马尔岛和马尔提哥岛，是牙买加的国树。现在木材市场上的愈疮木主要是产于中美洲西印度群岛和墨西哥等热带地区的愈疮木（*Guaiacum officimale*）、危地马拉愈疮木（*G. guatamalense*）及神圣愈疮木（*G. sanctum*）。

4.6.3　实物图片

图4-46是愈疮木的树木实物图片，包括树木（a）、枝、叶、花（b）、果（c）。

图4-46　愈疮木的树木

图 4-47 是愈疮木的木材实物图片，包括材堆（a）和木板（b）。

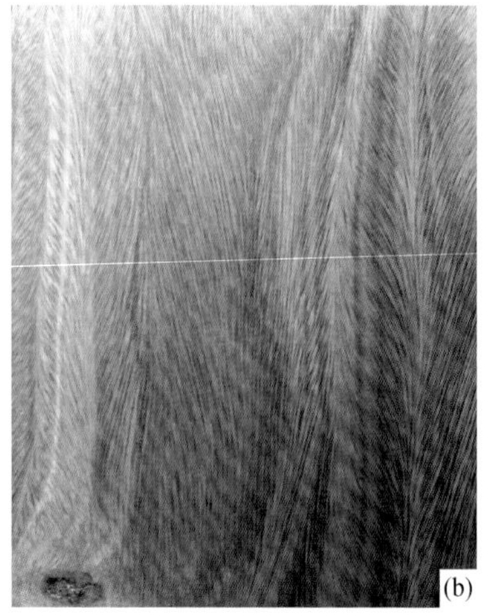

图 4-47　愈疮木的木材

4.6.4　木材特性

优质的愈疮木必须同时具备如下 7 个方面的特性。

①生长轮不清晰，边材黄白色，心材暗绿色；

②木材新切面清香浓郁，材面常带有条纹；

③木材油性重，有蜡质感，木屑发黏，水浸液变绿；

④木材硬重，气干密度可达 1.30g/cm^3；

⑤交错纹理，材面上常出现麦穗纹，如图 4-47（b）所示；

⑥木材耐腐性好，白蚁、海虫都难以侵蚀；

⑦新加工的木料放在封闭薄膜内会产生絮状结晶物，俗称“吐丝”，此现象为愈疮木所独有，凭此可辨真伪。

4.6.5　精品赏析

①愈疮木茶盘

竹具有中空、有节、挺拔的特性，在中国传统文化中，成为国人所推崇的谦虚谨慎、高风亮节、刚直不阿等美德的象征。图 4-48 是一个茶盘，用愈疮木制作。愈疮木本身质地致密坚硬、手感细腻光滑、香气芬芳永恒，加上雕刻的竹枝和自然的树木年轮，更是增添了其艺术魅力。

图4-48　愈疮木茶盘

②愈疮木酒柜

图4-49是一个酒柜，其制作材料为优质珍贵的愈疮木，木纹自然漂亮、手感温润细腻、色泽绚丽柔和，散发着古朴的文化气息和愈疮木独有的清香。

图4-49　愈疮木酒柜

③愈疮木角椅

图4-50是一套角椅，三件套，用优质愈疮木制作，设计精巧、工艺精良、坐歇舒适，摆放于室内角隅，特别适合。

图 4-50 愈疮木角椅

④愈疮木梳子

图 4-51 为愈疮木的梳子。愈疮木特别适合于制作梳子，其一是因为它木质坚硬、纹理交错，梳齿不易断裂；其二，愈疮木细胞富含油脂，芳香宜人，可以滋养头皮、养发护发、提神醒脑、有益健康。此外，人体毛发对木材的反复摩擦，木材更加油亮光滑，这样木养人、人养木，可以达到一种人木共养、道法自然的佳境。

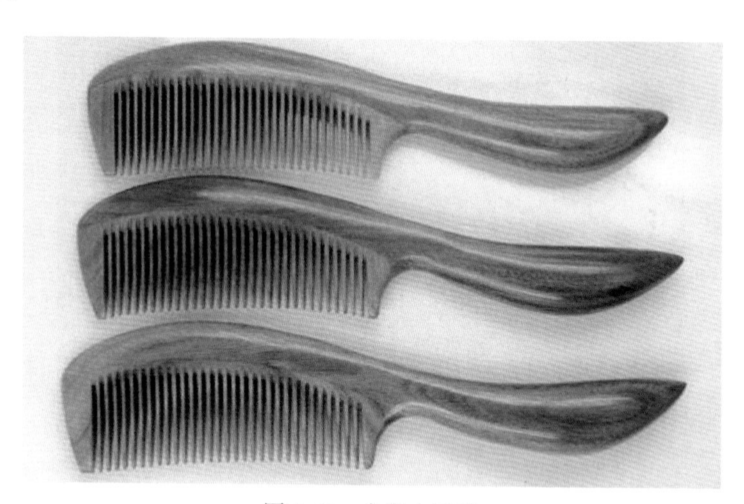

图 4-51 愈疮木梳子

⑤愈疮木樽瓶

图 4-52 是一个愈疮木的兽雕樽瓶，它形制古朴，雕刻有瑞兽，瓶肚上龙蟠虎伏。由于长期地反复抚触摩擦，木材的芳香油脂在樽瓶表面形成了厚重的包

浆，如古铜般的光亮。

⑥ 愈疮木笔筒

愈疮木的木质非常密实，同时油性很重，故特别适合雕刻。雕刻时手感好，不崩裂，不起毛，抛光性很好。图4-53是一个愈疮木笔筒。这个笔筒采用圆雕技法，雕有荷叶、荷花和莲蓬，还有一对鸳鸯，一番嬉戏打闹之后，躲藏在荷叶之下享受着爱意缠绵。

图4-52　愈疮木樽瓶

图4-53　愈疮木笔筒

以上是本章第六节的内容，这一节从树木简介、产地分布、实物图片、木材特性和精品赏析5个方面就愈疮木之美进行了讨论和赏析。

4.7　阴沉木之美

这一节与前面六节不同，前面六节都是针对某一个树种的木材进行讨论，本节讨论的阴沉木不局限于某一个树种的木材。阴沉木是指久埋于地下且一定程度矿化和炭化的木材，一般呈深褐色或黑色，常见木种有柏木、杉木、楠木、椿木和椆木等。阴沉木耐潮、耐虫、耐腐、硬度高、不变形、具有香气，素有“东方神木”和“植物木乃伊”之称。蜀人称阴沉木为“乌木”，但此“乌木”与红木树种的乌木，是完全不同的两种木材。

4.7.1　阴沉木的形成

远古时期，原始森林中的千年古木，由于遭受到某种重大自然灾害（如地震、山洪、雷击和台风等），或深埋于河床之下，或深陷于地层之中，历时数千年之后，这些木材在激流冲蚀、泥石碾压、鱼啄蟹栖的作用下，变得奇形怪状。同时由于部分矿化和炭化的作用而使木材变黑，如此就形成了所谓的阴沉木。

4.7.2　产地分布

中国北部地区，阴沉木主要分布在东北松花江流域的吉林和黑龙江地区，此外还有黄河上游的青海和陕西等省。在中国南部地区，在云、贵、川、两湖、两广和江浙一带都有阴沉木出产，在四川、重庆和贵州三省区有更多、更集中的分布。

4.7.3　实物图片

图 4-54 是一些阴沉木的实物图片，包括有典型的阴沉木形态（a）、金丝楠阴沉木（b）、成都天府广场阴沉木雕塑（c）和 2010 年上海世博会的阴沉木展品（d）。（d）中还可以见到“千年神木惊世现，只缘百年世博情”的字样。

图 4-54　各种形态的阴沉木

4.7.4　木材特性

典型的阴沉木必须同时具备如下7个方面的特性。

①木材色深、发黑，有淡淡幽香，能沁人心脾，提神醒脑；

②含有丰富的矿物质，燃烧后灰分呈黄色；

③木材很硬，锯割时会产生火花，很难打磨；

④木制品抛光后乌黑发亮，年代越是久远，色泽越深、越亮；

⑤木制品尺寸稳定性好，不开裂、不变形，抗虫耐腐性特别好；

⑥阴沉木是非常理想的雕刻材料，它介于木与石之间，雕刻起来手感好、质感强，很适于表现细腻传神的韵味；

⑦具有很好的药用价值。《本草纲目》有记载“乌木甘、咸、平、解毒，主治霍乱吐痢，取屑研磨，用温酒送服”。

4.7.5　精品赏析

①阴沉木茶台

图4-55是一个阴沉木的茶台，做成了木简书卷的形状，上面还铭刻有茶道经文。试想，闲来无事之时，邀约三五个好友，围坐于茶台，品味茶香，同时可以感悟书香、体味木香、畅想诗和远方，这一定是很棒的事情！所以，这个阴沉木的茶台，可谓是集茶香、木香和书香于一道。

图4-55　阴沉木茶台

②阴沉木摆件

阴沉木在形成过程中因受到鱼啄蟹栖的作用，大多具有奇异的构型，所以常用来制作艺术品，摆放于厅堂，供人品赏。艺术上，人们通常以瘦、透、漏、皱为美。图4-56可谓是一件阴沉木的珍品，它天然地集瘦、透、漏、皱于一身。

③阴沉木笔筒

图4-57是一对金丝楠阴沉木的笔筒。在金丝楠阴沉木的材面上，金丝特征更为显著，花纹更加丰富，包括金丝纹、水波纹、龙胆纹、火焰纹、凤尾纹、菊花纹和羽翼纹等。这对金丝楠木笔筒上，满是典型的水波纹，非常漂亮。

④阴沉木太师椅

太师椅起于宋代，原是官家之物，是权力和地位的象征。图4-58为一套阴沉木的太师椅，它造型端庄威严，靠背、扶手和座面三者成直角，座面宽大夸张，用料优质厚实，可充分凸显出主人的尊贵身份和地位。

图 4-56　阴沉木摆件

图 4-57　阴沉木笔筒

图 4-58　阴沉木太师椅

⑤三角圈椅

图 4-59 是一套明式三角圈椅，三件套，用料为珍贵的金丝楠阴沉木。它造型考究、设计别致，茶几高低错落，椅圈上加有搭脑，联邦棍变形为板状，并透雕为结绳。这套作品做工精良、风格古朴，实为精品。

⑥ 阴沉木树木园

图 4-60 是一个阴沉木的树木园，有 60 多根阴沉木的原木，属于四川金沙遗址博物馆的展品。金沙遗址所处为 3000 多年前古蜀王国的都邑，这里曾经森林

图4-59　阴沉木三角圈椅

茂密、古木参天。现在走进这个阴沉木的树木园，让人顿生时空穿越之感，可以体会到古代植被繁茂的生态环境。

图4-60　阴沉木的树木园

以上是本章第七节的内容，这一节从阴沉木的形成、产地分布、实物图片、木材特性和精品赏析5个方面就阴沉木之美进行了讨论和赏析。

4.8　化石木之美

化石木，又称木化石、硅化木或玉化木，是植物化石的一种。它似木非木、似石非石，形为木材、质为石材。化石木的质地坚硬如石、纹理清晰如木，它的颜色、造型、质地和纹理，可以带给人们无穷之美。

4.8.1　化石木的形成

在距今一亿多年前的侏罗纪，发生了激烈的地壳造山运动，使树木倒塌并被深埋于地层之下。树木在长期的低温、高压和隔绝空气的状态下，受到富含二氧化硅等矿物质的地下水长期浸泡，发生了取代、置换和沉积等复杂的地理化学反应，使木材中有机碳水化合物完全被无机矿物质所取代，最后就形成了所谓的化石木。在一亿多年的历练过程中，化石木集天地之灵气、聚日月之精华，经历了脱胎换骨的变化，从而将木材之美永留于世。

4.8.2　化石木的科学价值

化石木是一种史前石质化古树木之遗体，多保存了原来木材的结构形态，表面经打磨抛光，可以清晰地识别原来树木的结构特征。据此，可以进行史前树木构造的研究分析，这对研究古代生物变迁和植物进化具有极其重要的科学意义。

此外，树木的组织构造不仅与树木本身有关，同时会受到当时、当地的气候条件和立地条件等环境因素的影响。所以化石木对于研究古代气候、地理和地质变迁，也是极为难得的原始资料。

4.8.3　化石木的美学价值

化石木可分为蛋白化石木、玉髓化石木和玛瑙化石木等多种类型。各种不同的化石木，在颜色、质地和造型上各不相同，因而使得化石木具有非常丰富的艺术效果。此外，化石木表面打磨抛光以后，还可表现出非常丰富的木材花纹。这种木材花纹，是其他宝石不可具有的。化石木表面的木纹是一亿多年前的树木基因和生长环境影响的结果，如同人的指纹，具有独一性和永恒性。所以，每一块化石木都是举世无双的艺术瑰宝。

4.8.4　化石木的收藏价值

化石木是木材经“凤凰涅槃、浴火重生”的产物，化石木上的花纹是由亿万年前的树木生长而成，具有唯一性和永恒性。所以，拥有一块这样的化石木，可以让人感悟到地球万物生命的灵气，可以让人享受到地球生命和大千世界的美妙。因此人们会乐于收藏这种化石木。实际上，化石木是非常难以形成的，其资源是非常稀缺的。由于其资源稀缺性及其科学价值和美学价值，使得化石木具有很好的收藏价值。

4.8.5　化石木颜色之美

化石木形成过程渗入的矿物质不同，其颜色大不相同。如图4-61所示，有的金黄（a），有的雪白（b），有的漆黑（c），有的墨绿（d），有的火红（e），颜色品种，极为丰富。

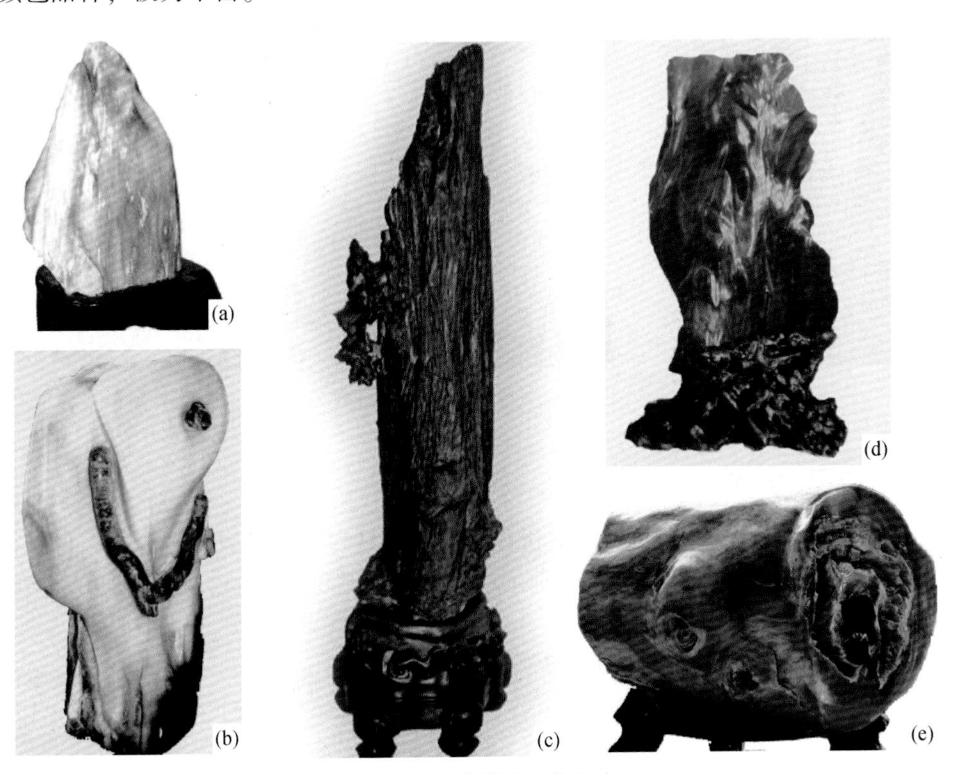

图4-61　各种颜色的化石木

4.8.6　化石木的质地之美

由于原来木材本身质地构造和渗入矿物质的种类的差异，形成的化石木的质地大相径庭，如图4-62所示，有的如织品（a），有的如矿铁（b），有的如膏脂（c），有的似冰晶（d），有的如同朽木（e），质地效果，变化万千。

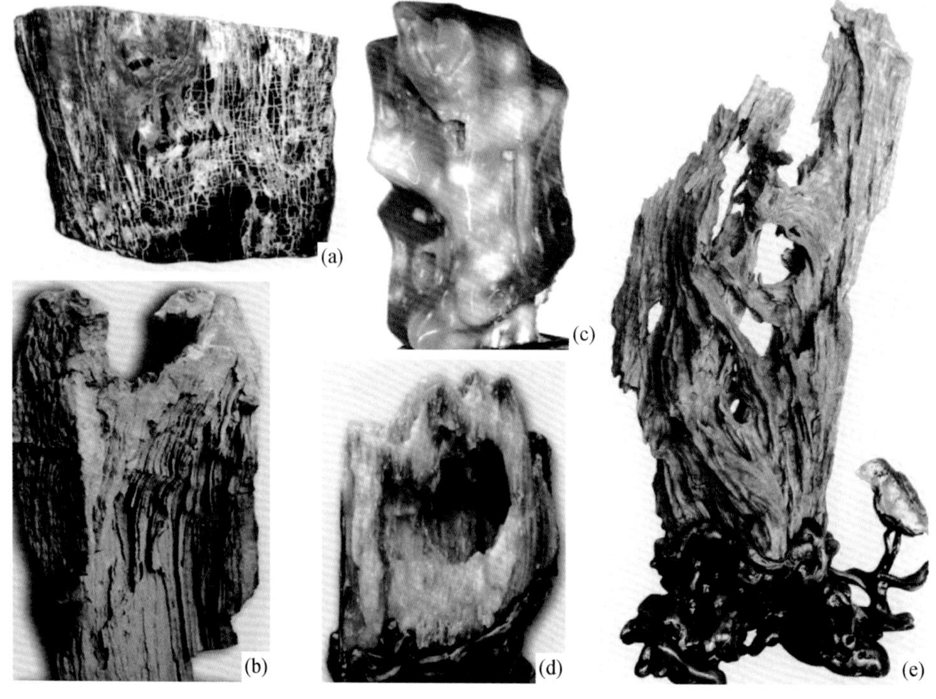

图 4-62　各种质地的化石木

4.8.7　化石木的形态之美

由于木材原本形体、化石形成过程的外界条件和后天造型打磨等原因，使得化石木成品形态各异。如图 4-63 所示，有的如鲲鹏展翅（a），有的似爱意缠绵

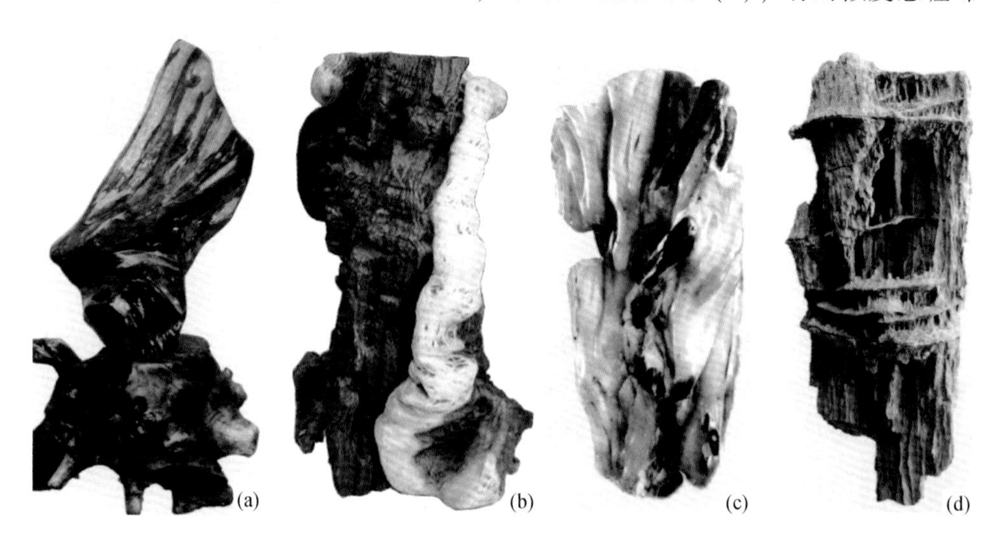

图 4-63　各种形态的化石木

(b)，有的如巴山蜀道（c)，有的像千佛洞穴（d)，千姿百态，应有尽有。

4.8.8　化石木的纹理之美

化石木在形成过程中，矿物质是按照原来的木材细胞结构缓慢侵蚀渗透进去的。因此，这样形成的化石木，完全保持原来木材的组织构造。所以，化石木表面经过打磨抛光以后，各种木材组织形态清晰可见。图4-64是一块经过打磨抛光化石木的横切面，肉眼下可以非常清晰地看到木射线、管孔、木纤维和轴向薄壁组织的分布情况。

实际上，在化石木上观察木材的组织结构，比在真实的木材上更为清晰。这是因为木材质地松软，打磨时会起毛，磨不光滑，而化石木质地坚硬，可以打磨得很光、很亮。

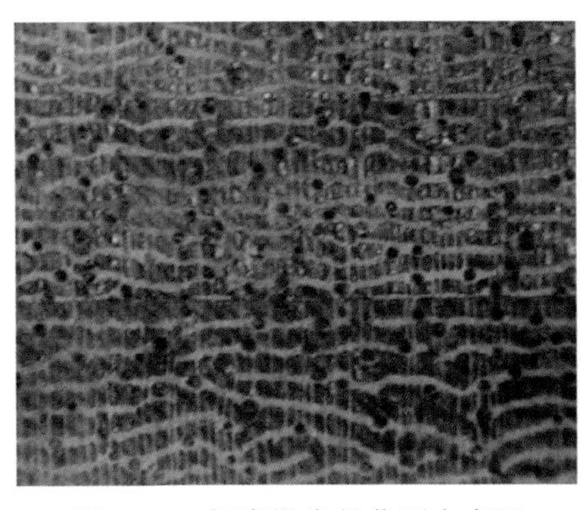

图4-64　打磨抛光的化石木表面

以上是本章第八节的内容，这一节从化石木的形成原因、科学价值、美学价值和收藏价值，以及它的颜色、质地、形态和纹理等方面对化石木之美进行了讨论和赏析。

第5章　木材宏观之美

本章讨论木材宏观构造之美。当我们把目光投向某一株树木时会发现，在宏观水平上，木材之美的内容非常丰富，从树干外部的树皮，到剥去树皮后的材表、到埋藏于树干中的木节、到奇形怪状的树瘤、再到躲藏在地面下的树根以及记录树木生长岁月痕迹的年轮、木材表面的纹理和艺术生命力永恒不败的朽木，都蕴藏有无穷的美学元素，无不令人感叹大自然的美丽与神奇。

5.1　树皮之美

树皮是包裹在树干外围的一种组织，由内层的活树皮和外层的死树皮组成。树皮的作用主要有二，其一是保护树干，免受严寒冰冻、虫菌侵害和机械损伤；其二是作为有机养分的输送通道，树叶通过光合作用制造的有机养分经内树皮向下输送到树木各个部位，供树木生长之需。由此可见，树皮对树木的生长非常重要。如果把树干上的树皮环割一圈，输送养分的通道就完全被切断，树木很快就会死亡。常言说：“人怕伤心，树怕剥皮”，道理就在于此。

对于老的树木来说，树木倒是不怕“伤心”，因为树心部分对树木生长已经没有什么作用了。如图5-1所示，这棵树的树干内部已经完全空了，但仍然能够生长得很好。

图5-1　空心的树木

5.1.1　树皮的美学因素

树皮的美学价值主要体现在其颜色、质地、形态和皮孔4个方面。

①树皮的颜色

树皮的颜色是体现树皮美学价值的重要因素，树皮一般以褐色为主调，如图5-2所示，可细分为红褐色（a）、灰褐色（b）、黄褐色（c）和白褐色（d）等情形。

图5-2　各种颜色的树皮

②树皮的质地

树木的树皮，如图5-3所示，有的坚硬像石头（a），有的柔软像棉花（b），有的脆性像蛋壳（c），有的韧性像苎麻（d）。树皮不同的质地，可以体现出不同质感和美感。

图5-3　各种质地的树皮

③树皮的形态

树皮的外观形态，如图5-4所示，有的平滑（a）、有的粗糙（b）、有的纵裂（c）、有的横裂（d）、有的网状（e）、有的鳞片状（f）、有的条块状（g）、有的如凸钉（h）、有的还具有尖刺（i）。树皮不同的外观形态，可以产生不同的美学效果。

图 5-4　各种形态的树皮

④树皮的皮孔

树皮上具有皮孔，这是树木的呼吸通道，也是体现树皮美学价值的重要因素。如图 5-5 所示，皮孔形状变化很多，有的横条形（a）、有的圆点形（b）、有的菱块形（c），还有的为混合型（d），即不同形状的皮孔混生于同一树干上。

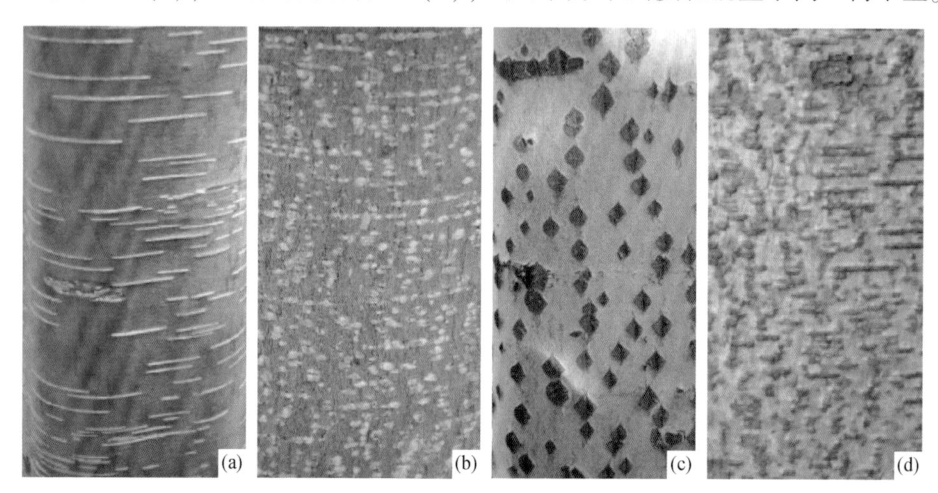

图 5-5　树干上各种形态的皮孔

5.1.2　树皮的天然之美

树干上经常可以看到一些天然的图形或构型，具有很好的美学价值。

①树皮挂画

图 5-6 是一幅来自广西大学校园柠檬桉树干上的天然画作，没有任何人为加工，非常具有入选世界文化遗产名录的广西花山岩画的美学效果。广西花山岩画中"蛙身人头"人物形象，乃公元前的古人所作，而这里类似形象完全由树木天然生长而成。

图 5-6　柠檬桉树皮的天然画作

②树皮工艺品

图 5-7 是由天然桦木树皮制作的两件工艺品。工艺皮包（a），以天然树皮为

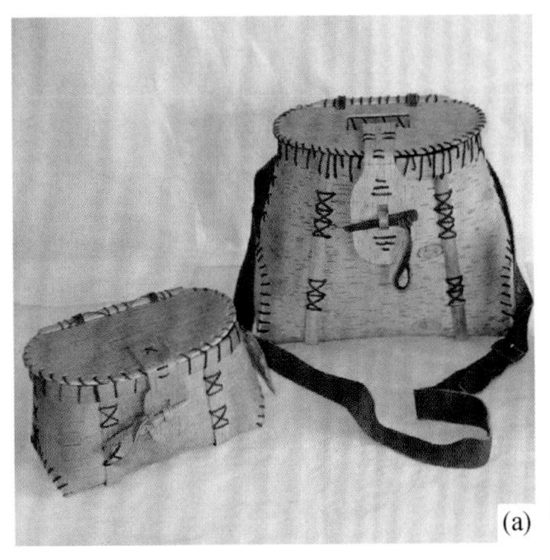

图 5-7　桦木树皮工艺品

材料纯手工制作而成，其实用功能与普通皮革包相同，其审美功能后者不可比拟。工艺茶盘（b），是2010年上海世界博览会芬兰馆的一件展品，源自深山密林中的桦木树皮，茶盘面还保留着树皮上青苔痕迹，作者想要展示的正是这种原始的天然之美。

③树皮装饰挂袋

图5-8是一些用樱桃天然树皮制作的装饰挂袋，挂于室内，再插上一些花草，可以带给人们一种真实、淳朴、清新的自然美感。

图5-8　樱桃树皮装饰挂袋

5.1.3　树皮的创作之美

树皮上有许多天然构造特征，可以作为美学元素，用来创作美学图案，进一步开拓树皮的美学价值。

这里以樱桃树皮为例，如图5-9所示，从原始树皮图像（a）中截取两个小块（b）和（c）作为构图元素，并按照一定方式构建图案单元（d）。将该图案单元上下拼接，得到二方连续图案（e），再将此二方连续图案左右拼接，就得到一个对称式四方连续图案（f）。

以上是本章第一节的内容，这一节主要从树皮的美学因素、树皮天然之美和树皮创作之美3个方面，就树木的树皮之美进行了分析和讨论。

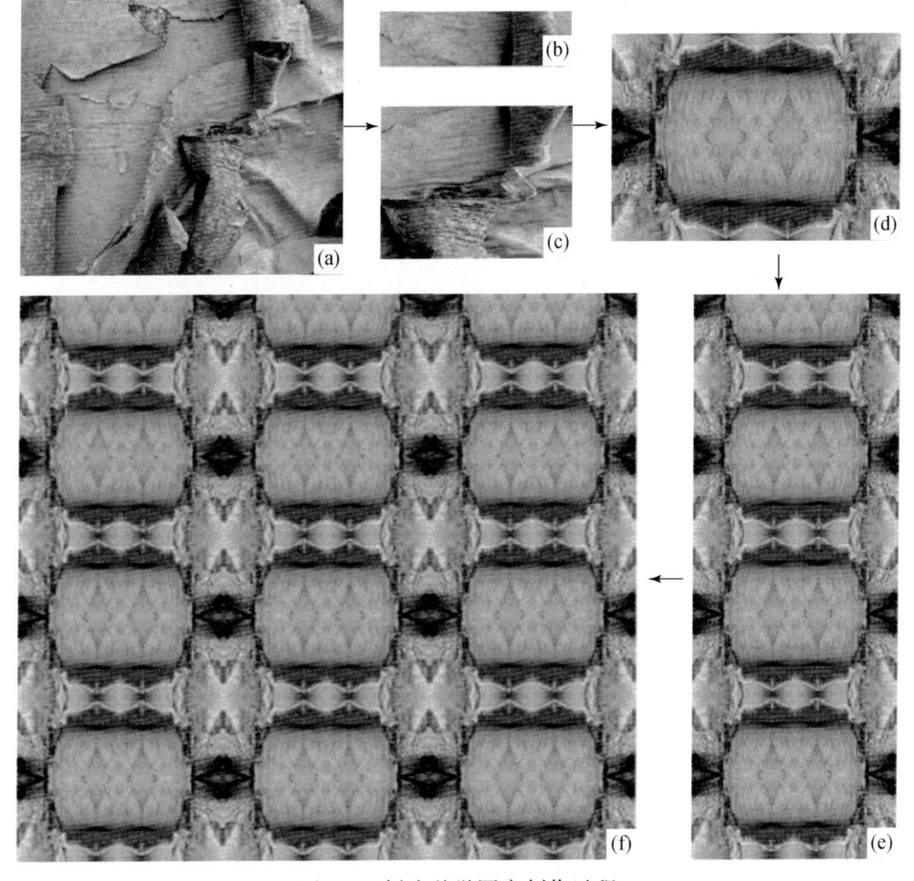

图 5-9　树皮美学图案创作过程

5.2　材表之美

原木剥去树皮后的躯干称为材身，材身的表面即为材表。不同树木的材表具有不同的构造特征。有些树木的材表上特征明显，具有很好的美学利用价值。

5.2.1　材表的类型

常见的树木材表有如下 8 种类型。

①平滑型材表

如图 5-10 所示，这种类型的材表，表面光滑、平整，没有什么其他特征。松木、杉木和杨木等属于这种类型的材表。

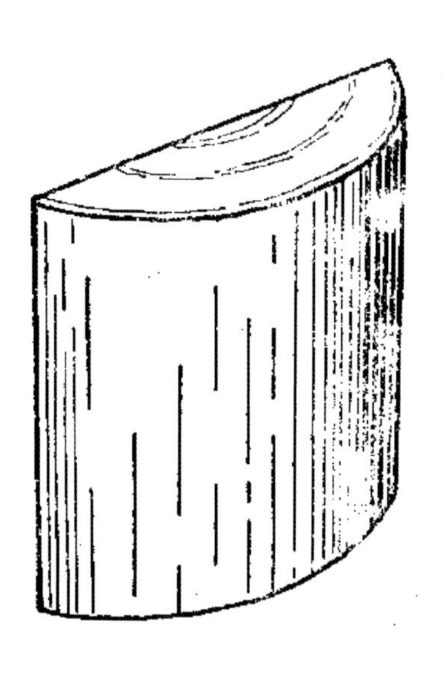

图 5-10　平滑型材表

②凹槽型材表

如图 5-11 所示，这种类型的材身上分布着凹陷的槽棱，这种凹槽是由于射线在木质部表面折断所产生。青刚栎、泡桐和黑桃木等具有这种材表。

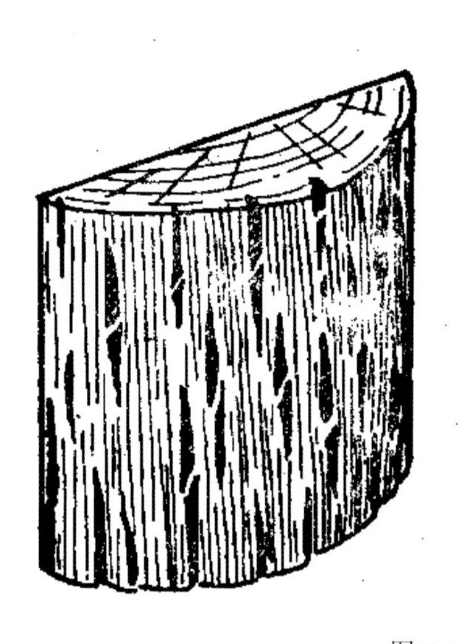
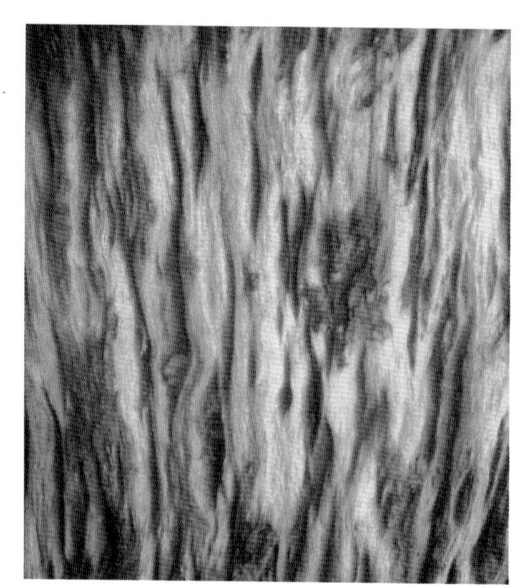

图 5-11　凹槽型材表

③波纹型材表

图 5-12 为波纹型材表，这种材表是由于木材中高度大体相同的木射线比较整齐地排列在同一水平上，因而在材身上出现隐约可见的波纹状线条，称为波痕。紫檀、黄檀和蚬木等属于这种类型的材表。

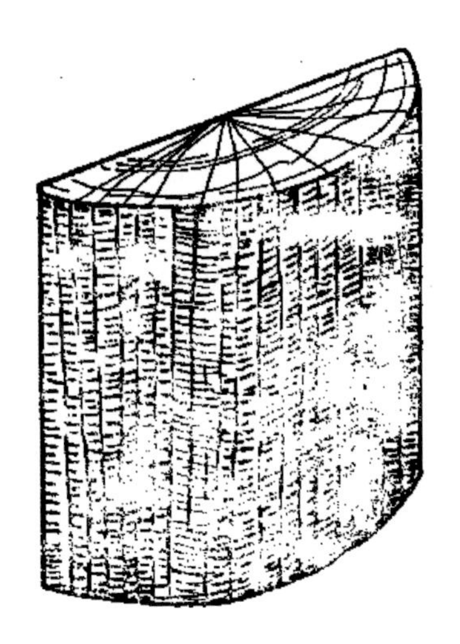

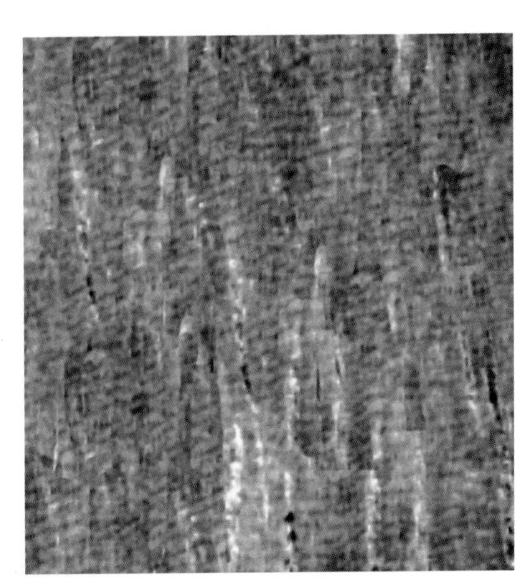

图 5-12　波纹型材表

④凸刺型材表

图 5-13 为凸刺型材表，这类木材通常具有发育不全的短枝或休眠芽，它们在材身上形成短小的枝刺，称为凸刺。柘树、石楠和紫树等木材具有这一类型的材表。

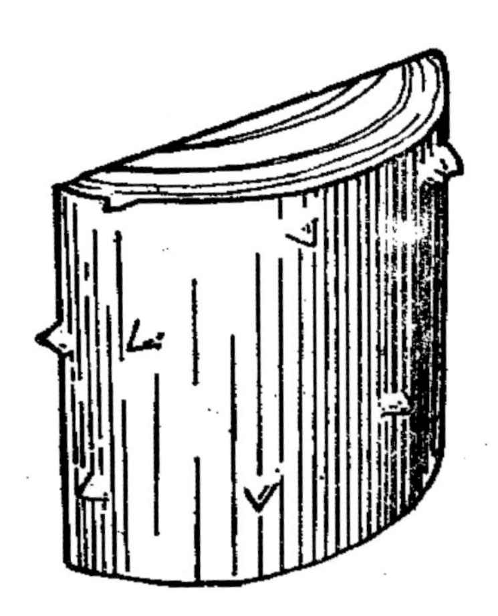

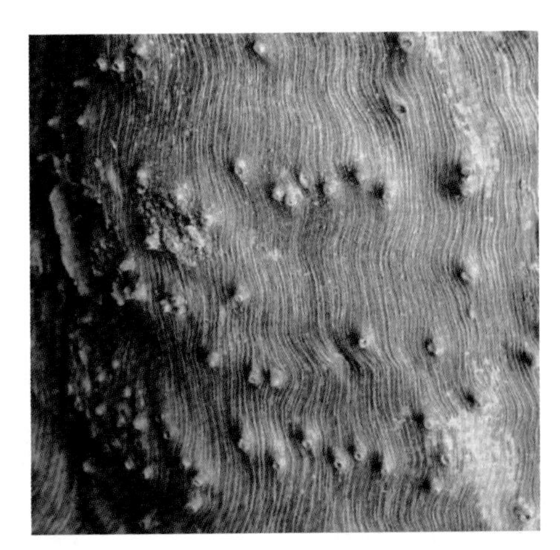

图 5-13　凸刺型材表

⑤条纹型材表

如图 5-14 所示是条纹型材表，这类木材的材身上可见与棉纱粗细相近的竖直隆起的线条。甜槠、苦槠和金钱槭等木材具有这种类型的材表。

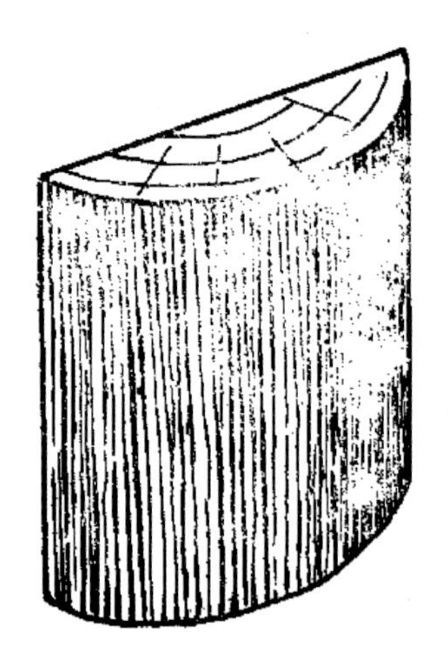
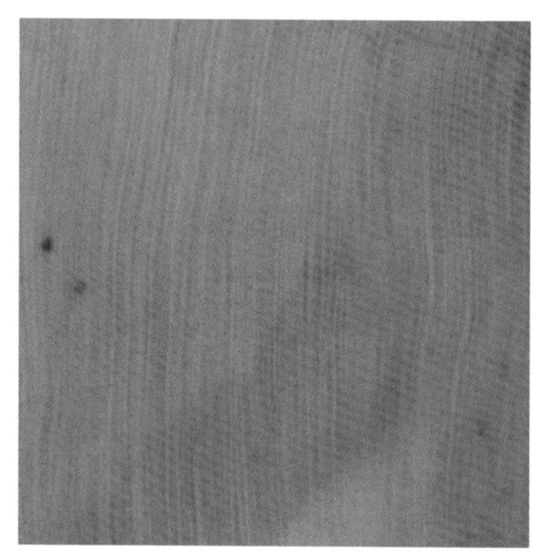

图 5-14　条纹型材表

⑥ 棱条型材表

图 5-15 为棱条型材表，这类木材的树干在生长过程中，因受树皮的不平衡压力，使材表形成不规则的纵向凸起的棱条。鹅耳枥、黄杞和拟赤杨等木材具有这种类型的材表。

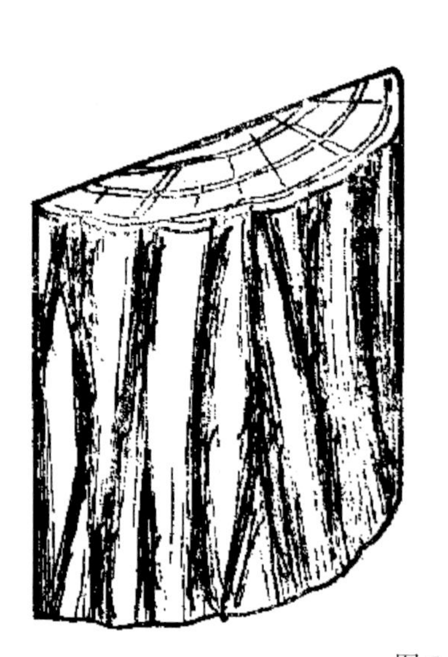
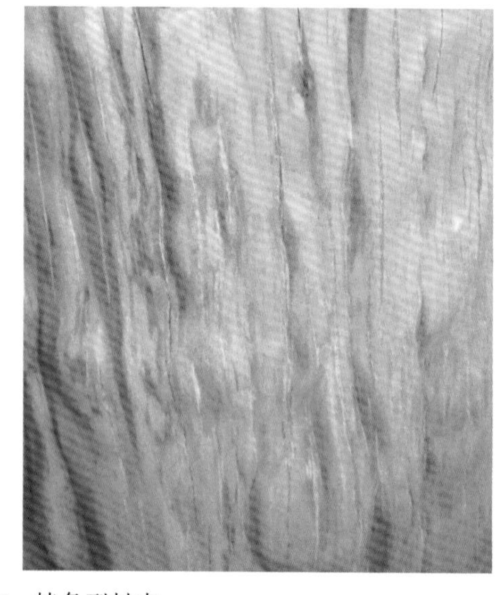

图 5-15　棱条型材表

⑦ 纱纹型材表

图 5-16 为纱纹型材表，这类木材具有中等至细的木射线，在材身上排列整齐，分布均匀，高度基本一致，间距大于射线自身宽度，在材身上形成一种细纱般的图案，称为纱纹。冬青、朴树、鸭脚木和水青冈等具有这种类型材表。

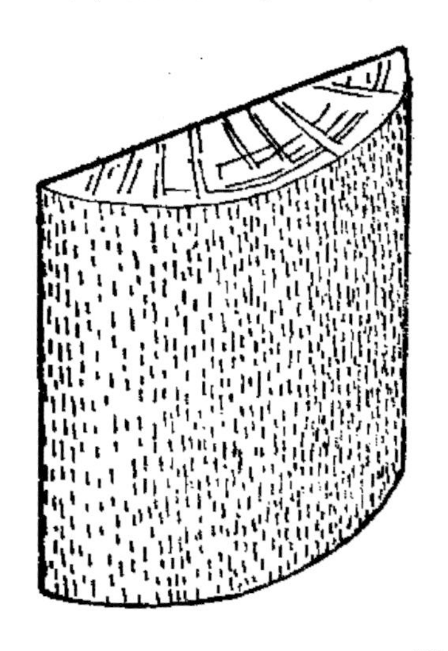

图 5-16　纱纹型材表

⑧ 网纹型材表

如图 5-17 所示，这类木材具有略宽至中等宽的木射线，在材身上排列较整

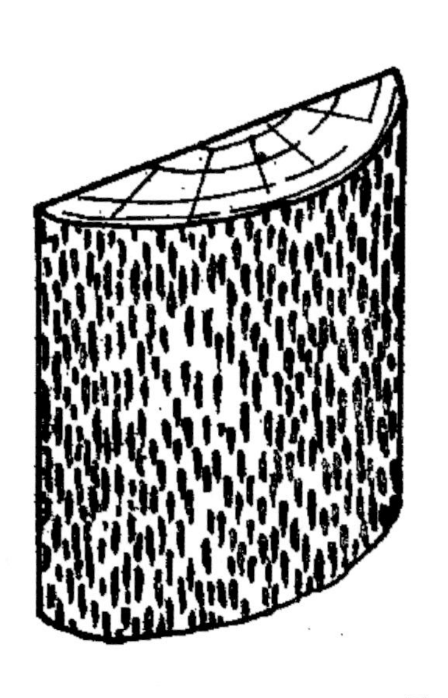
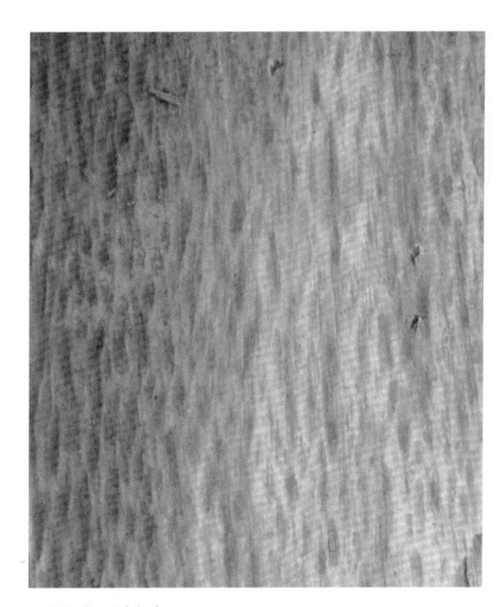

图 5-17　网纹型材表

齐，高度较一致，射线间的距离略等于射线的宽度，因而在材身上形成渔网般的图案，称为网纹。山龙眼、银桦和悬铃木的材表属于这种类型。

5.2.2 材表的天然之美

材表的各种构造特征，有些具有天然的美学价值，可以直接开发利用。

①蒙子树花筒

图 5-18 是一个木制花筒，用一整段蒙子树原木制作而成，保留蒙子树材表上的凸刺，获得了很好的效果，显示出一种自然、朴实的美感。

②枣木笔筒

图 5-19 的木制笔筒，用一整段枣木制作，这段枣木的材表上具有雕龙画凤的效果，但这不是人工雕琢的，完全是树木天然生长而成。老的枣木树桩，剥去树皮，保留原始的材表特征，就可以获得这样龙腾凤舞的效果。

图 5-18 蒙子树花

图 5-19 枣木笔筒

③木雕摆件

图 5-20 是目前收藏于广西玉林云天宫的一件木雕，但这件作品非人工所雕，纯系树木天然长成。它就是一段千年古柏，剥去树皮，展现出了其棱条型材表，有一种饱经沧桑历史的艺术美感。

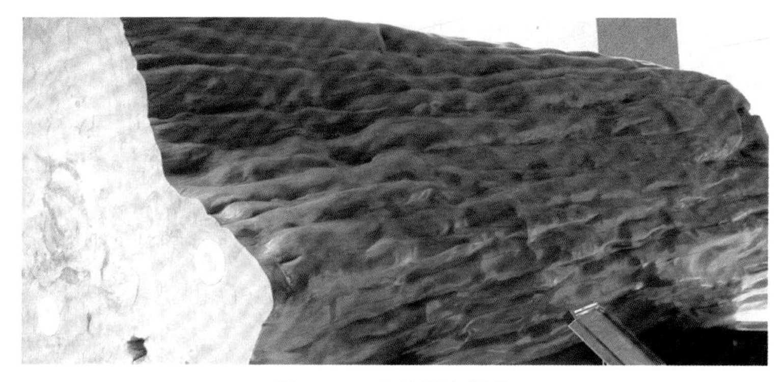

图 5-20　古柏原木摆件

5.2.3　材表的创作之美

材表的结构特征，可以作为美学元素，用来进行美学图案创作，这样可以进一步开发材表的美学利用价值。

这里以山龙眼材表为例，如图 5-21 所示，以山龙眼材表原始图像为素材

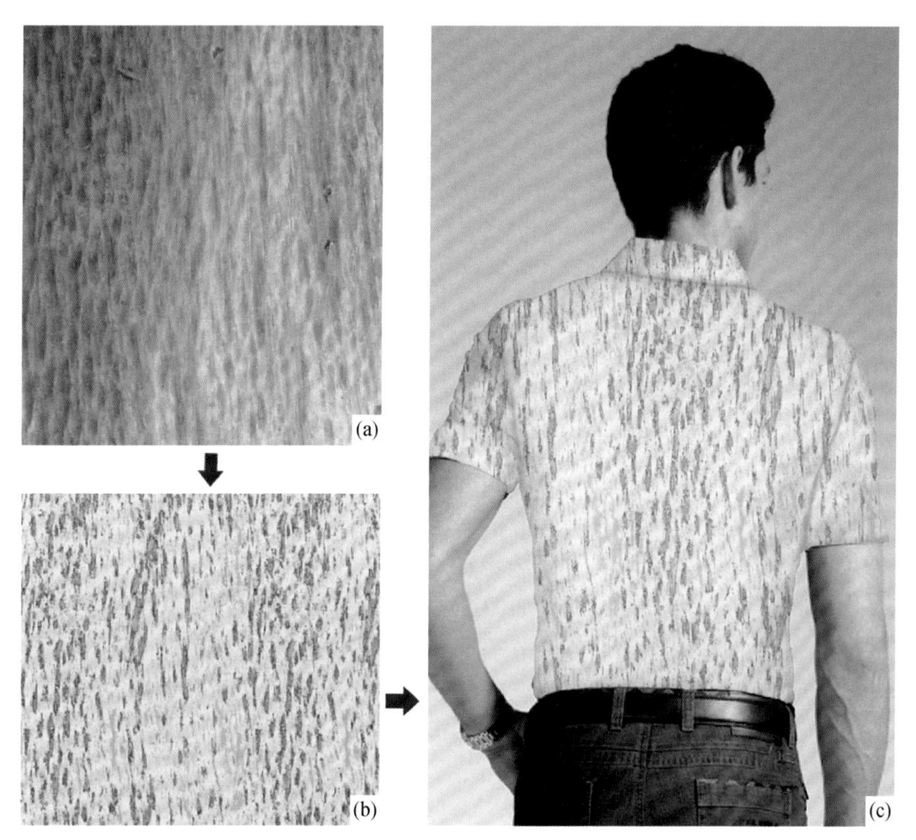

图 5-21　山龙眼材表美学利用

(a)，应用图形技术进行图案创作，获得布料印花图案（b）。然后采用数码打印技术，将图案印制到布料，获得木美花纹布料，并根据布料的花纹特点，即可设计出新款的木美衬衫（c）。

以上是本章第二节的内容，这一节主要从材表的类型、材表天然之美和材表创作之美3个方面，就树木材表之美进行了分析和讨论。

5.3　木节之美

枝条埋藏于树干的部分即为木节，或称为节子，它是树木在生长过程中自然形成的。从木材利用的角度来看，节子一般认为是木材的一种缺陷，因为在节子部位，木材的正常纹理被破坏，材料的连续性被破坏，所以木材的力学强度受到很大影响。特别是作为结构材时，节子的影响更为严重。

但是当木材作为装饰材料时，木节可具有很好的装饰价值，因为节子部位木材纹理紊乱，往往可以形成一些特殊的花纹效果。

5.3.1　木节的类型

根据节子本身的状况，木节可分为如下一些类型。

①活节

如图5-22所示，活节是指由活枝条形成的木节，它质地坚硬，构造正常，与周围木材组织连接紧密。活节对木材的品质影响较小，有时因为节子形成漂亮花纹而使得木材品质大幅提升，例如黄花梨木材的鬼脸。

所谓“鬼脸”，实际上是由材面上的木节所形成。黄花梨木材（特别是海南黄花梨）的特点是木节小而多，往往是三五成群地聚生在一起，结果在材面上形成酷似人脸的图像。这种图像十分神秘、怪诞而诡异多变，红木爱好者称其为“鬼脸”。具有“鬼脸”图像的海南黄花梨工艺品深受人们的喜爱，价格一定也是不菲。

图5-22　活节

②死节

如图5-23所示，死节是指由死枝条形成的木节，节子本身的组织结构已经坏死，与周围木材组织脱离或部分脱离。死节会严重损害木材结构，大幅降低木材品质。

图5-23　死节

③健全节

如图5-24所示，健全节是指节子材质结构完好、无腐朽迹象的情形。

④腐朽节

腐朽节指节子本身已经腐朽，但尚未涉及木材内部的情形，如图5-25所示。

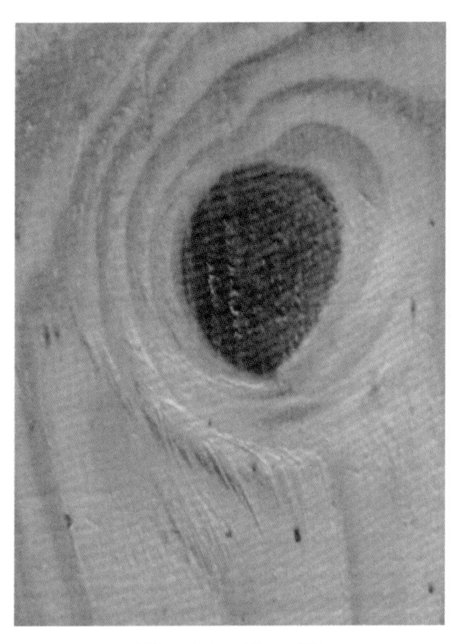

图5-24　健全节

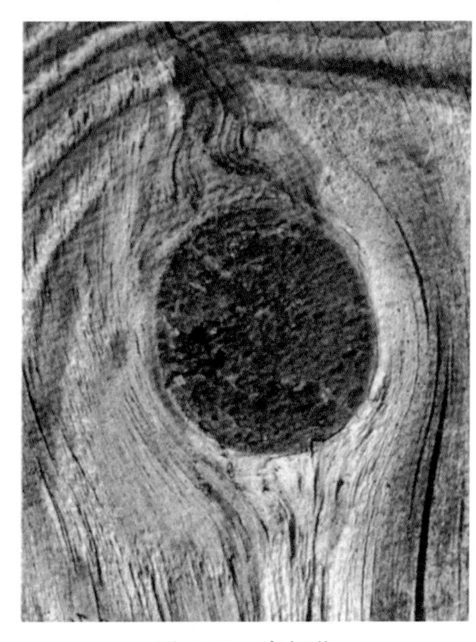

图5-25　腐朽节

⑤漏节

如图 5-26 所示，漏节是指节子本身已经严重腐朽，并深入到木材内部，且因节子腐烂，导致与周围木材组织脱离而掉落或部分掉落，结果在木材上形成空洞或部分空洞的情形。

⑥ 圆形节

圆形节表现为圆形或近似圆形，如图 5-27 所示。圆形节一般出现在弦面板上，它反映的是树枝横断面。

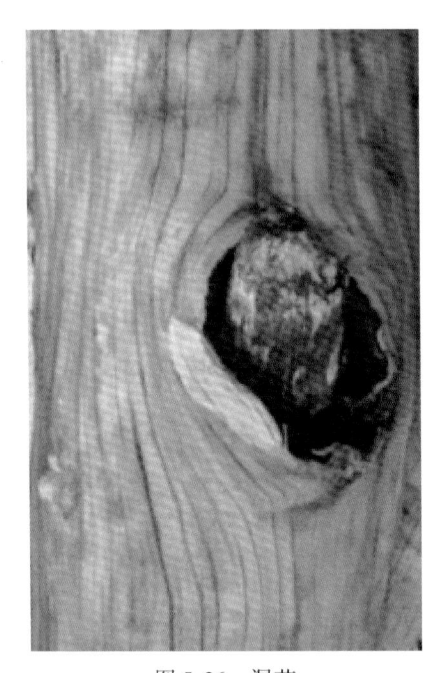

图 5-26　漏节

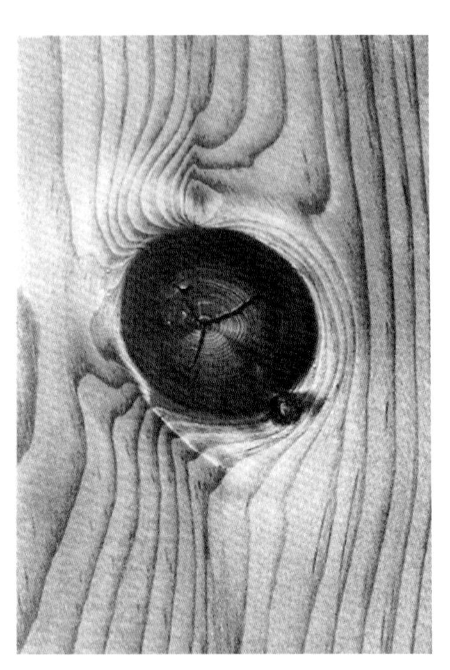

图 5-27　圆形节

⑦ 条状节

长度为其宽度 3 倍以上的木节称为条状节，如图 5-28 所示。条状节既可以出现于径面板上（a），也可以出现于横切面上（b），它反映的是沿木节长度方向上的剖切面。

⑧ 掌状节

如图 5-29 所示，掌状节是指由多个条形节呈掌状分布的情形，它存在于枝条轮生树木，多在径面板上出现。

⑨ 轮生节

树枝围绕树干四周，一轮一轮地着生而形成的木节称为轮生节，像松、杉一类树木，多有轮生节。如图 5-30 所示为杉木横切面上所形成的轮生节。

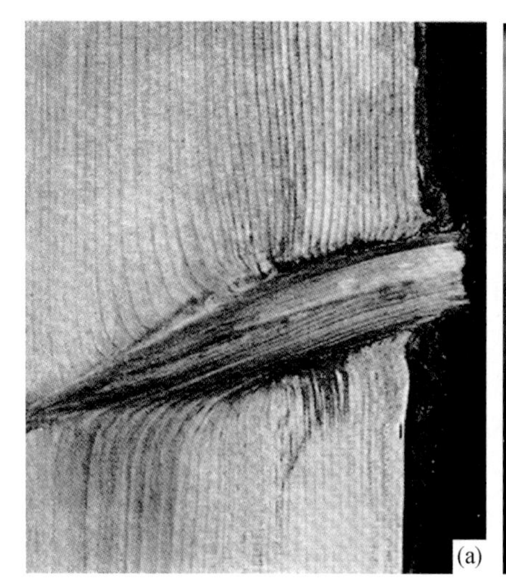

图 5-28　条状节

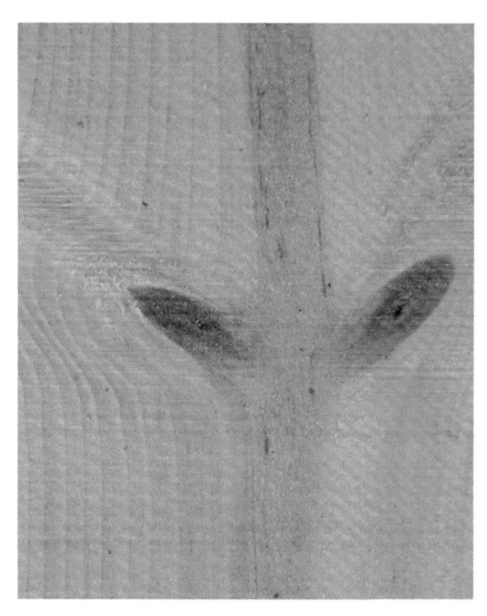

图 5-29　掌状节

图 5-30　轮生节

5.3.2　木节的天然之美

木节部位的纹理通常会出现旋涡或紊乱的现象，因而可以形成特殊的木材花纹，有些具有很高的天然美学价值。下面以黄花梨鬼脸花纹为例来讨论木节的天然之美。

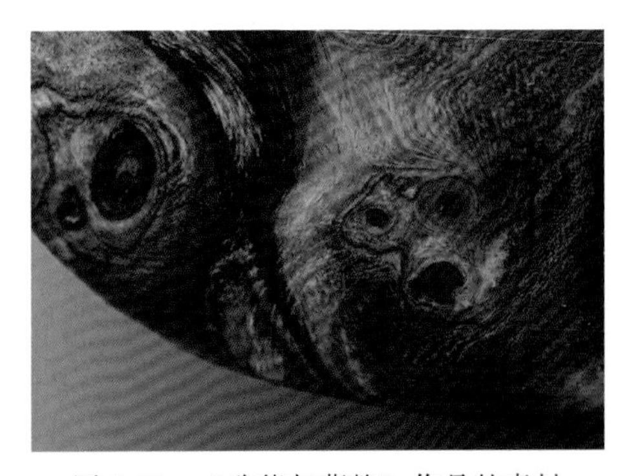

图 5-31 “狗熊与藏獒”作品的素材

黄花梨的鬼脸是红木爱好者对黄花梨木节花纹的一种特称。人们之所以把黄花梨木节花纹称为鬼脸，是因为一方面它表述了黄花梨木节花纹诡异多变的特点，另一方面它表达了人们对这种花纹的喜爱之情。图 5-31 是拍摄于一件海南黄花梨家具上的一幅原始图像，包含有两组木节，形成两个“鬼脸”。从中将两个“鬼脸”切分开来，并将左边的部分掉过头来，这样就获得两幅画芯。再加上字幅“狗熊俯首显憨态，藏獒怒目生虎威”，就获得完整的挂画作品，如图 5-32 所示。

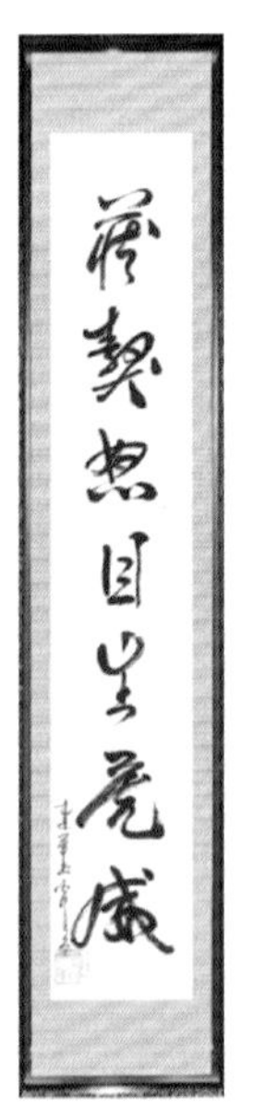

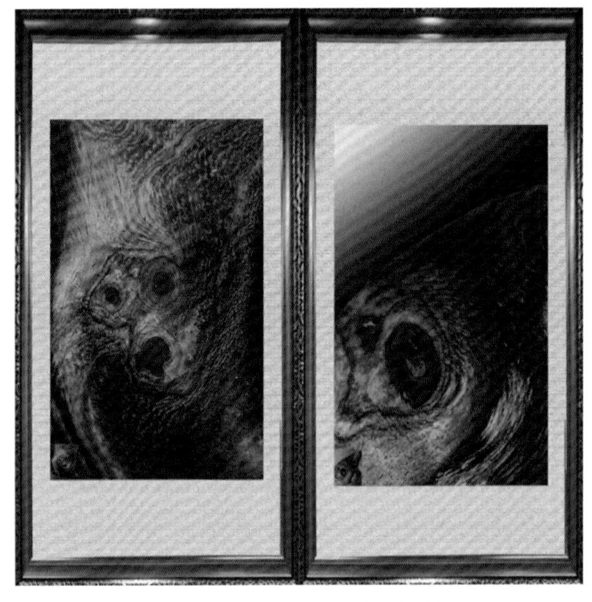

图 5-32 “狗熊与藏獒”挂画作品

5.3.3 木节的创作之美

木节的天然之美可以作为美学元素，以此为素材进行作品创作，由此可进一步开发木节的美学利用价值。下面以观光木和竹柏木材的木节为例来讨论木节的创作之美。

图 5-33 为艺术套瓶的美饰设计过程。图中（a）和（b）分别为观光木和竹

柏木材的木节部位图像，它们就是艺术套瓶美饰图案的原始素材。对原始木节抽象化处理，分别获得构图元素（c）和（d），并据此创作出艺术套瓶的美饰图案（e）。将此图案应用于套瓶的美饰，最后获得套瓶的艺术效果（f）。

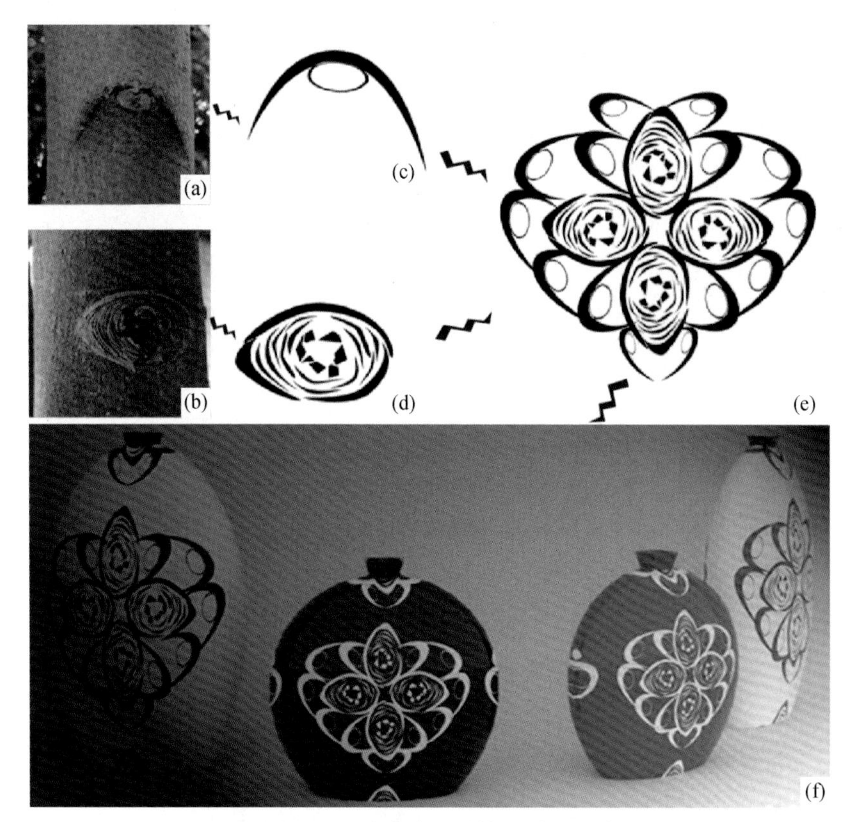

图5-33　艺术套瓶美饰设计过程

以上是本章第三节的内容，这一节主要从木节的类型、木节的天然之美和木节的创作之美3个方面，就木节之美进行了分析和讨论。

5.4　树瘤之美

树瘤是树木的一种愈伤组织。所谓愈伤组织，就是植物受到创伤时，在伤口处迅速产生的新生组织，如图5-34所示，这是植物的一种应急响应。树木受到创伤的刺激后，伤口附近的生活组织马上恢复分裂机能，加速细胞分生而将伤口愈合。实际上，当前我国南方大规模造林的桉树苗木，就是来源于树木的愈伤组织。

树瘤之所以具有美学价值，是因为在树瘤及其附近的木材组织中纹理变得紊乱、无规律，常常形成涡纹，由此产生出各种独特的树瘤花纹。图 5-35 这个工艺品，就是由一个包状树瘤雕挖而成，抛光面上，树瘤花纹非常漂亮。

图 5-34　树木愈伤组织

图 5-35　树瘤工艺品

5.4.1　树瘤的类型

根据其结构形状，树瘤可分为 5 种类型。

①包袋状树瘤

如图 5-36 所示，这种树瘤好像是挂在树干上的包袋。

图 5-36　包袋状树瘤

②蜂窝状树瘤

如图 5-37 所示，这种树瘤像是堆积在树干上的蜂窝。

图 5-37　蜂窝状树瘤

③蘑菇状树瘤

如图 5-38 所示，这种树瘤像是长在树干上的蘑菇。

图 5-38　蘑菇状树瘤

④虫瘿状树瘤

虫瘿状树瘤是指很多小颗树瘤聚集在一起的情形，如图 5-39 所示。

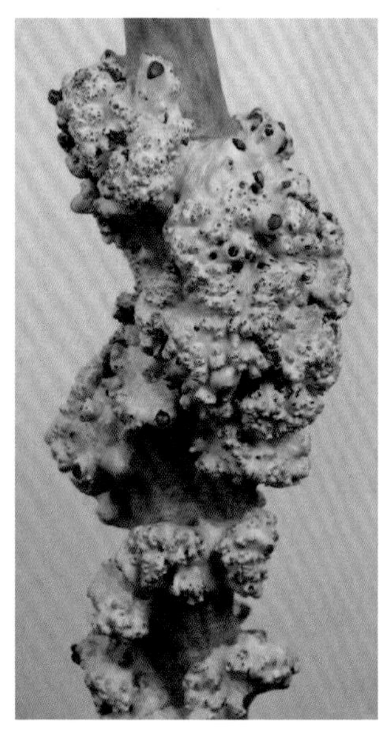

图 5-39　虫瘿状树瘤

⑤轮生树瘤

轮生树瘤是指许多树瘤围绕树干一轮一轮地着生的情形，形似灵芝，如图 5-40 所示。

图 5-40　轮生树瘤

5.4.2　树瘤天然之美

树瘤由于其特别的形状和肌理，可以表现出很好的天然之美。具有天然之美的树瘤，有的可以直接获得漂亮的花纹图案，有的可以直接作为雕塑或把玩件欣赏。

①黄花梨瘿木

瘿木树瘤是黄花梨木最珍贵的木材特征之一。图 5-41 为黄花梨木材的瘿木树瘤，包括瘿木树瘤的外表形态（a）和瘿木树瘤内部的漂亮花纹（b）。

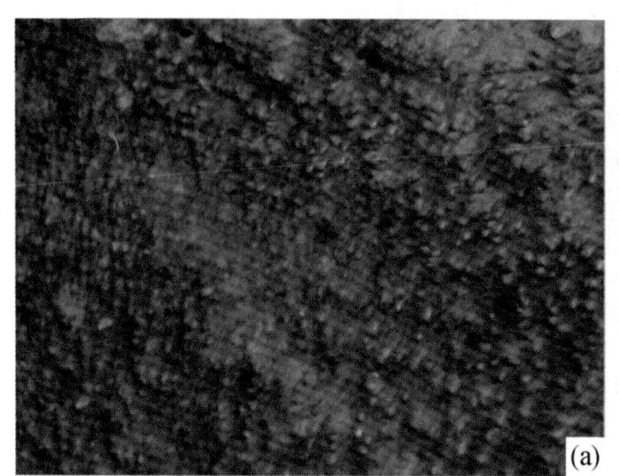
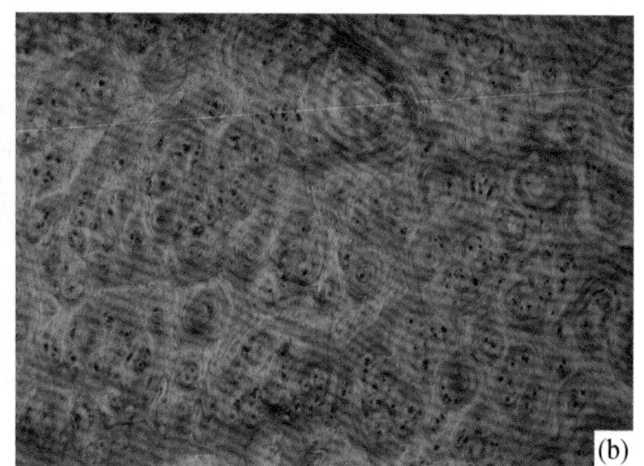

图 5-41　黄花梨瘿木树瘤

②立木树瘤雕塑

图 5-42 是一件活立木的树瘤雕塑，它位于四川成都宽窄巷子里。这件立木树瘤雕塑，从下到上，通身挂满了包状树瘤。正是由于树干上的这些树瘤的魅力，引来游客们争先恐后地与这棵树木雕塑合影留念。

图 5-42　立木树瘤雕塑

③奥运火炬

图 5-43 好像是两个奥运火炬的造型，但它们的设计大师同为树木，完全是由树木天然生长而形成。

5.4.3　树瘤工艺品之美

带有树瘤的木料是制作高档木制工艺品绝佳材料。图 5-44 中这些树瘤木料，通过艺术家们的雕琢，可创作出各式各样的实用工艺品和陈设艺术品，供人们享用。

图 5-43　天然树瘤火炬

图 5-44　树瘤木料

如图 5-45 所示都是出自这种树瘤木料的艺术品，两件为实用工艺品（a）和（b），除了其艺术欣赏价值以外，还分别具有烟灰缸（a）和香水瓶（b）实用功能；（c）和（d）两个为艺术摆件，属于纯粹的艺术陈设品。

图5-45　树瘤工艺品

图5-46是一个带有树瘤美学元素的工艺茶台。这个茶台是根据一个黄金樟

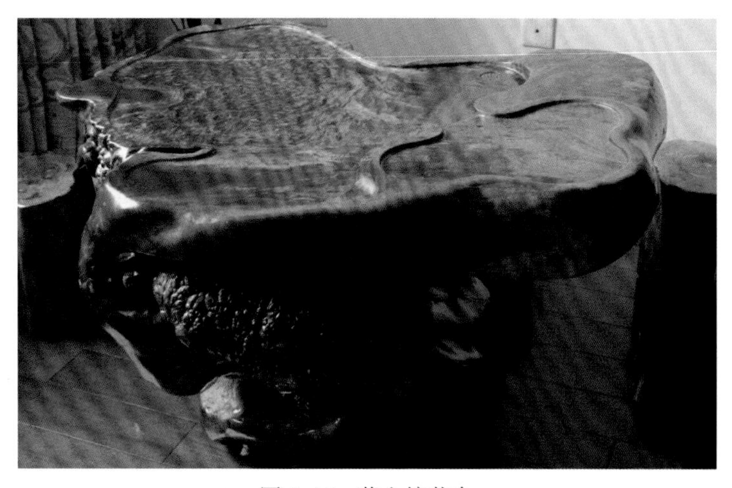
图5-46　黄金樟茶台

树兜的自然形体，经过人为艺术加工而成的。它有如行云流水，台面上可见孔雀羽毛般的花纹，非常漂亮。这种花纹就是源自于黄金樟瘿状树瘤。

5.4.4 树瘤的创作之美

树瘤所具有的天然美学特征还可以用于艺术创作，进一步开拓树瘤的美学利用价值。

①美学地板

图 5-47 是从金丝楠木树瘤开发的美学地板，（a）是金丝楠木瘿状树瘤的原始图像，以此为美学素材，可开发出一款具有天然花岗岩效果的美学地板（b）。

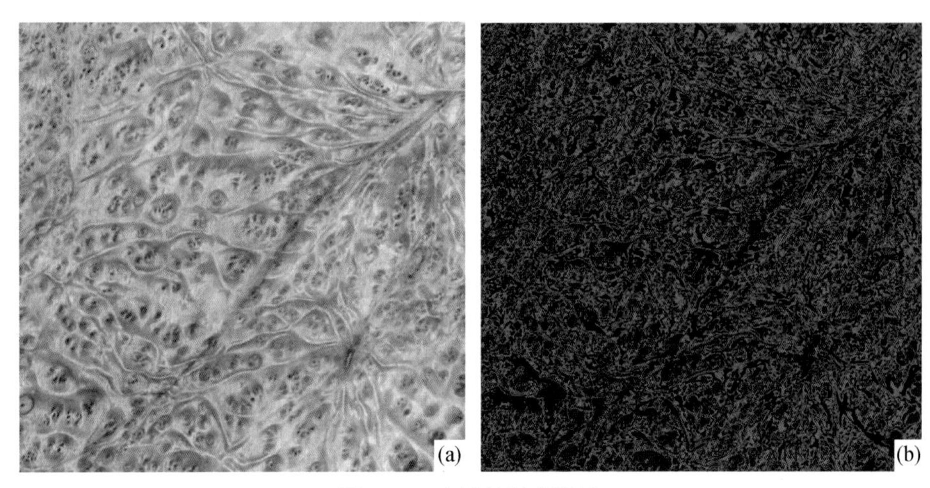

图 5-47 金丝楠树瘤地板

②木美挂画

图 5-48 为“金丝辉煌”挂画作品。（a）为一幅拍摄于金丝楠木材表面的原始图像，业内称为葡萄纹。这种葡萄花纹又称瘿子花纹，系由聚生的小颗树瘤所形成。对原始图像略加色彩处理，让底色变成火红颜色，那些藤蔓线条和葡萄颗粒相应地变为金黄色，这样更加凸显了金丝楠木的金丝效果。因此题写字联：“浴火重生后，始得金丝辉”，由此获得完整的“金丝辉煌”挂画作品（b）。

以上是本章第四节的内容，这一节主要从树瘤的类型、树瘤天然之美、树瘤工艺品之美和树瘤创作之美 4 个方面，就树瘤之美进行了分析和讨论。

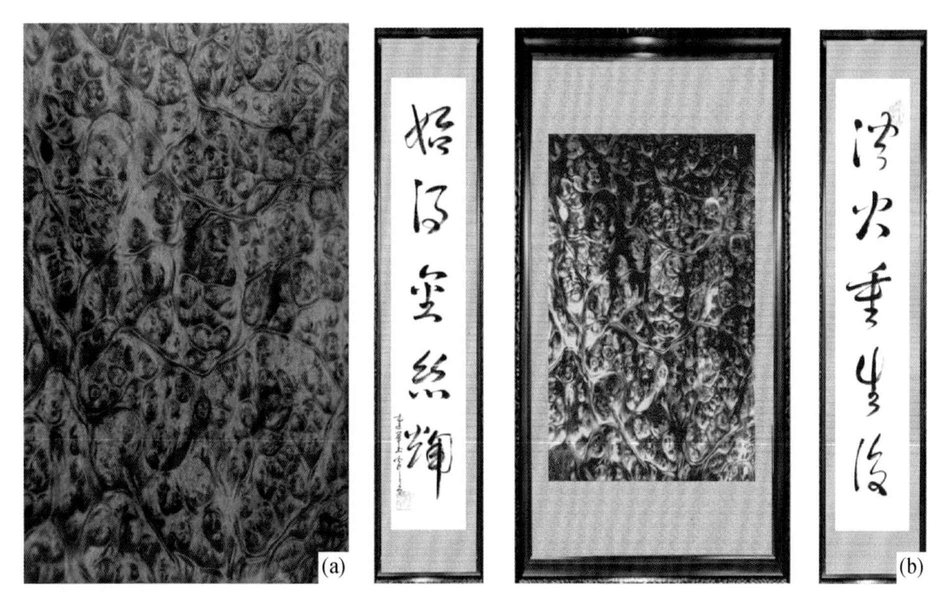

图 5-48　“金丝辉煌”挂画作品

5.5　树根之美

树根对于树木生长，主要起稳固树株、支撑树干和吸收营养的作用。树木的根系非常发达，地面下树根的幅度可以与地面上的树冠相当。如此庞大的树根，可以形成千变万化的复杂构型，这是令艺术家们高兴不已的美学素材宝藏，通过他们的艺术思维，可以开发出价值连城的艺术珍品。因此，也就有了现在的根雕艺术。

5.5.1　树根的各种形态

树根的形态由树木品种的遗传性和树木生长环境的变异性所决定。

①正常树根

如图 5-49 所示，正常的树根生长于地面之下，由主根、侧根和须根三部分组成。

②须状树根

榕树等热带树木经常见有根须从树枝上垂落下来，悬在空中，有如树爷爷的胡须（图 5-50）。这是树木的一种呼吸气生根，主要起到吸收气体的作用。

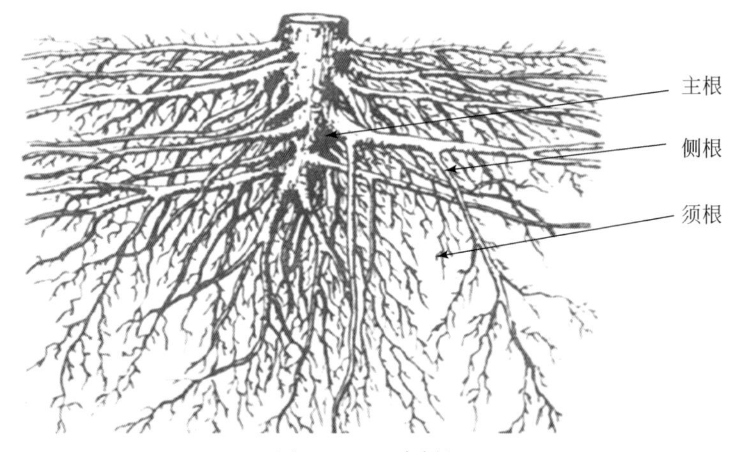

图 5-49　正常树根

图 5-50　须状树根

③板状树根

板状树根也是一种气生根，是热带高大乔木所特有的一种附加支撑结构，如图 5-51 所示。在土壤浅薄的地方会更多地形成这种板状树根。

④棒状树根

还有一种单子叶植物纲的露兜树，它具有更加奇特的树根，呈棒状，如图 5-52所示。这种树木多生长在海边沙地，是一种常绿的观赏树木。

图5-51　板状树根

图5-52　棒状树根

⑤盘状树根

老的荔枝树常会形成巨大的盘状树根，如图5-53所示。根雕市场上常把这种树根做成孔雀开屏的艺术造型，很受市场欢迎。

图5-53　盘状树根

5.5.2 根雕作品之美

根雕艺术可谓是源远流长，早在原始社会时期，人们就已经开始制作根雕艺术品。1982 年在湖北荆州马山一号楚墓发现了我国战国时期的根雕艺术作品《辟邪》（图 5-54）。这件作品形状为四足怪兽，具有虎头、龙身、兔尾，极富神韵动感，色彩古雅朴实。据国家文物部门考证，该文物制作于战国晚期，距今约有 2300 年。

图 5-54 战国时期根雕《辟邪》

根雕作品之美，美在天然。根雕作品的价值，包括人为创作价值和根材本身的天然美学价值，最为珍贵的还是后者。这是大自然巧夺天工之美，任何能工巧匠都创作不出来。所谓“三分人工、七分天成”，就是追求树根天然之美。

一根在手，艺术家们需要百看千相、反复审察，要在无损天然美的前提下，依形度势、谨慎修整，在似与非似中求意境，在节眼瘤疤上觅传神。这样才能获得“天人合一、神形兼备”的精品。下面我们一起来欣赏两件根艺作品之美。

①竹节灵芝如意

图 5-55 是一件黄杨木的根雕作品。黄杨木素有“千年矮”之称，十分珍贵。这件作品雕工考究、年份久远，其枣红色玻璃包浆，厚重温润，非常难得。再加上竹节、灵芝、如意的文化内涵，更增添了作品的艺术文化价值。

②曼妙舞女

如图 5-56 所示，“曼妙舞女”这件根雕作品，依形度势，借助树根枝条自然的扭曲、扬抑之势，恰如其分地展示了舞女纤柔如仙的身躯和曼妙舒展的舞姿，真可谓是“天人合一、神形兼备”的精品。

图 5-55　根雕“竹节灵芝如意”

图 5-56　根雕“曼妙舞女”

5.5.3　根书作品之美

根书是借助于树根的天然形体来展示中国书法之美的一种艺术形式，下面与大家一起分享两幅根书作品。

图 5-57（a）是中国根艺大师杨玉冰先生的作品。这个道字，铁划银钩、笔力遒劲、气韵和谐，堪称根书精品。图 5-57（b）是中国根艺大师陈洪久先生的作品，这里精、气、神三个字，它既有树根浑厚之骨力，又饱含翰墨洒脱之风韵。整幅作品，自然流畅、一气呵成。特别是最后这一竖，上下贯通，笔意奔放，个中韵味，言之不尽。

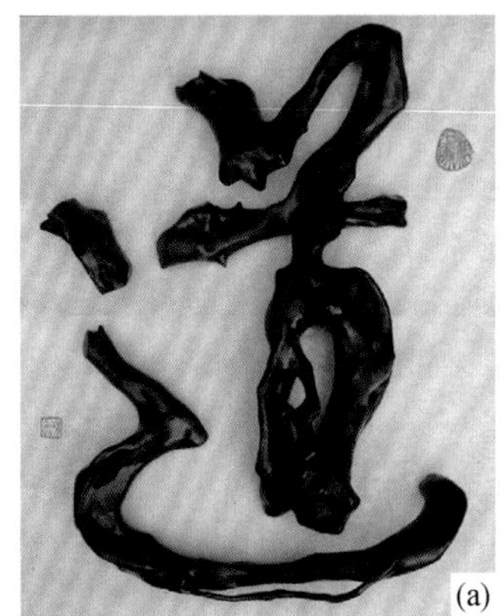

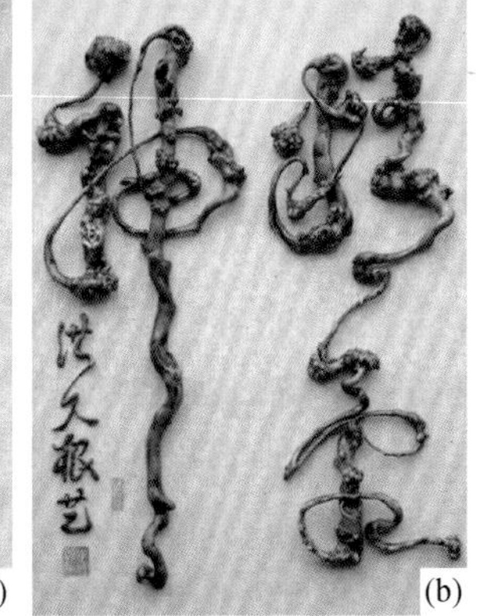

图 5-57　根书作品

5.5.4　树根素材图案创作

树根的天然特征，可以作为美学元素，用来创作美学图案，从而进一步挖掘树根的美学价值。这里以香樟树根为例，如图 5-58 所示，从香樟树根原始图像（a）中截取一小块作为构图元素（b），按照上下左右对称的原则构建出图案单元（c），最后按照对称式图案技术将图案单元进行拼接，获得全新的对称式四方连续图案（d）。

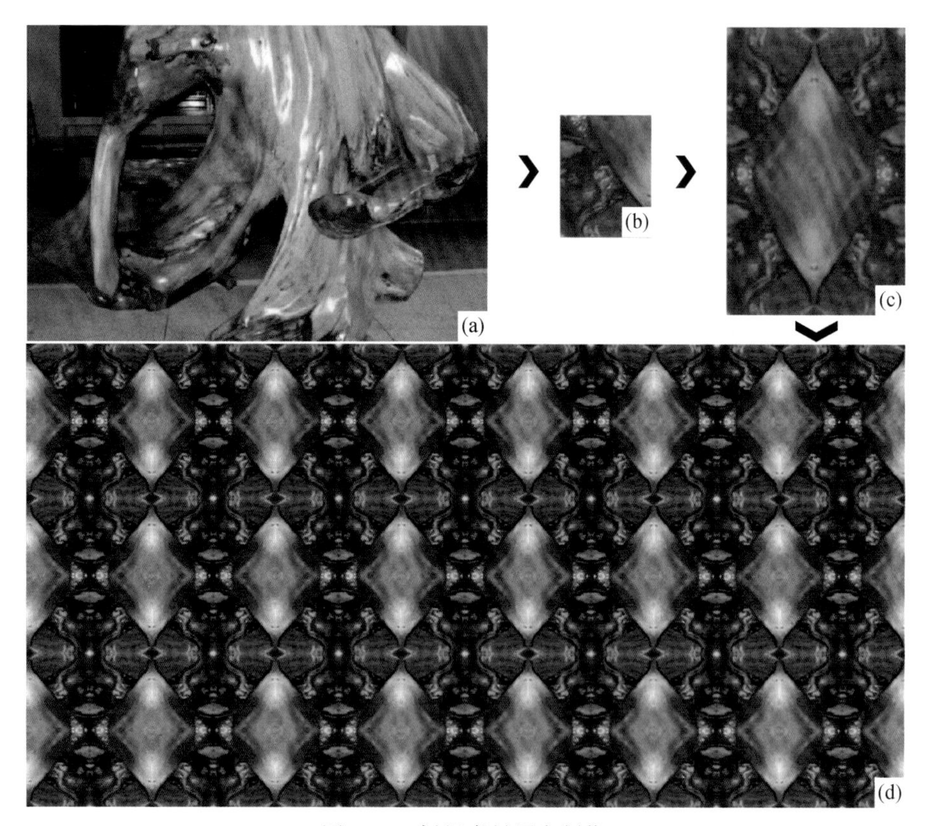

图 5-58　树根素材图案创作

同样的方法，从图 5-58（a）的树根素材中截取构图元素，还可以获得另外一幅木材美学图案，如图 5-59 所示。

以上是本章第五节的内容，这一节主要从树根形态之美、根雕作品之美、根书作品之美和树根素材图案创作 4 个方面，就树根之美进行了分析和讨论。

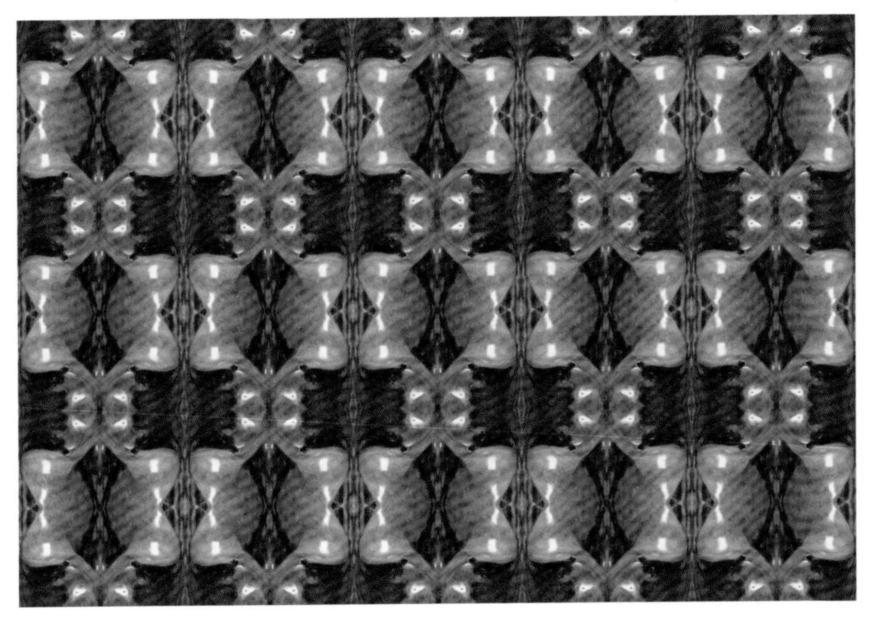

图5-59 树根素材美学图案

5.6 年轮之美

树木年轮真可谓是大自然的杰作。每当春回大地，万象更新，紧挨着树皮里面的木材形成层开始分裂，树木开始生长。一年中，早期形成的细胞，细胞腔大而壁薄，颜色浅白，谓之早材（或春材）；到晚期，树木生长减慢，细胞腔小而壁厚，颜色变深，称为晚材。到了晚秋，树木停止生长，随后进入休眠状态。如此周而复始，循环不已。这样，在树干里便生成一圈圈的圆环，每一环就是树木一年增长的部分，这就是所谓的年轮。

树木年轮是关于树木生长过程的一部档案，它不仅记载了树木本身的年龄，还记录了树木生长时期的雨量和热量等气候情况，也记录了早期霜冻和森林火灾等历史事件，甚至还记载了太阳黑子的活动周期。

所谓“树木年代学”，就是基于这样思想理念，由美国科学家道格拉斯所创立。它是借助古树木的年轮来研究历史上的气候变化与自然灾害的发生规律。研究过去可以推知未来。

其实，最早关注树木年轮的，并不是什么科学家，而是木雕艺人。为什么这么说呢？因为年轮可以在木材表面形成漂亮的花纹图案，木雕艺人们会千方百计地利用年轮来展现木材的花纹图案，从而增添木雕作品的生命活力和艺术魅力。我们这里讨论树木年轮，也是从树木年轮的美学价值方面来考虑。

5.6.1　年轮美之原理

树木年轮的确很美，这是大家公认的事实，如图5-60所示的朽木年轮，还可进入艺术殿堂，供人们欣赏。关于树木年轮为什么会美，其美之根本、美之原理是什么呢？这正是下面要讨论的问题。树木年轮之所以具有很高的美学价值，是因为它很好地符合了“变化与统一”这一美学的基本法则。任何东西，没有变化，则显呆滞，不是美；有变化、没有统一，则是紊乱，也不是美；只有当它既有变化，又有统一，才有可能成为美。“变化与统一”法则是形式美的最基本法则之一，也是一切造型艺术必须遵循的普遍原则。这一法则要求艺术构型既要有变化性，又要有统一性，树木年轮能够很好地满足这一要求。

图5-60　朽木年轮

①树木年轮的变化性

树木年轮的变化性，如图5-61所示，体现在树木年轮宽与窄的变化、年轮圆环大与小的变化、年轮中早晚材颜色深与浅的变化，以及早晚材质地松疏与密实的变化等方面，这些变化给人以生动、生气、活泼和灵动的美感。

②树木年轮的统一性

统一性即同一性和规律性，是一种协调关系，要求把局部的变化，统一在整体的有机联系之中。如图5-61所示，树木髓心是体现树木年轮统一性的关键，它把每一个年轮统一地联系起来，形成以树木髓心为中心的同心圆环。此外，树木年轮统一性还体现于每一个年轮都是由颜色和质地反差明显的早材带和晚材带组成，由此形成有规律的变化和有节奏的重复，这给人以音乐般的节奏和韵律的美感。

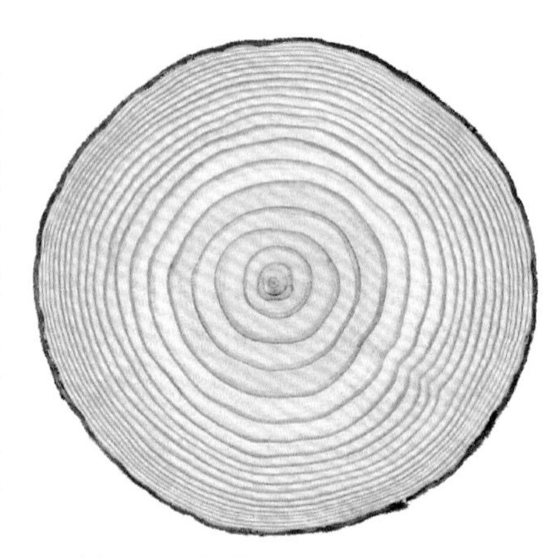

图5-61　年轮的变化性与统一性

5.6.2　年轮的表现

树木年轮的表现随木材切面在树木中相对位置、方向和角度而变化。在木材学研究中，通常把垂直于树轴的截面称为木材的横切面；把平行于树轴而又垂直于木射线的截面称为弦切面；把平行于树轴而又平行于木射线的截面称为径切面。木材的横切面、径切面和弦切面，这是人为定义的3个标准切面。

①标准切面上的表现

在木材的3个标准切面上，树木年轮的表现如图5-62所示。树木年轮在横切面上表现为同心的圆环（a），在弦切面上表现为同轴的抛物线（b），在径切面上表现为平行的条带（c）。

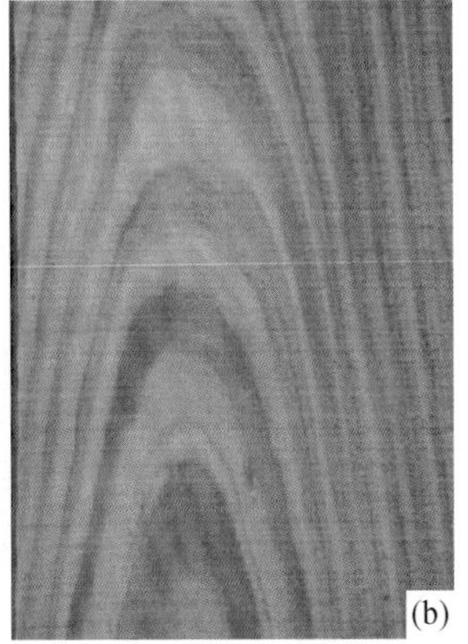

图5-62　3个标准切面上的年轮

②非标准切面上的表现

在现实生活中所见到的木材，很少以理想的标准切面方式存在。大多数情况下，木材表面都是非标准的切面或曲面。对于非标准切面或曲面，树木年轮的表现更为多变、更为复杂。如图5-63所示为鸡翅木曲面上年轮的表现，在凹切面

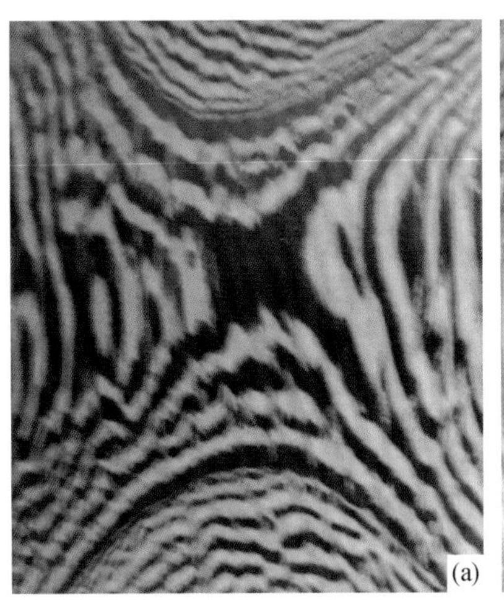
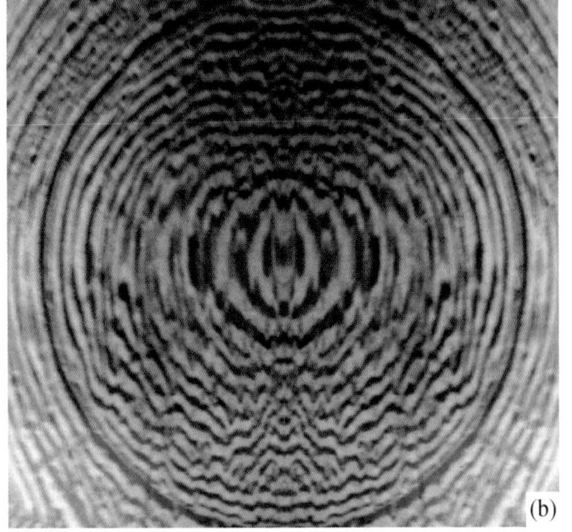

图5-63　鸡翅木曲面上年轮的表现

上表现为双曲线（a），在凸曲面上表现为椭圆形（b）。

5.6.3　年轮天然之美

如前所述，树木年轮很好地符合了“变化与统一”的美学原理，同时它还具有蕴藏历史印记和岁月痕迹的象征意义，所以它具有很好的美学利用价值，经常被应用于艺术作品。

①椎木圆盘的装饰挂件

图 5-64 为两个椎木圆盘制作的装饰挂件，非常原始，椎木圆盘上可见花瓣状的年轮，具有较好的审美价值。

②树木年轮纹样戒指

图 5-65 是一个树木年轮纹样的戒指，2016 年曾经在北京保利行持续热销。

图 5-64　椎木圆盘装饰挂件

图 5-65　树木年轮纹样戒指

5.6.4　年轮创作之美

以年轮中所含有的构造特征为美学素材进行图案创作，可以获得新的木材美学图案，这样可以进一步挖掘树木年轮的美学价值。这里以杉木为例，如图 5-66 所示，从杉木年轮原始图像（a）中截取一小块作为构图元素（b），按照上下左右对称原则拼接构图，获得杉木年轮的一次创作图案（c）。然后，分别用一次图案中标号为 1、2、3 的部位作为构图元素，再次构图，可以获得三幅杉木年轮的二次图案，如图 5-67 所示。

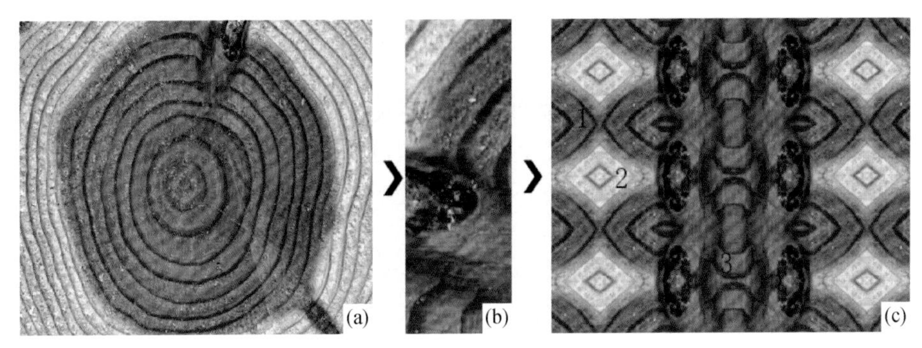

图 5-66　杉木年轮的一次创作图案

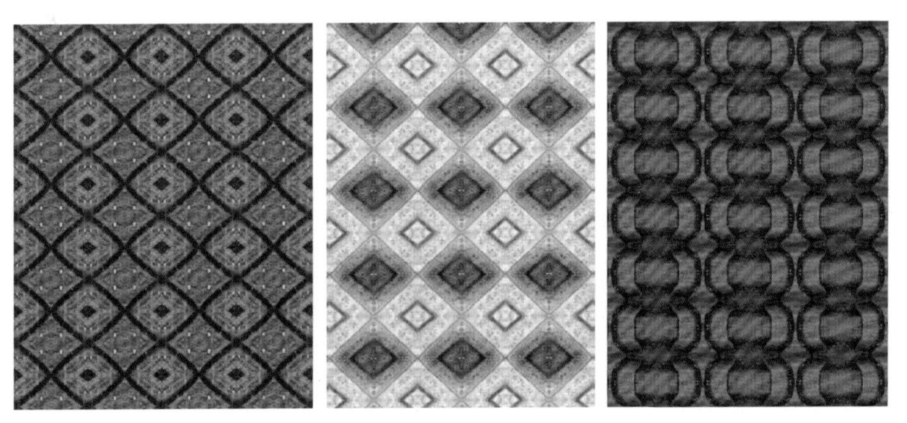

图 5-67　杉木年轮的二次创作图案

以上是本章第六节的内容，这一节主要从树木年轮的美学原理、年轮在材面上的表现、年轮天然之美和年轮创作之美 4 个方面，就树木年轮之美进行了分析和讨论。

5.7　纹理之美

广义说来，木材纹理系指木材材面上的纹路。在传统木材学中木材纹理系指木材中纵向细胞的排列方向。木材之美，很大程度上来源于木材纹理之美。正常的树木在某些特殊部位（如树节）或受到某种特殊因素（如受到撞伤）的影响会形成某种特殊的纹理，一些特殊树种（如蛇纹木）在正常生长状态下也会形成一些特别的木材纹理。木材纹理之美可以说是木材美之关键、美之机理。

5.7.1 木材纹理

木材纹理是由木材中细胞的排列取向所形成。因为木材中绝大多数细胞是沿着树轴方向排列的，所以木材学中将木材纹理定义为木材轴向细胞的排列方向。这样就有了所谓直纹理、斜纹理等不同的纹理类型。

①直纹理

木材中绝大多数的细胞排列方向与树干轴向平行，这样形成的木材纹理称为直纹理，如图 5-68 所示。大多数正常生长的树木所形成的木材都具有这种直纹理，如杉木、松木等。

②斜纹理

木材中纵行细胞取向与树轴成一定角度，这样形成的木材纹理称为斜纹理，如图 5-69 所示。枫香和圆柏等木材具有典型的斜纹理。

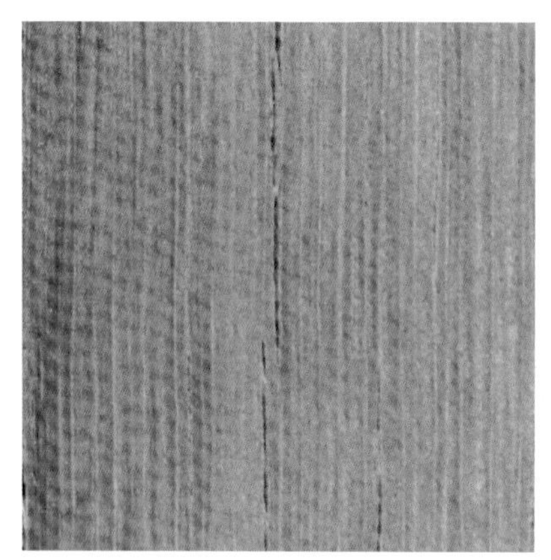

图 5-68　直纹理

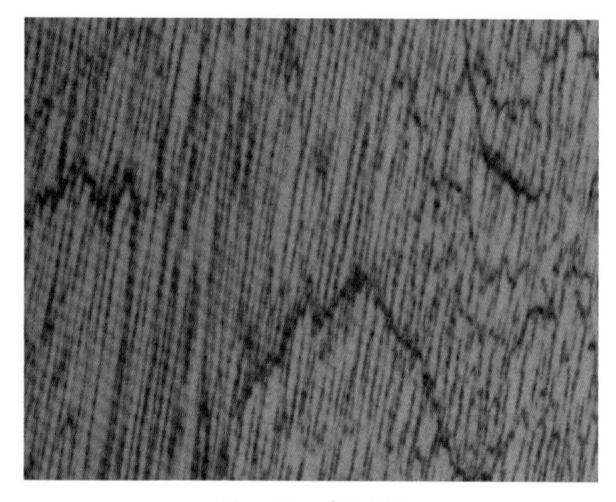

图 5-69　斜纹理

③螺旋纹理

树干中纵行细胞沿树干呈螺旋线状排列，这样形成的木材纹理称为螺旋纹理，如图 5-70 所示。桉树和木麻黄具有典型的螺旋纹理。

④交错纹理

树木中相邻年轮中的纵行细胞呈互相反向的螺线排列，这样形成的木材纹理称为交错纹理，蚬木和蓝果树具有典型的交错纹理。图 5-71 是一个具有交错纹理的木块，用刀劈下，然后用力掰开的情形。掰开的材面是沿着纹理撕开的，因而可见木材中纹理真实状况。

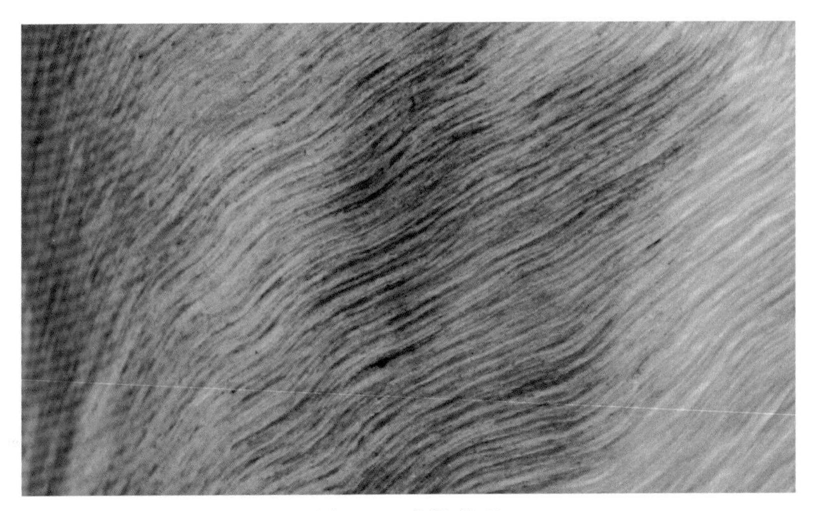

图 5-70　螺旋纹理

图 5-71　交错纹理

5.7.2　木材花纹

以上介绍的 4 种木材纹理是某些树木在正常生长状态可以产生的现象。如果树木在非正常状态下（如弯曲、扭曲）生长，或在树木某些特殊部位（如节疤、树瘤）都可能产生特殊的纹理，或称为花纹。所谓木材花纹是指在木材表面形成的各种具有装饰意义的图像，主要是由特殊的纹理所构成。

①银光花纹

木射线是木材中的横行组织，细胞的取向与其他木材组织的细胞完全不同。

正是由于细胞取向及其细胞结构的差异，使得射线组织对光线的反射和折射与其他木材组织大不相同，因此在木材表面形成银光闪亮的斑块状花纹，这称为银光花纹。这种银光花纹一般在具有粗大木射线的木材表面形成，图 5-72 是悬铃木材面上的银光花纹。

②树丫花纹

树丫花纹就是树丫之处形成的花纹。树木生长受到树丫分叉的影响，靠近树丫部位的木材纤维取向发生变化，因此形成鱼骨状花纹，如图 5-73 所示。

图 5-72　银光花纹

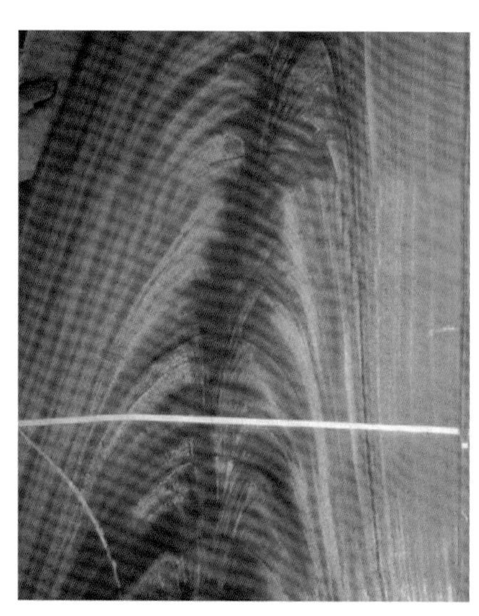

图 5-73　树丫花纹

③圆锥花纹

如图 5-74 所示，圆锥花纹是通过锥切加工方法而产生的花纹。对原木按照削铅笔一样方式（a）进行旋切可以形成这种圆锥花纹（b）。这种圆锥花纹特别适合于圆桌面的装饰。

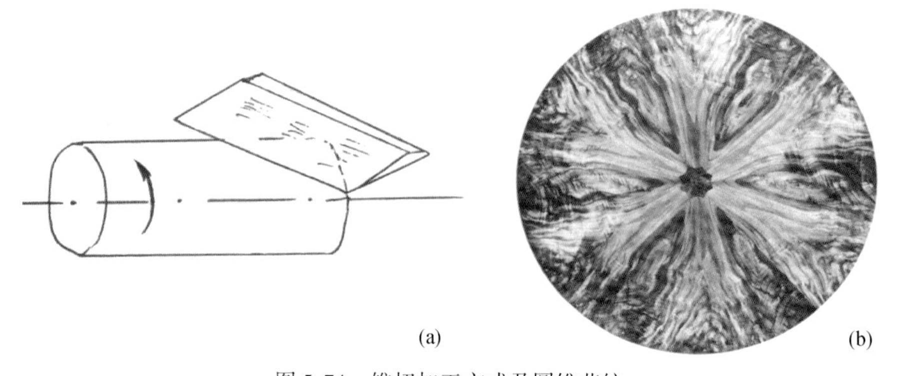

(a)　(b)

图 5-74　锥切加工方式及圆锥花纹

④鸟眼花纹

如图5-75所示，这种材面上分布的凸起斑点，形似鸟眼，故称鸟眼花纹。这种鸟眼，实际上是树干中未能发育完全的小树枝在木材弦切面上的表现。槭树木材弦切板上经常可见这种鸟眼花纹。

⑤虎斑花纹

虎斑花纹一般出现在树基部位的木材，故又称为树基花纹。靠近树基部位，原木端头多会出现凹凸不平的现象，对这种凹凸不平的原木端头进行旋切，就会产生虎斑花纹。图5-76所示为樱桃木的虎斑花纹。

图5-75　鸟眼花纹

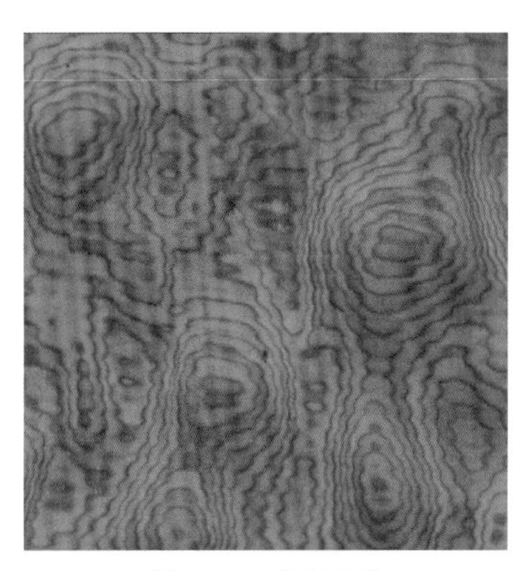

图5-76　虎斑花纹

⑥ 波浪花纹

波浪花纹是木材中交错纹理在材面上的表现。具有交错纹理的木材，如蚬木、蓝果树和金丝楠木等，其径面板上通常会出现这种波浪花纹。图5-77为白蜡木的波浪花纹。

图5-77　波浪花纹

5.7.3　木纹图案创作

木材纹理结构特征可以作为美学元素，用来创作美学图案，从而进一步挖掘木材纹理的美学价值。这里以风化柏木为例，如图 5-78 所示，从原始图像（a）中截取一小块作为构图素材（b），按照上下左右对称的原则拼接，获得图案单元（c）。再将此图案单元在长度与宽度方向上拼接，最后获得对称式四方连续的木纹图案（d）。

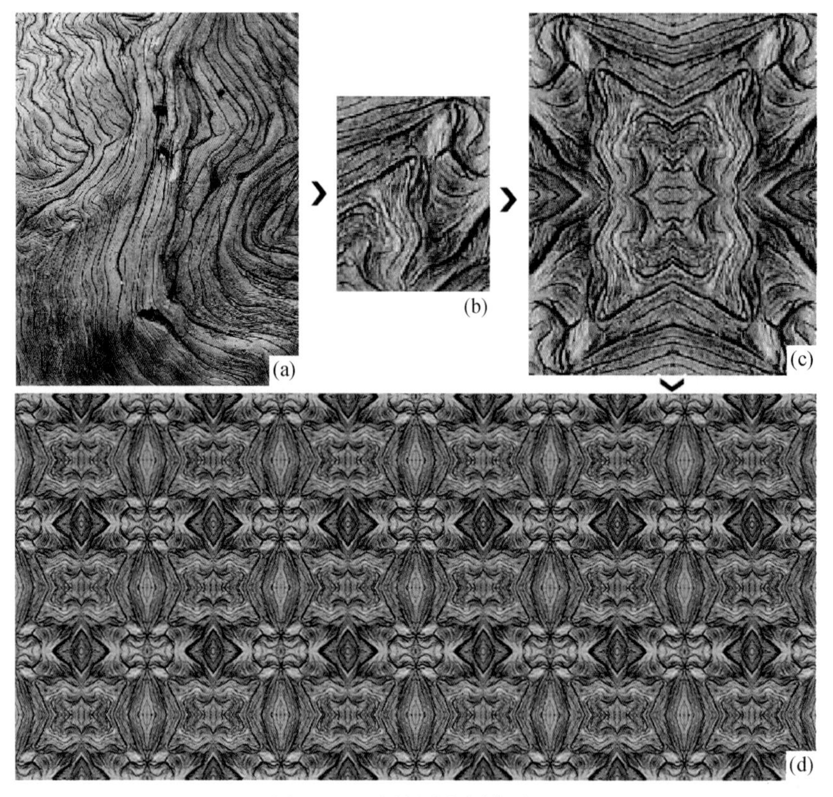

图 5-78　木纹图案创作过程

以上是本章第七节的内容，这一节主要从木材纹理的类型、木材纹理所形成的花纹和木纹图案创作 3 个方面，就树木年轮之美进行了分析和讨论。

5.8　朽 木 之 美

木材是树木生长而成的天然高分子化合物。木材细胞腔中含有许多淀粉等内含物，木材细胞壁的主要成分为纤维素、半纤维素和木素，它们属于为糖类物质或芳香族类物质。因此，木材容易受到虫菌侵害而腐朽。虫菌对木材产生的危害包括两个方面：一是变色，这种情况不会破坏细胞壁结构，不会影响木材强度，但是它会严重降低木材的品质；二是腐朽，这种情况木材细胞壁已经遭受破坏，最严重的时候木材变成粉末，强度完全丧失。

5.8.1　木材腐朽的类型

根据腐朽木材产生的物理化学变化以及腐朽的表现形式，木材腐朽可分为不同类型。

①白腐

木材中的主要物质为纤维素、半纤维素和木质素，其中纯的纤维素和半纤维素为白色，纯的木质素为褐色。木材白腐菌侵蚀木材时，会同时破坏木材中的木质素和纤维素，并更多地消耗掉木质素，木材中留下更多的纤维素，结果在材面上表现出白色斑块或条带，如图5-79（a）所示。被白腐菌严重侵害的木材，常呈片状或丝状，如图5-79（b）所示。

图5-79　木材白腐情形

②褐腐

褐腐菌侵害木材时，主要是消耗掉木材中的纤维素成分，留下更多的木质素成分。由于木质素本身为褐颜色物质，所以被褐腐菌侵蚀的木材为褐色，如图5-80（a）所示。被褐腐菌严重侵蚀的木材，常呈方块状，用手挤捻，即成粉末，如图5-80（b）所示。

图 5-80　木材褐腐情形

③软腐

木材长期浸泡于静止的水中或处于水湿状态下会受到软腐菌的败坏。软腐菌侵害木材时导致木材表面组织软化，表面呈黑褐色、黏滑状。软腐菌会破坏细胞壁结构，通常在细胞壁上形成细小的空洞，如图 5-81 所示，因而使木材变软，强度严重降低。

④蓝变

蓝变色是由木材变色菌引起的木材边材变色。木材变色菌主要是以木材细胞腔中营养物质为生，不会破坏木材细胞壁的结构，不会导致木材腐朽。但它在木材中生长，会造成材面污染，如图 5-82 所示，因而也会严重降低木材的品质。

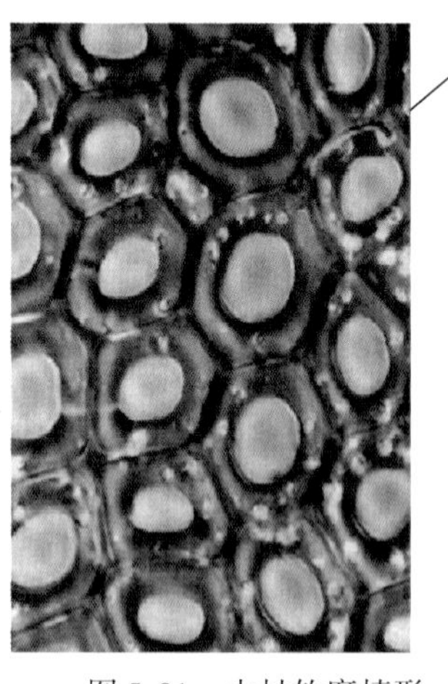

图 5-81　木材软腐情形

图 5-82　木材蓝变情形

⑤虫害

虫害是昆虫类侵害木材的结果，白蚁等昆虫长期侵害木材可以导致木材结构完全破坏。如图 5-83 所示是杉原木遭受昆虫侵害后的材表。

图 5-83　昆虫侵害后杉木材表

5.8.2　朽木天然之美

当木材受到自然界虫菌的侵害或受到岁月风化等因素的影响，会逐渐发生腐朽。木材在漫长的腐朽过程中所遭受的自然因素千变万化，所以朽木的形态可以千姿百态。因此，腐朽木材可以产生一些意想不到的美学价值。

①胡杨朽木之美

生长在荒漠中的胡杨，本身形态奇特，干枯之后，还可千年不倒。由于受到风化的作用，胡杨朽木造型更是奇异，如图 5-84 所示，给人以古劲、顽强的艺术美感。每一件胡杨朽木都是大自然的神奇作品，艺术效果令人惊讶不已。

图 5-84　胡杨朽木

②沉香朽木之美

沉香木有土沉、水沉和蚁沉之分，它们都是沉香树的倒木经过长期真菌或白蚁等侵害而形成的朽木。虫菌侵蚀木材无规可循，所以保留下来的沉香朽木形态各异，有些具有奇特的艺术效果。图 5-85 是一件产自越南芽庄的红土沉香朽木，现收藏于山东省艺术博物馆。

③阴沉朽木之美

阴沉木是深埋于河床或地层的千年古木，在长期的激流冲蚀、泥石碾压、鱼啄蟹栖的作用下而变成奇形怪状的朽木。图 5-86 是一件清代的阴沉朽木作品，其瘦、透、漏、皱的完美艺术效果完全出自神奇的大自然之手。

图 5-85　沉香朽木

图 5-86　阴沉朽木作品

5.8.3　朽木创作之美

腐朽的木材有时会产生特别的色彩、线条或花纹，有时会形成特殊的质地或形貌，这些可以作为美学元素，化腐朽为神奇，创作出奇特的朽木艺术作品。

①朽木材质利用

如图 5-87 所示，作品的作者利用白腐菌腐朽木材特有的材质肌理，创作出这件老鹰孵蛋的作品，恰到好处地表现出老鹰在孵蛋期间掉毛脱色的艺术效果。

②朽木色彩的利用

图 5-88 是通过木旋工艺制作的一个木碗。作者利用白腐木材产生的自然线条和色彩，创作出这样一个艺术木碗，碗壁内外布满彩画，酷似油画，但全出自

大自然的神来之笔。

图 5-87　“老鹰孵蛋”作品

图 5-88　“艺术木碗”作品

③朽木图案创作

在许多场合，朽木中蕴藏有很好的美学元素，它们可以作为素材用来创作美学图案。如图 5-89 所示，以马尾松白腐木材为例，从原始图像（a）中截取一部分作为构图素材（b），按照上下左右对称原则拼接，获得图案单元（c）。由图 5-89（c)可以获得图 5-90 中马尾松朽木美学图案（a）和（b）。

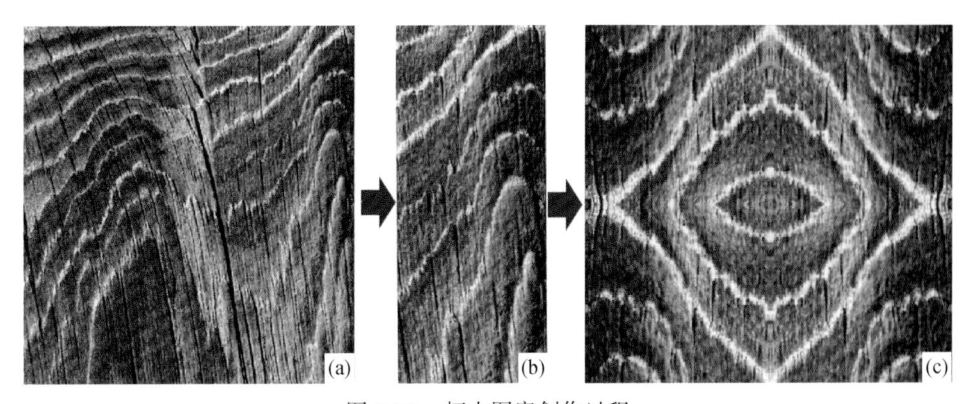

图 5-89　朽木图案创作过程

以上是本章第八节的内容，这一节主要从木材腐朽的类型、朽木天然之美和朽木创作之美 3 个方面，就木材腐朽之美进行了分析和讨论。

图 5-90　马尾松朽木美学图案

第 6 章　木材微观之美

本章讨论木材微观构造之美，它是指在显微镜或电子显微镜下，才能够看得见的木材美学元素及其美学意义。在微观水平上，木材由无数细胞构成，每一类型的细胞组成木材中的一种组织。木材细胞和组织在木材内部构成非常丰富的木材构造图像。这种木材构造图像是树木遗传基因和自然环境条件相结合的产物，人为不可以创作。每一幅图像都是独一无二的，具有很好的美学价值。本章分为 7 节，分别讨论木材导管、木材纤维、木材射线、树脂道、轴向薄壁组织、胞壁特征和胞腔内含物方面构造特征的美学价值。其中，木材导管、木材射线和轴向薄壁组织中的美学元素比较丰富。特别是木材的轴向薄壁组织，组织构造比较复杂，可以分为许多分布类型，各具不同的形貌特征。木材轴向薄壁组织丰富的美学内涵正是源于其复杂的分布类型和多变的形貌特征。通过本章的讨论，大家可以深入地认识和感受到微观世界里的木材之美。

6.1　木材导管之美

导管是阔叶树木材中的一种输导组织，在树木生长过程中专门用来输送水分和养分。树木从土壤吸收的水分和养分就是通过木材中的导管输送到树冠，以供树木生长之需。

这里首先需要介绍 3 个专业名词，即导管、管孔和导管分子。“导管”是由许多管状细胞首尾相连而成的一种管状组织；“管孔”是导管在木材横切面的表现；“导管分子”是构成导管的单个细胞，也可称为导管细胞。

6.1.1　导管的构造

导管由导管分子所构成。

①导管分子的构造

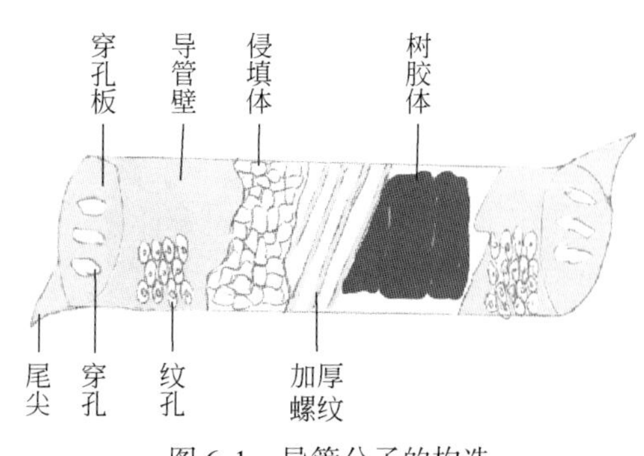

图 6-1　导管分子的构造

如图 6-1 所示，导管分子为两端带有盖板的管状细胞。导管细胞两端的盖板称为穿孔板；穿孔板上带有孔洞，称为穿孔；导管细胞两端各有一个尾巴一样构造，称为尾尖，其作用是为了让导管细胞之间更好地结合；导管壁上有许多的纹孔，有些木材导管内壁上生长有螺纹加厚；导管腔内经常充塞有侵填体，有些还沉积有树胶体。

②导管的构造

如前所述，导管不是一个细胞，是一个由许多导管细胞首尾相连而成的管状组织。如图 6-2 所示，微观世界里的导管（a），就像宏观世界里的竹竿（b）。一条竹竿是由许多个竹筒首尾相连而成；一条导管是由许多个导管细胞首尾相连而成。竹筒与竹筒之间有横隔板，称为竹节；导管细胞与导管细胞之间也有横隔板，称为穿孔板。在穿孔板上还开有孔洞，称为穿孔。通过这种穿孔，水分就能够由树根输送到树冠。

图 6-2　导管与竹竿

6.1.2　导管美学因素

木材导管的美学因素主要来源于如下 9 个方面。

①导管分子的形态

在形态上，早、晚材导管分子具有很大的不同。如图 6-3 所示，一般来说，早材导管分子粗而短，呈鼓形或桶形；晚材导管分子细而长，呈棒状或柱状。

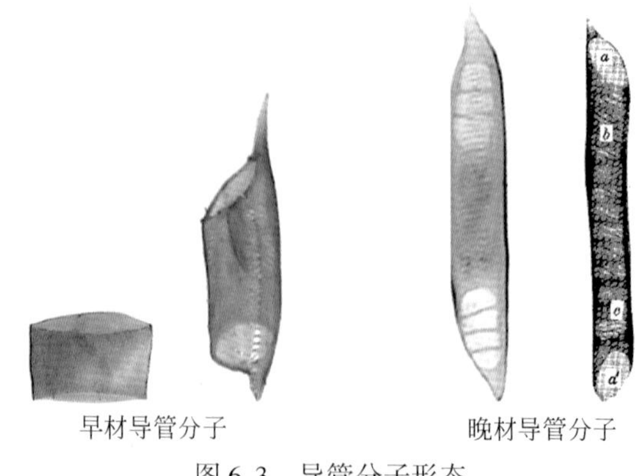

图 6-3　导管分子形态

②管孔的分布

管孔的分布是指管孔在整个年轮内的分布情况，如图 6-4 所示，通常可见如下 6 种情形。

环孔（a）：年轮内早材管孔比晚材管孔明显大而多，且沿年轮环状排列，如水曲柳。

散孔（b）：年轮内早材和晚材管孔大小、多少相近，且分布均匀，如槭木。

半环孔（c）：介于环孔材和散孔材之间的情形，如香樟。

辐射孔（d）：早晚材管孔无差别，沿径向辐射状排列成带，可跨越年轮界线，如水青冈。

切线孔（e）：管孔弦向排列成弯月状，在宽木射线间向髓心方向凸起，如山龙眼。

交叉孔（f）：管孔在年轮内有规律地呈交叉状分布，如鼠李木材。

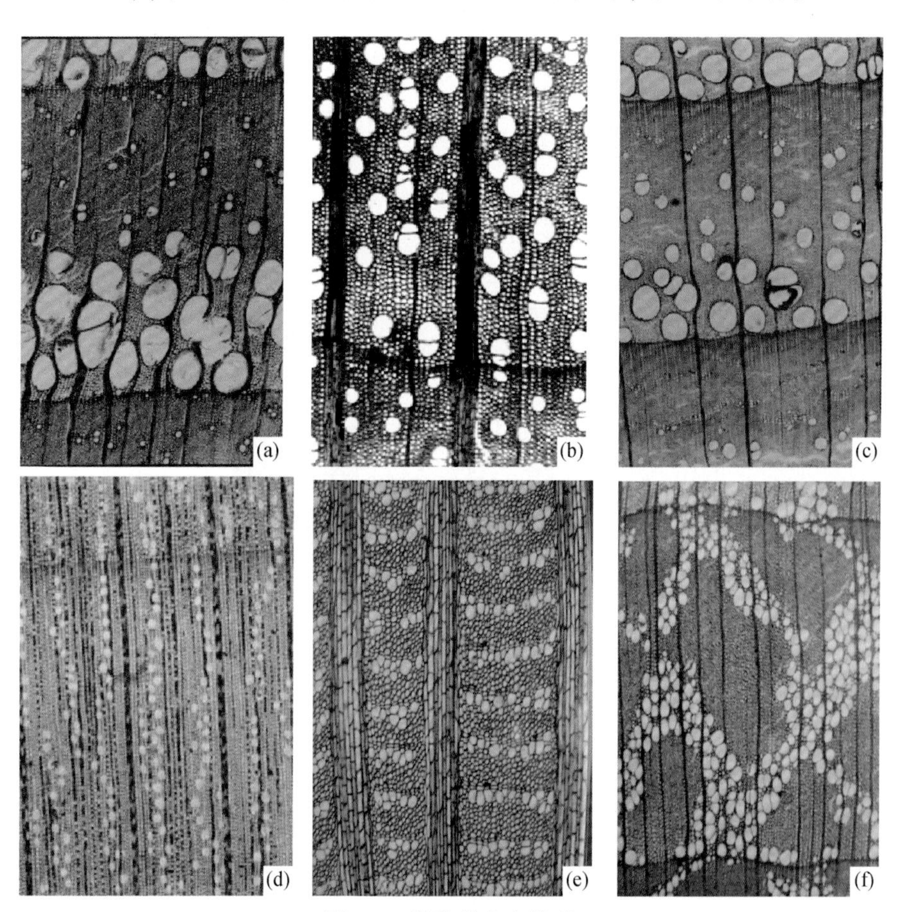

图 6-4　管孔的分布情形

③管孔的排列

管孔的排列是指环孔材晚材带中管孔的排列方式，如图 6-5 所示，通常有如下 5 种情形。

星散型（a）：晚材管孔单独散生，均匀分布，如水曲柳。

弦列型（b）：晚材管孔弦向排列成短线，如刺楸木材。

径列型（c）：晚材管孔径向排列成串，与木射线平行，如红栎。

斜列型（d）：晚材管孔的排列与木射线成一定角度，如化香木材。

火焰型（e）：晚材管孔聚集成串，形似火苗，忽左忽右，随风摇摆，如白栎。

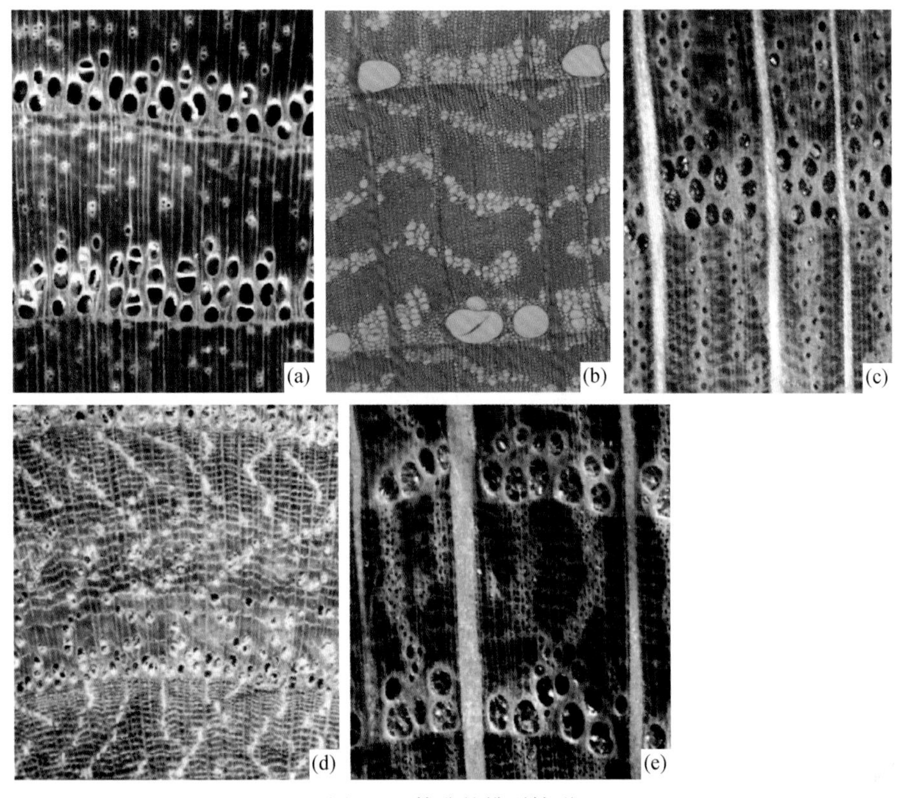

图 6-5　管孔的排列情形

④管孔的组合

管孔的组合是指管孔与管孔之间的相邻关系，如图 6-6 所示，可分为如下 4 种情形。

单管孔（a）：管孔独立散生，无相邻关系，如胶漆树。

复管孔（b）：两个以上管孔相连，相邻处压扁，如柚木。

管孔链（c）：3 个以上管孔相连成串，相邻处没压扁，如甘巴豆木材。

管孔团（d）：3 个以上管孔相聚成团，如白榆木材。

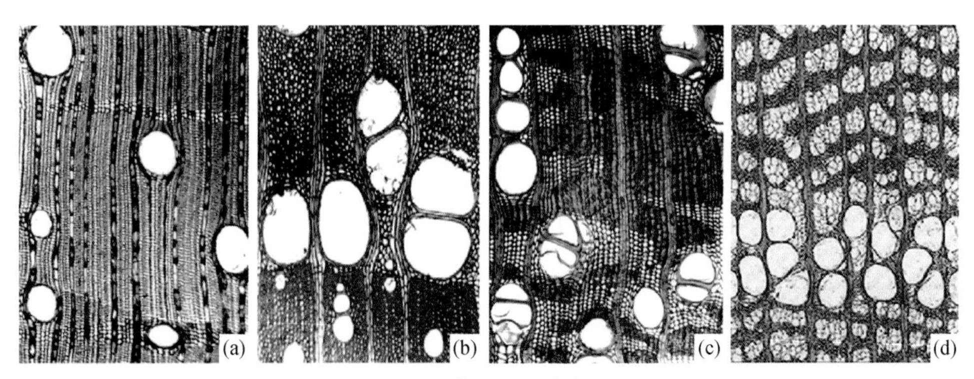

图 6-6 管孔的组合情形

⑤穿孔板及其穿孔

导管细胞的端壁称为穿孔板，穿孔板上的孔洞称为穿孔。首先，根据穿孔板上穿孔的数量，把穿孔分为单穿孔和复穿孔两种类型，如图 6-7 所示。

单穿孔（a）：穿孔板只有一个穿孔的情形，如桉树。

复穿孔（b）：穿孔板上有多个穿孔的情形，如枫香。

穿孔板上具有两个以上穿孔就属于复穿孔。如图 6-8 所示，复穿孔可以进一步划分为如下 4 种情形。

梯状穿孔（a）：多个穿孔呈楼梯状排列，如枫香。

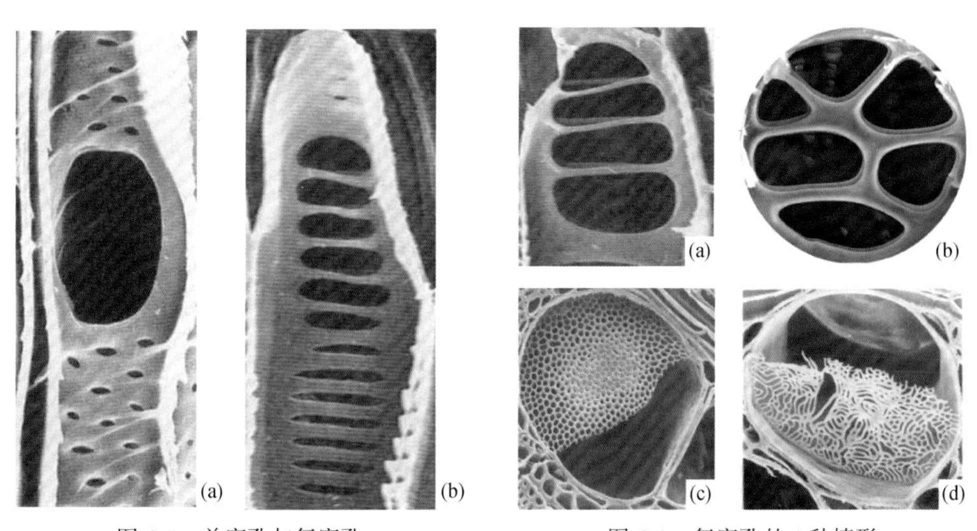

图 6-7 单穿孔与复穿孔

图 6-8 复穿孔的 4 种情形

网状穿孔（b）：多个穿孔呈鱼网状分布，如假白兰。

筛状穿孔（c）：很多细小穿孔，呈筛网状，如麻黄树。

雕纹穿孔（d）：很多细小穿孔，呈雕纹状，如西南猫尾树。

⑥ 导管壁上的纹孔

导管与导管间的公共壁上的纹孔排列有一定的模式，如图 6-9 所示，分为 3 种类型。

梯状纹孔（a）：长条纹孔呈梯状排列。

对列纹孔（b）：纹孔横平竖直地整齐排列。

互列纹孔（c）：相邻两列错位半个纹孔位置。

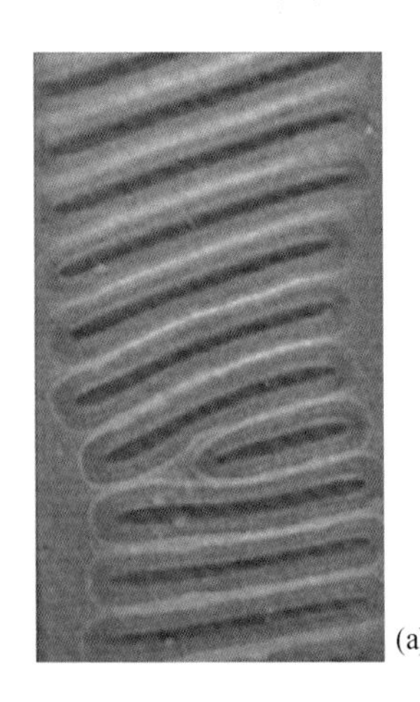
(a)

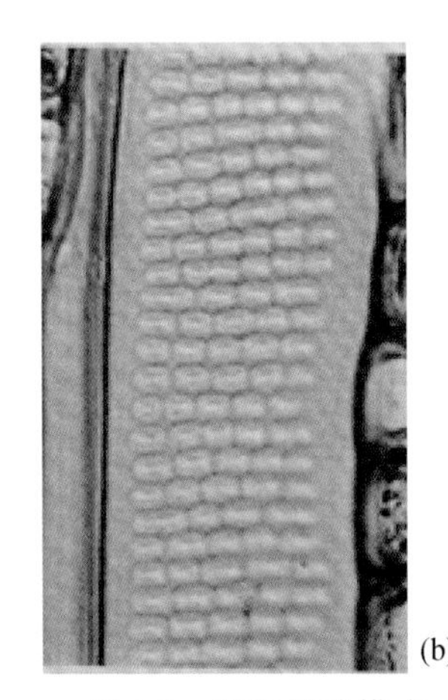
(b)

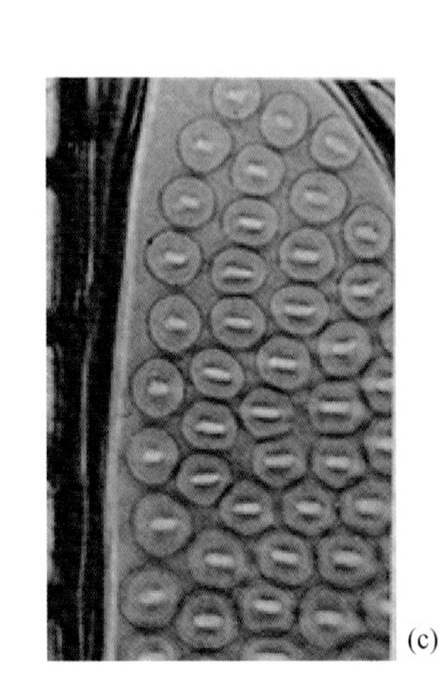
(c)

图 6-9　管间纹孔模式

⑦ 导管壁上的螺纹加厚

有些木材导管分子内壁存在凸起的螺纹状条带，起加强细胞壁的作用，这就是所谓螺纹加厚。如图 6-10 所示分别为桂花（a）和枫香（b）木材导管细胞内壁螺纹加厚。

⑧ 导管腔中侵填体

侵填体是导管腔内具有光泽性而呈泡沫状的木材物质，是导管周围的薄壁组织从导管壁上的纹孔挤入导管腔后继续发育而成的一种特殊的薄壁组织。如图 6-11 所示为白栎木材导管腔内的泡沫状侵填体。

⑨ 导管腔中树胶体

树胶体不属于木材物质，它是填充于导管腔内黑褐色、无光泽的不定形树胶块。如图 6-12 所示为桃花心木导管内的团块状树胶体。

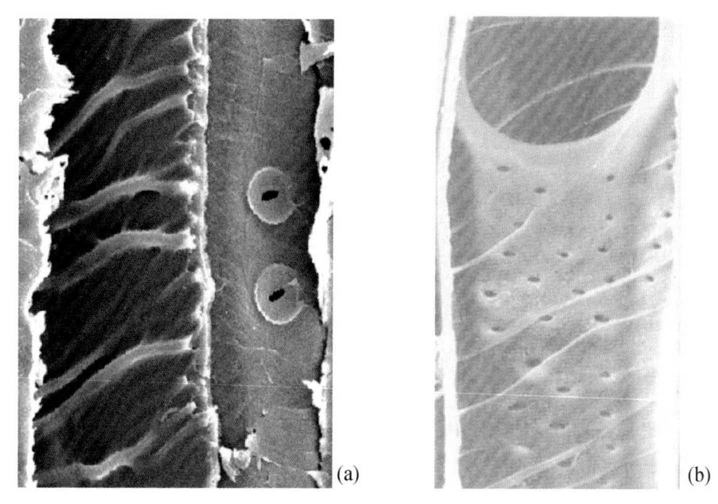

图6-10　导管内壁螺纹加厚

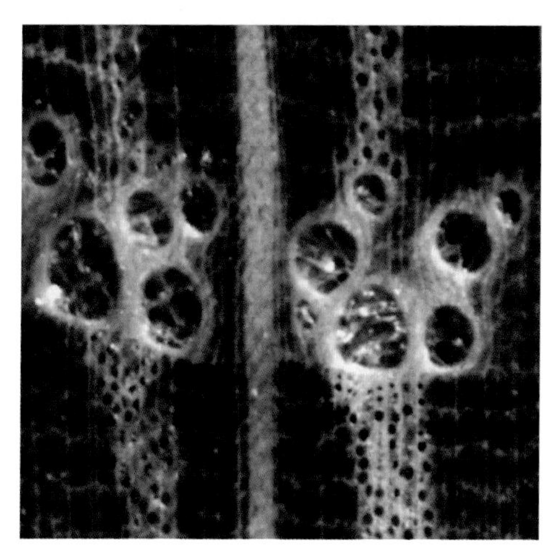
图6-11　导管腔中的侵填体

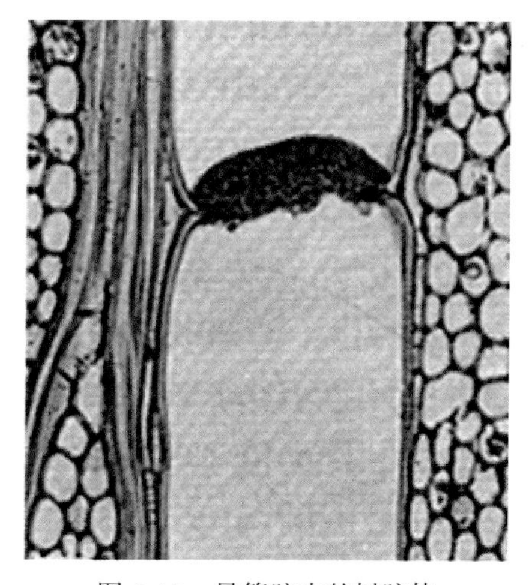
图6-12　导管腔中的树胶体

6.1.3　导管美学利用

木材导管的构造特征具有丰富的美学元素，这些美学元素可以应用于各种物品的美学设计，下面来看两个实例。

①西南猫尾树导管雕纹穿孔的利用

如图6-13所示，从西南猫尾树导管穿孔板原始图像（a）中截取一部分作为素材，创作出美学图案（b）。采用3D打印技术将此图案直接打印到茶壶和茶杯上，就可以开发出这样一套木美茶具作品（c）。

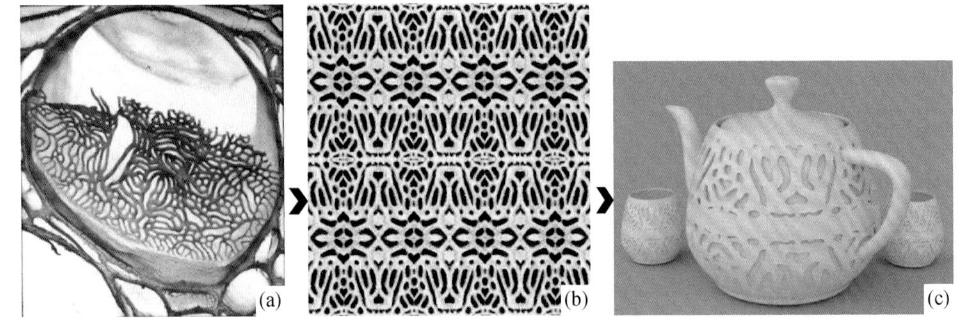

图 6-13　木美茶壶的创作过程

②山龙眼木材切线型管孔的利用

图 6-14 为木美领带的创作过程，这里图中左边是山龙眼木材横切面显微构造的原始图像（a），以此作为美学素材，可以开发出木材美学领带（b）。

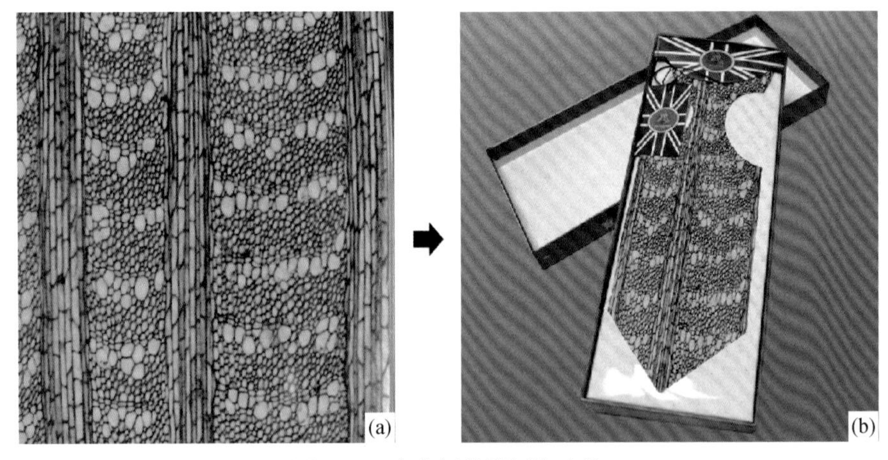

图 6-14　木美领带的创作过程

以上是本章第一节的内容，这一节主要从木材导管构造、木材导管美学因素和木材导管美学利用 3 个方面，就木材导管之美进行了分析和讨论。

6.2　木材纤维之美

首先，这里界定 3 个专业名词，即纤维、木材纤维和木纤维。“纤维”泛指任何长度远大于宽度的细小材料；“木材纤维”是指木材中的各种纤维状的细胞；“木纤维”特指构成阔叶材机械组织的一类厚壁细胞。对于针叶树材，只有纵行管胞为木材纤维。对于阔叶树材，木材纤维可以包括木纤维、导管和管胞三类细胞。导管前面已经讨论过，管胞在阔叶材中的量很少，所以对于阔叶树材中的木材纤维，这里只讨论木纤维细胞。

6.2.1　针叶材管胞

①基本概念

针叶材管胞为针叶材的纵向细胞，占针叶树材体积的90%以上。树木生长过程中，它兼有输导和机械支撑的作用。一般来说，早材管胞胞壁比较薄、胞腔比较大，偏重于输导通道功能；晚材管胞胞壁比较厚、胞腔比较小，偏重于机械支撑功能。

管胞形态为细长的纤维状，两端尖削，截面为四到六边形，长3~5mm，宽20~60μm。如图6-15所示，针叶材管胞在径向方向上排列非常整齐（a），早材管胞扁平、腔大壁薄、纹孔大而多（b）；晚材管胞腔小壁厚、纹孔少而小（c）。

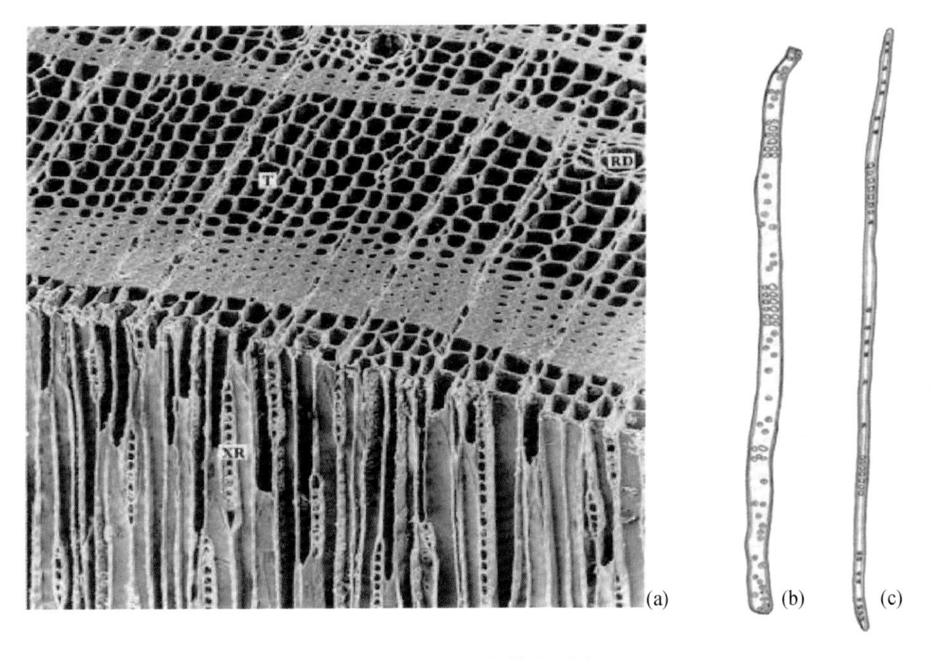

图6-15　针叶材管胞形态

②美学利用

以北美黄杉管胞为例，如图6-16所示，从北美黄杉横切面原始图像（a）中截取一小块作为构图素材，按照一定方式构图获得装饰图案（b），由此可开发出一种木材美学地板（c）。

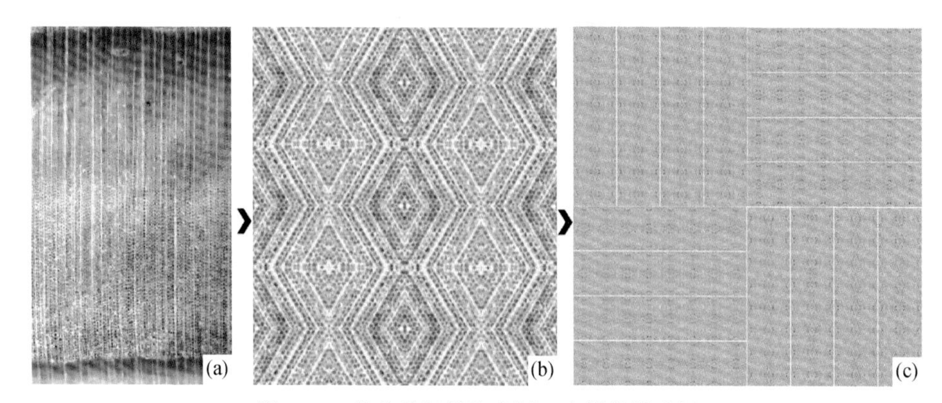

图 6-16　北美黄杉管胞应用于木材美学地板

再以银杉管胞为例，如图 6-17 所示，以银杉管胞径切面的扫描电镜图像（a）为原始素材，进行 7 次分形处理后获得分形图案（b），将此图案直接喷印到丝绸面料，开发出一款木美丝巾作品（c）。

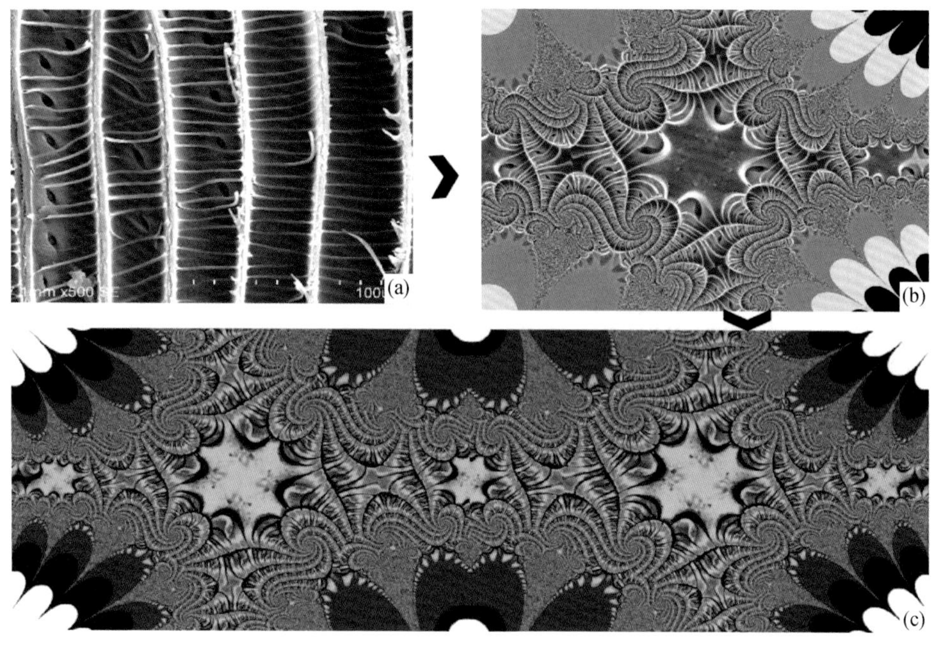

图 6-17　银杉木材管胞应用于木美丝巾

6.2.2　阔叶材木纤维

木纤维特指构成阔叶树材机械支撑组织的一类厚壁细胞。阔叶树材比针叶树材的进化程度更高。针叶树的管胞兼有机械支撑和运输通道功能；通过长时期的进化，阔叶树分化出木纤维和导管两类组织，前者专司机械支撑功能，后者专司运输通道功能。

①基本概念

在形态上，阔叶树材的木纤维与针叶树材的管胞大致相同，但长度要短小一些，平均约为1cm。此外，与针叶树材管胞比较，阔叶材木纤维的纹孔更少、更小，形态更加多变。如图6-18所示为阔叶树材木纤维的各种不同形态。

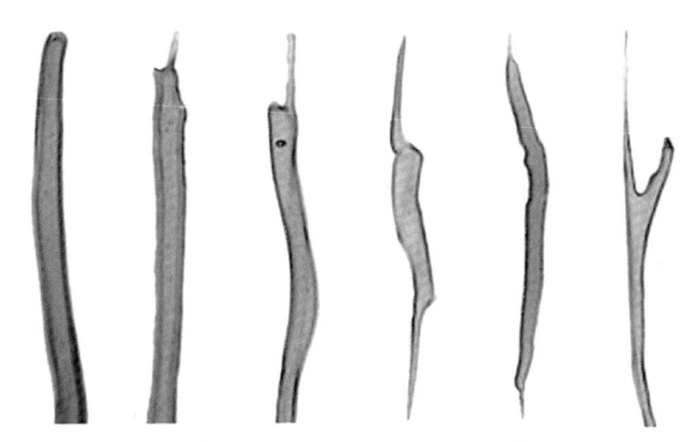

图6-18　各种形态的木纤维细胞

②有关木纤维的几个术语

如图6-19所示，阔叶材中存在多种类型的木纤维，包括韧型纤维（a）是具有单纹孔的木纤维细胞；纤维管胞（b）是具有重纹孔的木纤维细胞；分歧木纤维（c）是端部有分叉的木纤维细胞；分隔木纤维（d）是胞腔中间有分隔的木纤维细胞；胶质木纤维（e）是细胞壁具有胶质层的木纤维细胞。

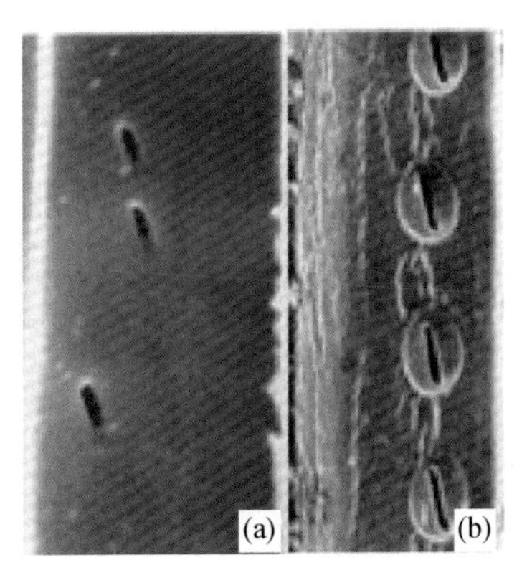

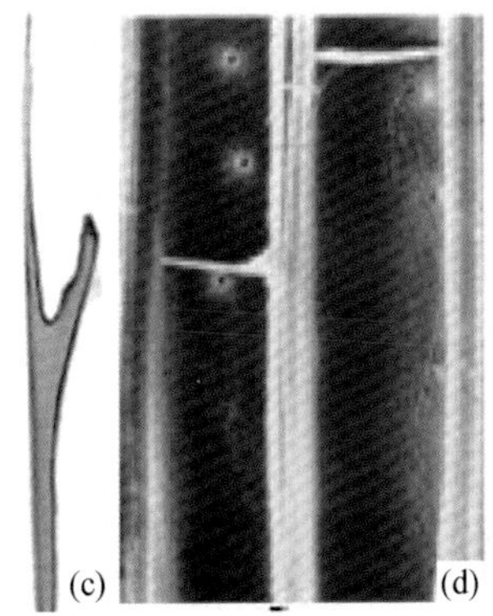

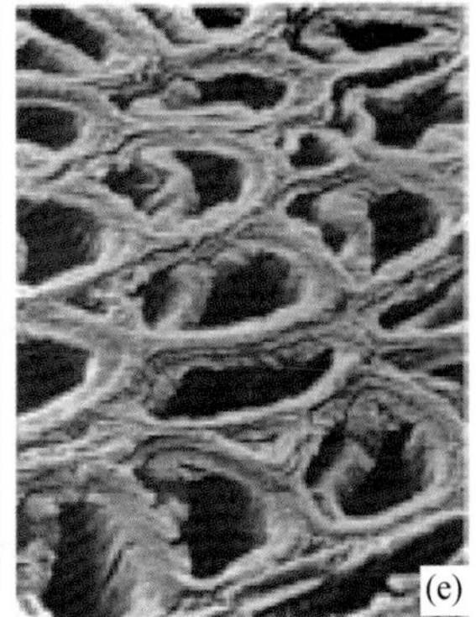

图6-19　木纤维术语对应的木纤维类型

③木纤维美学利用

首先以木姜子的木纤维为例，如图 6-20 所示，从木姜子横切面显微构造的原始图像（a）中截取一小块作为构图素材（b），按照上下左右对称的原则拼接获得图案单元（c），由此可以获得了一幅木材美学图案（d）。

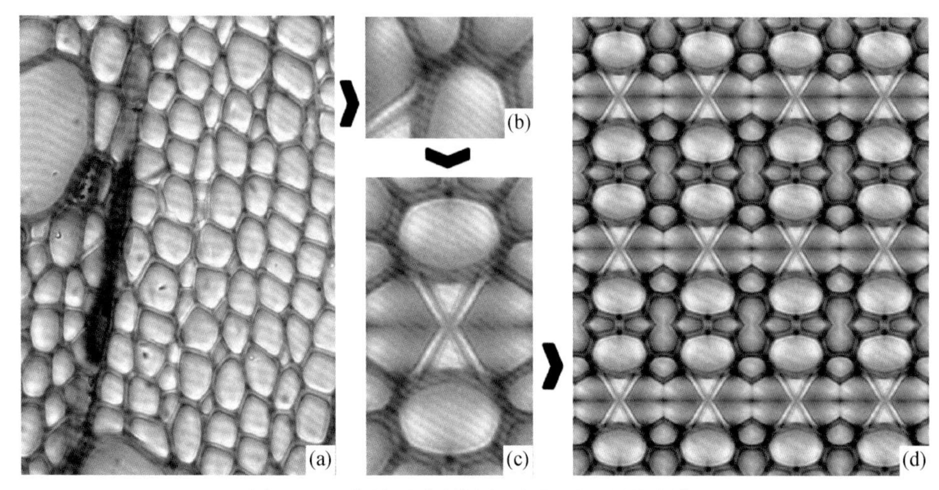

图 6-20　木姜子木纤维细胞应用于图案创作

胶质木纤维是应拉木的显著构造特征之一，这里再以胶质木纤维为例，进一步讨论木纤维美学利用。在倾斜生长的树干上方（或树木大枝的上方），会出现偏心年轮现象，即在上方的年轮宽度明显大于下方年轮宽度。这时下方的木材为正常材，上方的木材为应拉木。应拉木与正常材最显著的差异在于应拉木中的木纤维细胞壁缺乏次生 3 层，但具有一层厚度很大胶质层。如图 6-21 所示，以应

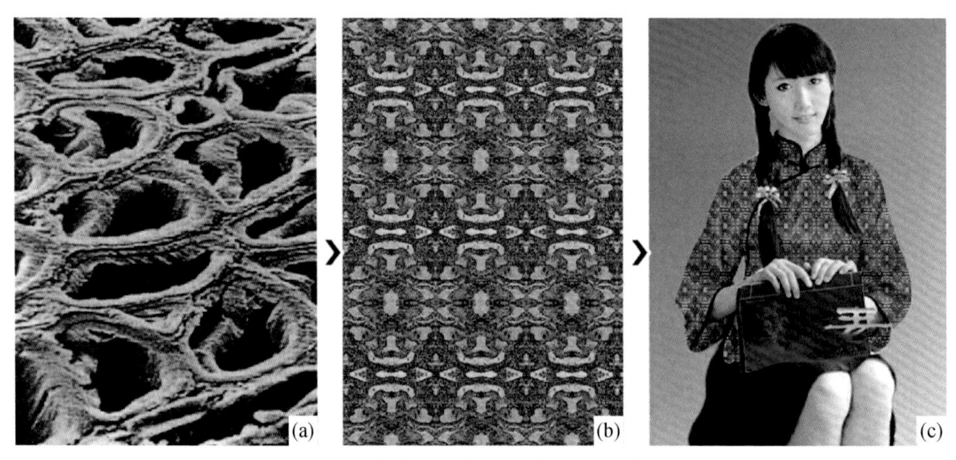

图 6-21　胶质木纤维细胞应用于服装设计

拉木横切面胶质木纤维原始图像（a）为素材，按照对称式图案的构图方法，获得一款衣服面料图案（b），由此设计出了一款传统女装（c）。

以上是本章第二节的内容，这一节主要从针叶树材的管胞和阔叶树材的木纤维两个方面，就木材纤维之美进行了分析和讨论。

6.3　木材射线之美

在木材横切面上，通常可见许多由内向外呈辐射状、与年轮垂直的浅色线条，这些线条统称为射线，位于木质部的称为木射线，位于树皮部位的称为韧皮射线。射线是木材中的横向组织，对于树木生长来说，其作用主要有 3 个方面。其一，树木生长营养物质横向运输的通道；其二，储藏营养物质；其三，横向编织作用，加强木材纵向细胞之间的连接，提高木材力学强度。相对于针叶树材，阔叶树材的木射线比较发达，且宽窄、大小变化很大。最大的木射线，如山龙眼中，宽度可以达到 20 个以上细胞，高度可以达到 100 个以上细胞；最小的木射线，高度和宽度都只有 1 个细胞。正是由于木材射线的这种变异性，让它蕴藏有丰富的美学元素，因而具有很好的美学价值。

6.3.1　木射线的类型

根据木射线的宽度，通常将木材射线分为 4 种类型，如图 6-22 所示。单列木射线（a），宽度上只有一个细胞，如非洲紫檀；多列木射线（b），宽度上有两个以上细胞，如柚木；聚合木射线（c），许多细小木射线聚集在一起，看似一条宽大射线，如江南桤木；栎型木射线（d），这种射线类型是由许多的单列射线和很少的特宽射线构成，如麻栎木材。

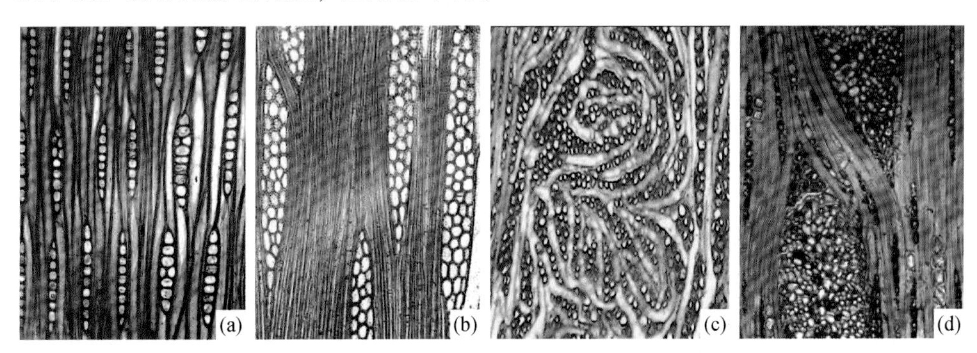

图 6-22　四种类型的木射线

6.3.2　木射线的表现

木射线的微观构造，在不同的切面上有不同的表现。以银杉为例，如图 6-23

所示，箭头所示为木射线，横切面上呈线条状（a）；弦切面上呈纺锤形（b）；径切面上呈宽带状（c）。

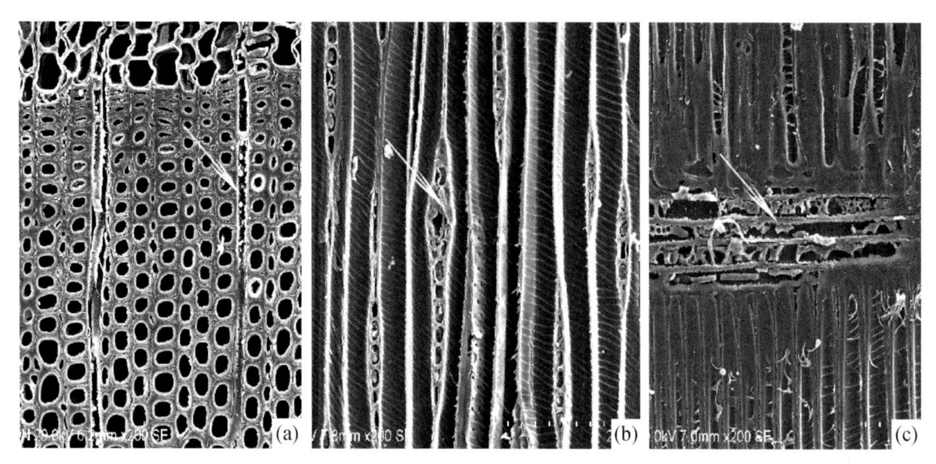

图 6-23　木射线在 3 个切面的表现

6.3.3　木射线的异细胞

如图 6-24 所示，木射线中经常可见一些特殊的异细胞，常见的有油细胞（a），它的细胞膨大，多含有精油类物质；晶细胞（b），它的细胞腔含有无机矿

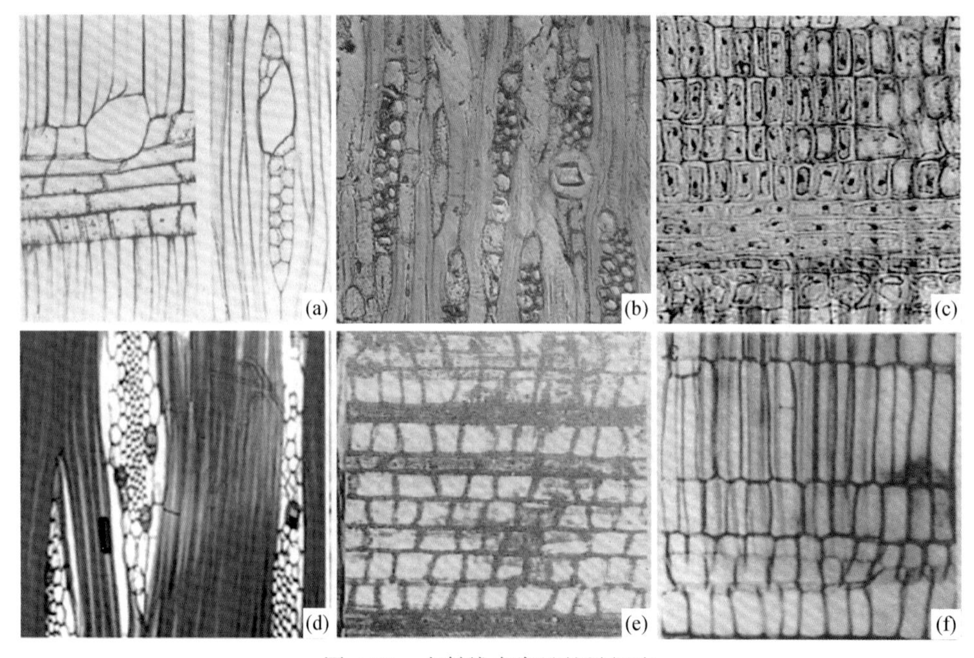

图 6-24　木射线中常见的异细胞

物质的结晶体；核细胞（c），它的细胞腔含有细胞核的残留物质；鞘细胞（d），它位于射线周边，似刀鞘包围着射线；瓦状方形细胞（e），在径切面上看，木射线中那些呈方形的细胞即是，它无内含物，排列成行，呈瓦块形；栅状直立细胞（f），在径切面上看，木射线边缘那些直立的细胞即是，它无内含物，排列成行，似栅栏。

6.3.4　木射线叠生构造

木射线的叠生构造是指一些高度和宽度大致相等的木射线，在木材弦切面上一排排地整齐分布的情形。图 6-25 为西非苏木弦切面的显微构造图像，其多列木射线为叠生构造。大多数的红木树种的木射线，如紫檀木类、花梨木类、香枝木类、红酸枝木类、黑酸枝木类和鸡翅木类都具有这种叠生构造。

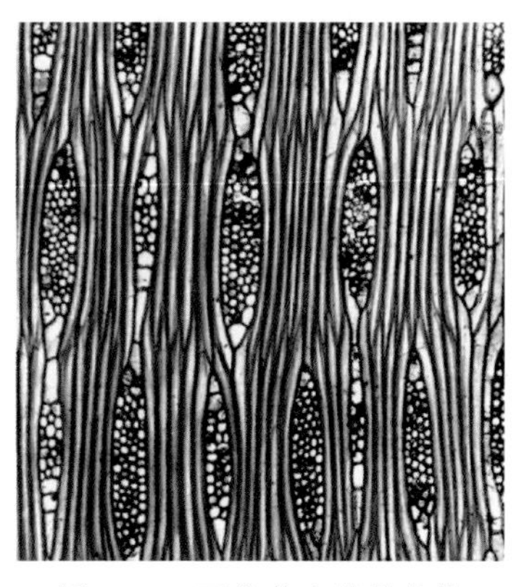

图 6-25　西非苏木的叠生构

6.3.5　木射线美学利用

木射线组织含有很多的构造特征，它们可以作为美学素材，应用于艺术作品的设计。首先，以黄萍婆木材为例，如图 6-26 所示，以黄萍婆木材横切面显微构造原始图像（a）为素材，进行图案设计，获得人造板的饰面图案（b），由此开发出一款新型的木美装饰人造板（c）。

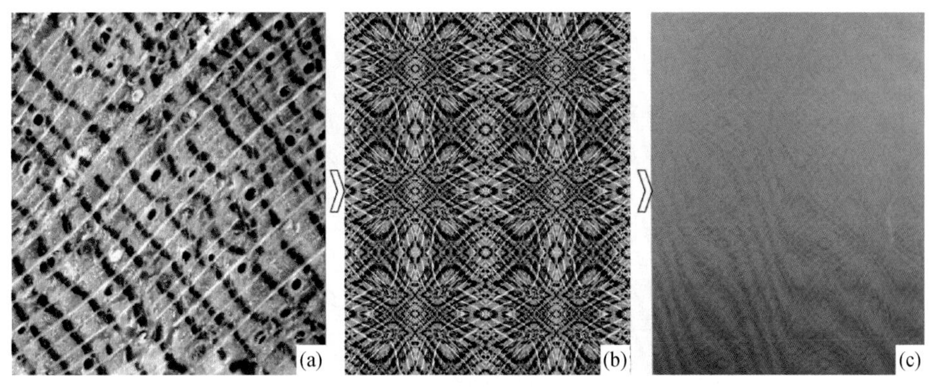

图 6-26　黄萍婆木射线应用于装饰人造板

下面再以檀香紫檀木材为例，如图 6-27 所示，以檀香紫檀木材弦切面显微构造原始图像（a）为素材，对它进行适当的色彩处理后获得地板饰面图案

(b)，由此开发出了一款木材美学地板（c)。

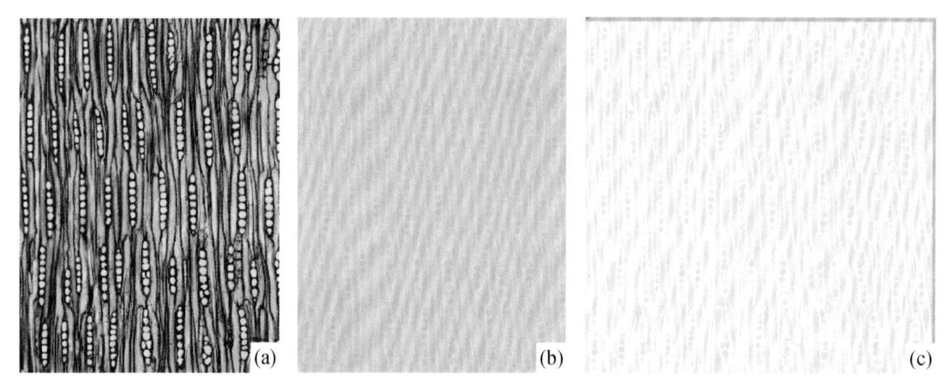

图 6-27　檀香紫檀木射线应用于美学地板开发

以上是本章第三节的内容，这一节主要从木射线类型、木射线在不同切面上的表现、木射线的特异细胞、木射线叠生构造和木射线美学利用 5 个方面，就木材射线之美进行了分析和讨论。

6.4　树脂道之美

树脂道是针叶树材中一种具有分泌和贮藏树脂功能的特殊木材组织。中国具有正常树脂道的树木只有松科的六个属，它们分别是松属（*Pinus*)、云杉属(*Picea*)、银杉属（*Cathaya*)、落叶松属（*Larix*)、黄杉属（*Pseudotsuga*）和油杉属（*Ketereeria*)，其中油杉属只有轴向树脂道，没有径向树脂道。

6.4.1　树脂道的构造

树脂道是由生活的木薄壁组织的幼小细胞相互分离而形成细胞间隙，如图 6-28所示，分别由泌脂细胞、死细胞、伴生薄壁细胞和管胞所构成。

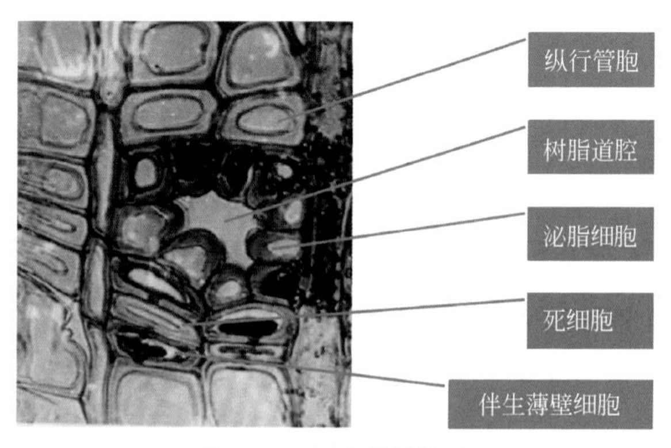

图 6-28　树脂道的构造

6.4.2　树脂道的分类

正常的树脂道有轴向树脂道与径向树脂道之分。一般来说，木材中轴向树脂道大而多；径向树脂道少而小，包裹在纺锤形木射线之中。图6-29分别是落叶松木材的轴向树脂道（a）和银杉木材的径向树脂道（b）。

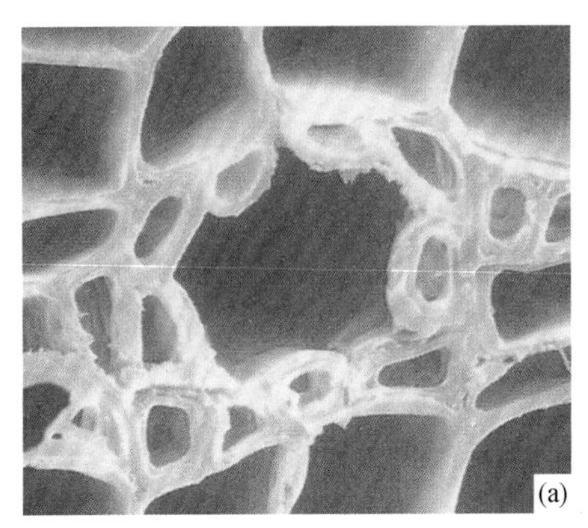
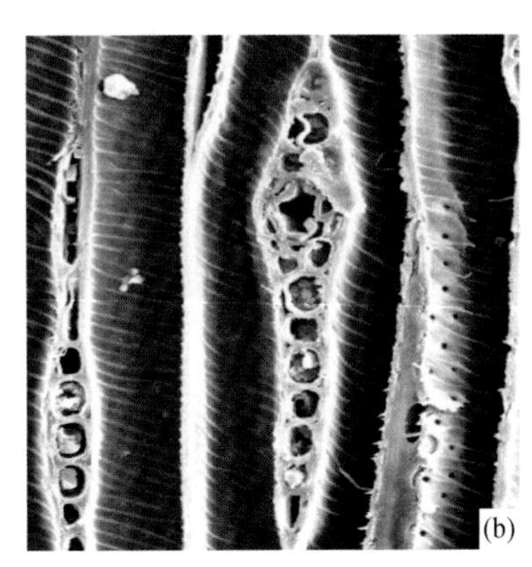

图6-29　轴向树脂道与径向树脂道

轴向树脂道和径向树脂道在树干里面，如同四通八达的小河流，纵横交错、相互贯通，分布于树干和树枝各处，这样采割松脂的时候，只要在树干上割破一处，树木各处的树脂都会源源不断地流出。如图6-30所示为是采割松脂现场，在树干的胸高处，将树皮割破，松脂就会自动地流入下方的容器。

图6-30　采割松脂现场

上面介绍的正常树脂道是树木在正常生长条件下，这些树木在木材中都会形成的树脂道。也就是说，这种正常树脂道，对这些树种的树木来说，是必需的生理组织。

除了正常树脂道以外，有些树木受到不正常因素的影响，如病虫害或机械创伤，其木材中也会形成类似的树脂道，这种称为创伤树脂道。铁杉和银杉等树木比较容易形成创伤树脂道。如图6-31所示都是创伤树脂道，它们分别为银杉木材的轴向创伤树脂道（a）、南方铁杉木材的轴向创伤树脂道（b）和雪松木材的径向创伤树脂道（c）。

如何区分创伤树脂道与正常树脂道？有如下几个要点。

①前者个体较大，后者个体较小；

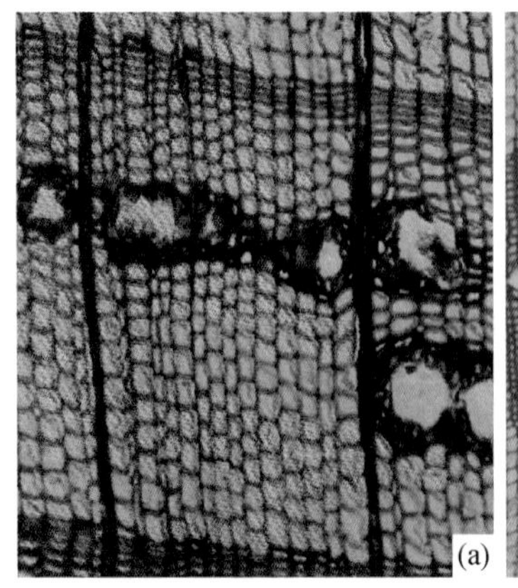

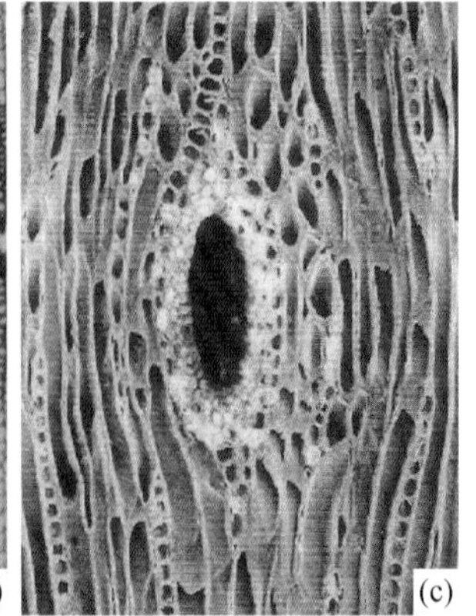

图 6-31　创伤树脂道

②前者在木材中偶尔出现，后者在木材中正常分布；

③前者大多弦向相连成带状，后者一般单个散生。

图 6-32 分别为雪松木轴向创伤树脂道（a）和樟子松木材的正常轴向树脂道（b），两者的大小和分布具有明显差异。

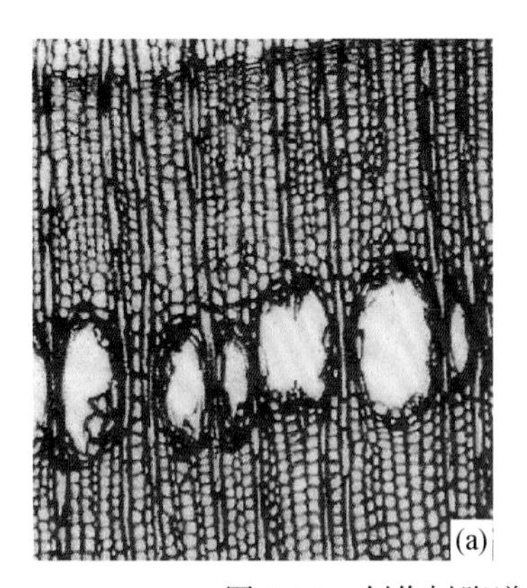
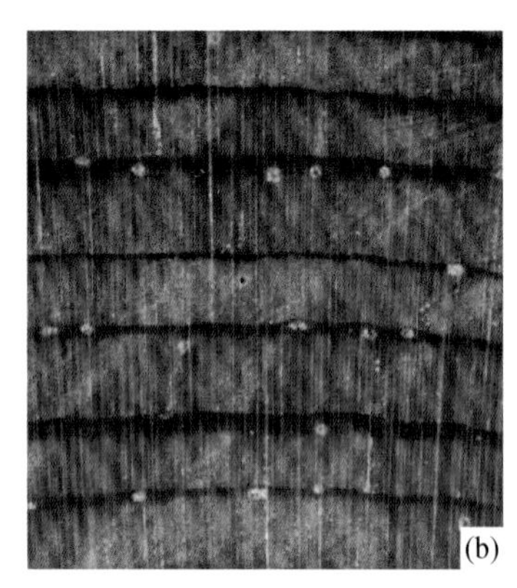

图 6-32　创伤树脂道与正常树脂道的比较

6.4.3　树脂道的美学利用

首先以乔松轴向松树脂道为例，如图 6-33 所示，从乔松木材横切面轴向树脂道的电镜构造原始图像（a）中提取美学元素，运用联缀式图案技术，设计出一款四方连续的布料图案（b）。采用现代喷印技术，将此图案转印到衣服面料上，就可以开发出一款传统女装作品（c）。

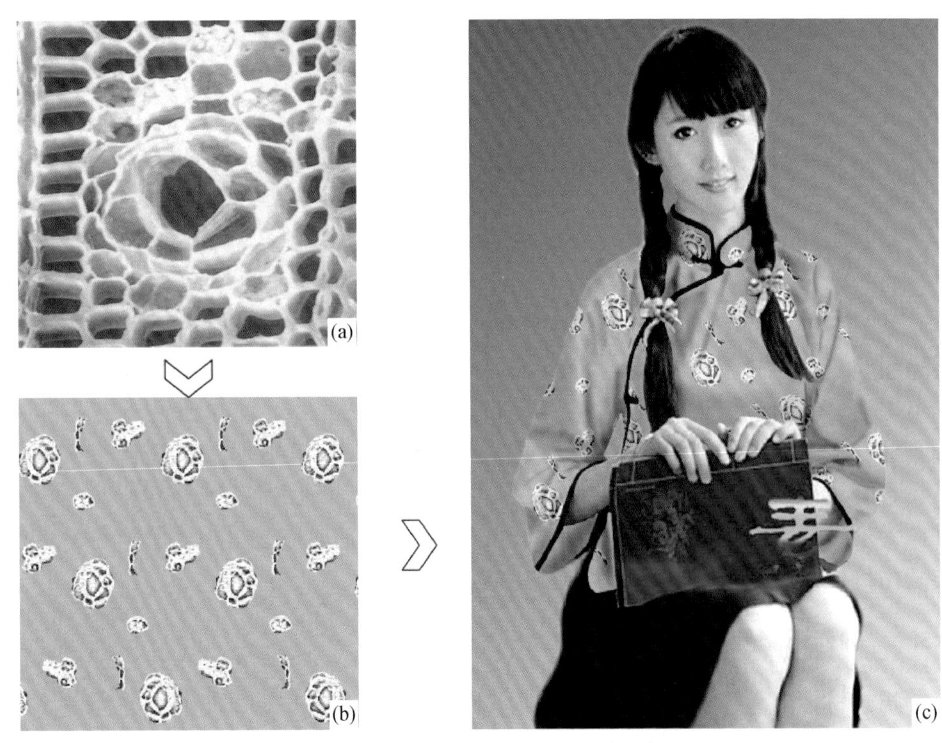

图 6-33　乔松树脂道应用于女装美饰

下面再以落叶松轴向树脂道为例，如图 6-34 所示，以落叶松木材横切面轴向树脂道的电镜构造原始图像（a）为素材，运用对称式图案技术，设计出一款四方连续的皮革图案（b）。采用现代喷印技术，将此图案转印到白色的聚氨酯皮革材料上，就可以开发出一款男士提包作品（c）。

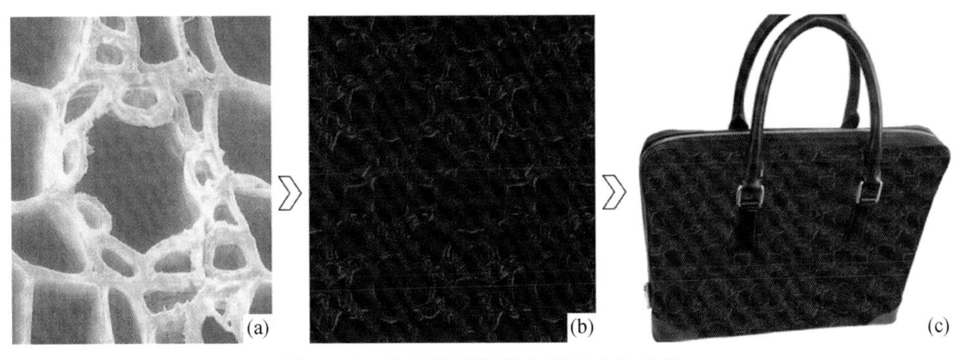

图 6-34　落叶松树脂道应用于皮包美饰

以上是本章第四节的内容，这一节主要从树脂道的构造、树脂道的分类和树脂道的美学利用 3 个方面，就木材树脂道之美进行了分析和讨论。

6.5　薄壁组织之美

木材薄壁组织指由薄壁细胞组成的木材组织。对于树木生长来说，它们主要起储藏养分和横向运输养分的作用。

6.5.1　木材薄壁组织类型

木材中的薄壁组织可分为 3 种类型，分别是射线薄壁组织（木射线）、上皮薄壁组织（树脂道）和轴向薄壁组织。前面两节已经讨论了木材射线之美和树脂道之美，本节专门讨论轴向薄壁组织。

针叶树材的薄壁组织不发达或根本没有，除木材识别外，没有什么实际意义。阔叶树材一般具有比较丰富的轴向薄壁组织，表现为各种不同的分布类型，可作为木材识别的重要特征。除此以外，阔叶树材轴向薄壁组织还具有很好的美学利用价值，这正是本节所要讨论的内容。

6.5.2　轴向薄壁组织分类

阔叶材轴向薄壁组织，根据其在木材横切面上的分布形式，可分为 3 个大类，如图 6-35 所示，即离管型（a），薄壁细胞远离管孔分布，如霍氏翅梧桐木材；傍管型（b），薄壁细胞傍生于管孔附近，如水曲柳木材；轮界型（c），薄壁细胞沿年轮界线分布，如乐东木兰。

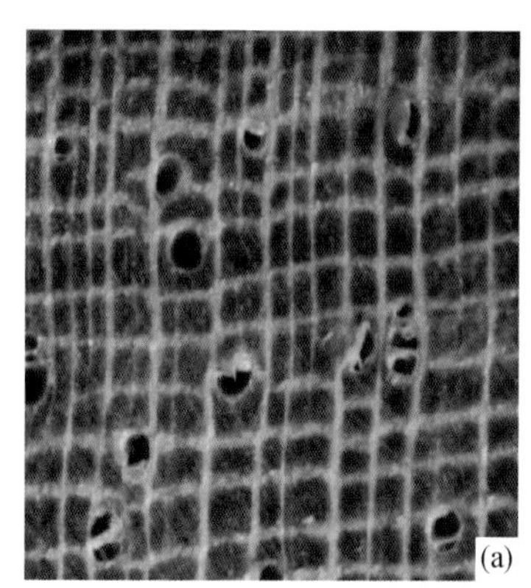

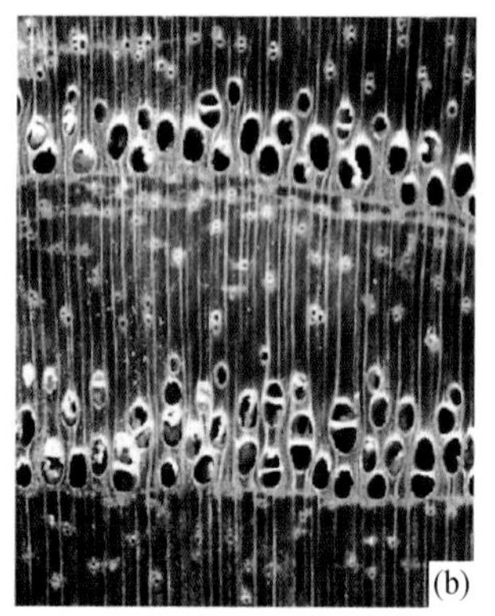

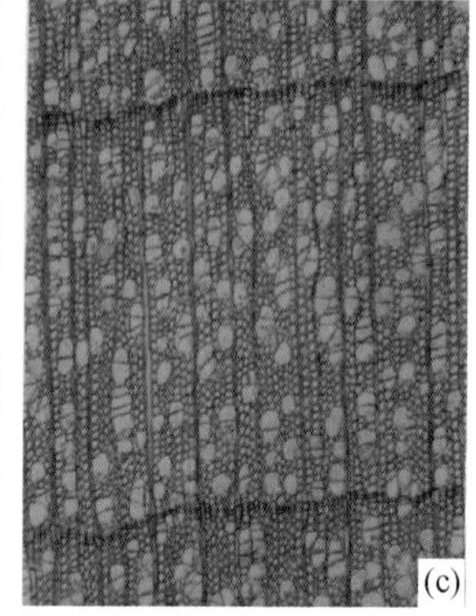

图 6-35　离管型、傍管型和轮界型薄壁组织

①傍管型薄壁组织

傍管型轴向薄壁组织，如图 6-36 所示，可以再细分为如下 6 种情形。

- 单侧傍管（a）：薄壁细胞全部分布于管孔的同一侧，如山龙眼木材。

- 稀疏傍管（b）：薄壁细胞稀少地分布于管孔旁边，如拐枣木材。
- 环管型（c）：薄壁细胞分布在管孔周围形成一环，如苦楝木材。
- 翼状（d）：薄壁细胞围绕管孔并向两侧延伸，如千巴豆木材。
- 聚翼状（e）：多个翼状薄壁组织相聚成带，如大膜瓣豆。
- 傍管带状（f）：傍管型薄壁组织弦向连接成带状，如鸡翅木。

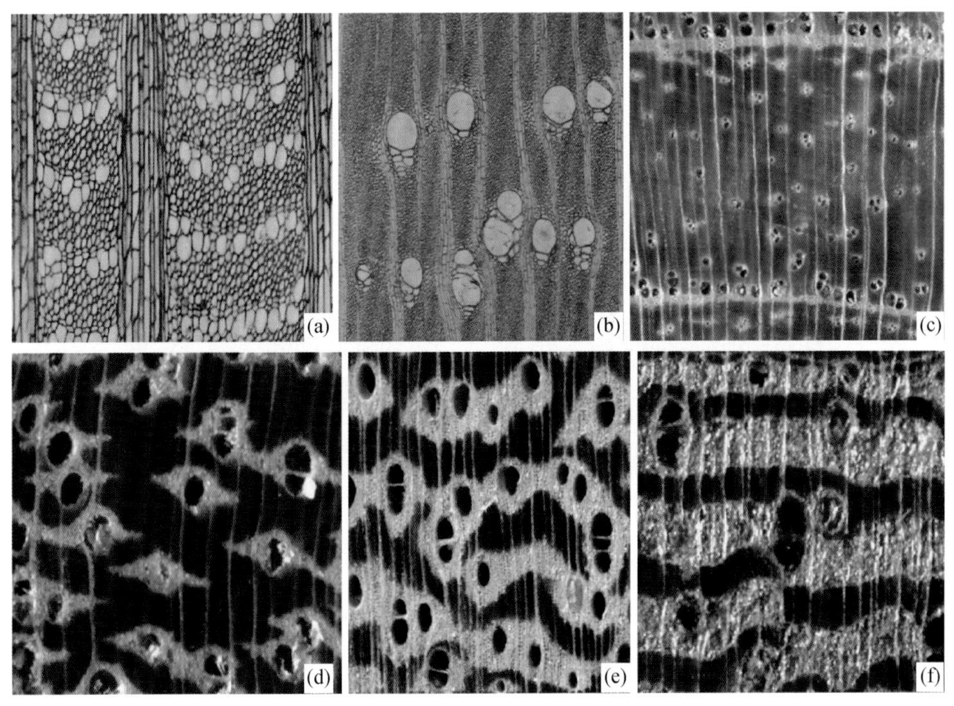

图 6-36　傍管型薄壁组织的 6 种情形

②离管型薄壁组织

如图 6-37 所示，离管型轴向薄壁组织可再细分为如下 3 种情形。

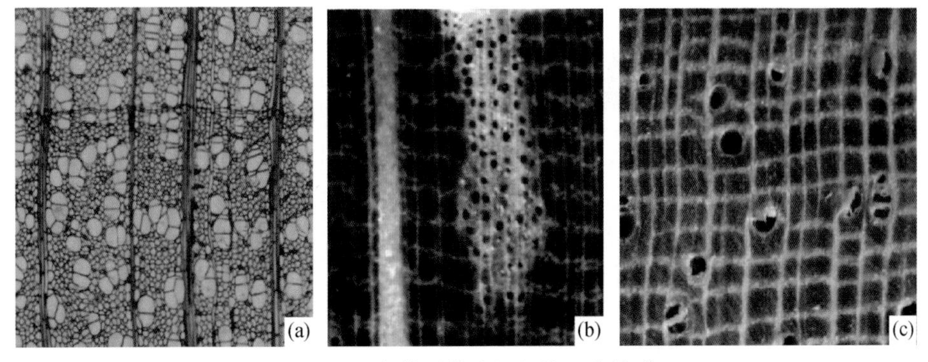

图 6-37　离管型薄壁组织的 3 种情形

- 星散状（a）：薄壁细胞在年轮内星散地分布，如湘椴木材。
- 切线状（b）：薄壁细胞弦向相连成短线状，如白栎木材。
- 离管带状（c）：薄壁细胞弦向相连成长带状，如霍氏翅梧桐。

③轮界型薄壁组织

轮界型轴向薄壁组织，如图 6-38 所示，可再分为轮始型和轮末型。

- 轮始型（a）：薄壁细胞沿轮界线分布于早材带，如银杉木材。
- 轮末型（b）：薄壁细胞沿轮界线分布于晚材带，如藏南铁杉。

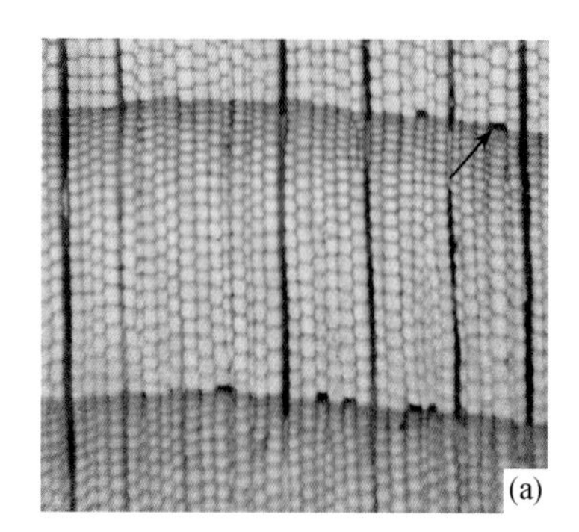

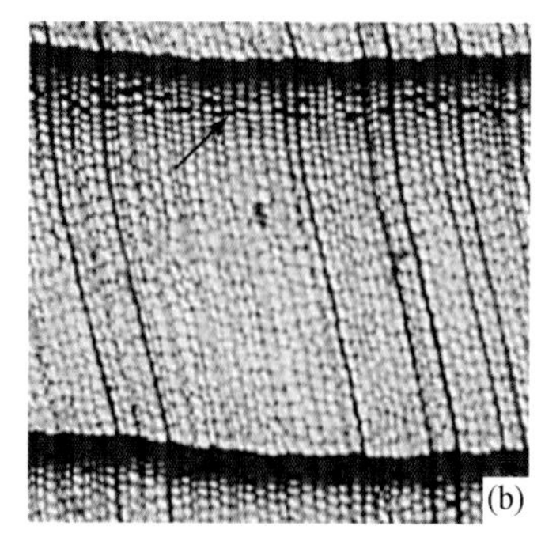

图 6-38　轮始型与轮末型薄壁组织

6.5.3　薄壁组织叠生构造

有些阔叶树材的组织会出现叠生构造，所谓叠生构造就是细胞（或组织）的大小大致相同，且在同一高度位置上整齐排列的现象。这种叠生构造现象可以发生于阔叶树材 4 种基本组织（导管、木纤维、木射线和轴向薄壁组织）的任何一种组织。对于某一种木材，可以 4 种组织同时出现叠生，也可只有一种或几种组织叠生，或所有组织都不叠生。图 6-39 为非洲崖豆木，这种木材的 4 种基本组织同时具有叠生构造。如图 6-39 所示为木材的弦切面，可见轴向薄壁细胞和木射线的叠生构造，它们在木材弦切面上大小基本相同，一排排整齐地排列于同一高度。

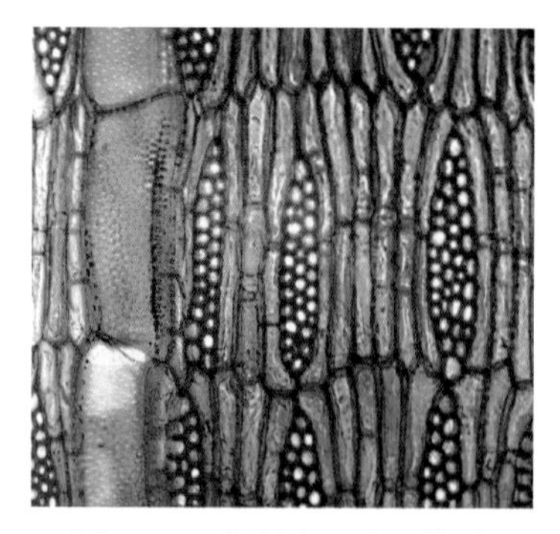

图 6-39　非洲崖豆叠生构造

6.5.4　薄壁组织美学利用

首先以乔木刺桐木材为例，如图 6-40 所示，以乔木刺桐木材弦切面显微构造原始图像（a）为设计素材，将图像中的薄壁组织和木射线分别提取出来，并将木射线用作围脖面料的图案，其余面料图案用薄壁组织细胞，由此设计出了一款铠甲时装（b）。

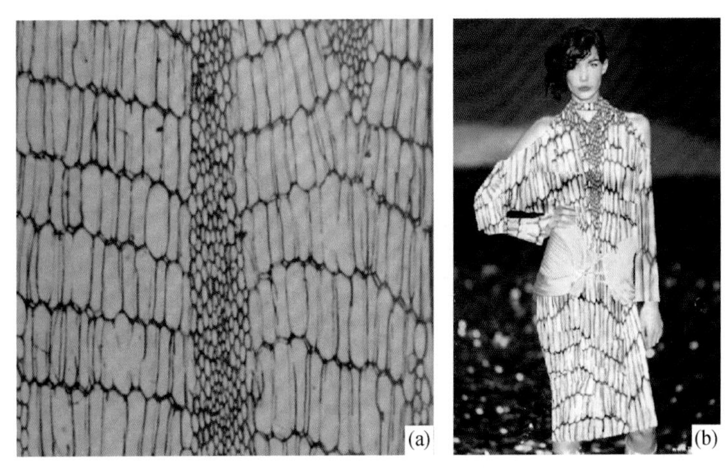

图 6-40　乔木刺桐薄壁组织应用于时装设计

再以竹材为例，如图 6-41 所示，从竹材横切面显微构造原始图像（a）出发，在原始图像中提取薄壁组织部分作为美学素材，进行图案设计，获得一款水泡状图案（b），由此可以开发出一款奥运水立方泳衣（c）。

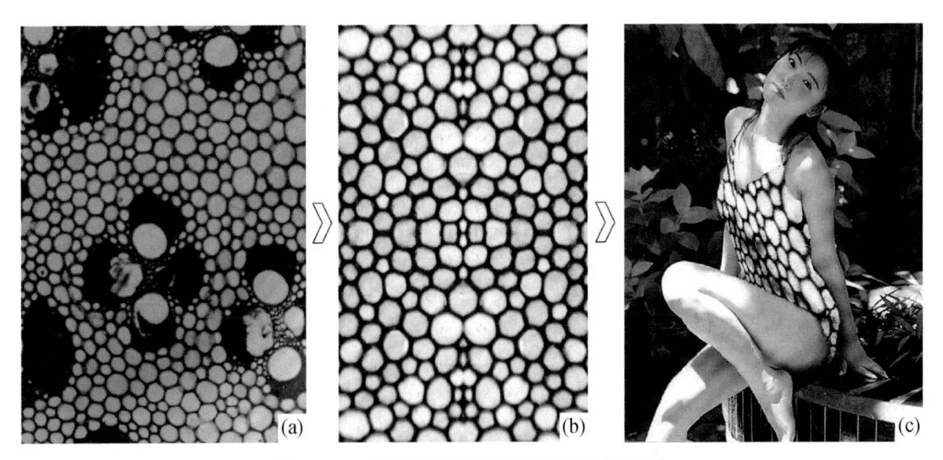

图 6-41　竹材薄壁组织应用于泳装设计

以上是本章第五节的内容，这一节主要从木材薄壁组织的类型、轴向薄壁组织的分类、轴向薄壁组织的叠生构造和轴向薄壁组织美学利用 4 个方面，就木材薄壁组织之美进行了分析和讨论。

6.6　胞壁特征之美

木材细胞壁上的特征主要有 3 个，如图 6-42 所示，即纹孔、螺纹加厚和胞壁瘤层。这里图像分别为降香黄檀导管细胞内壁上的纹孔（a），榉木导管内壁上的螺纹加厚（b）和悬铃木导管内壁上的瘤层（c）。

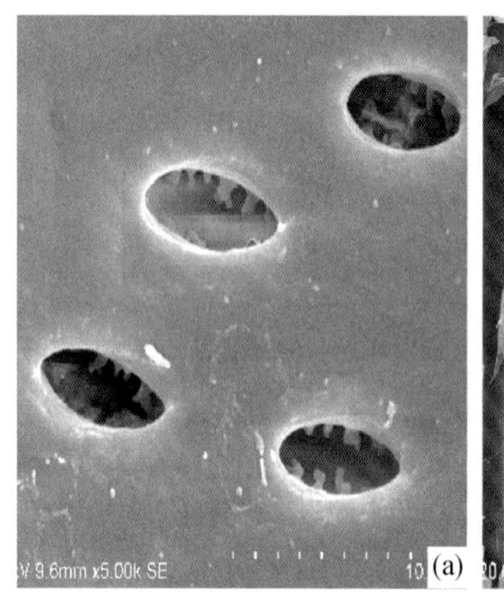

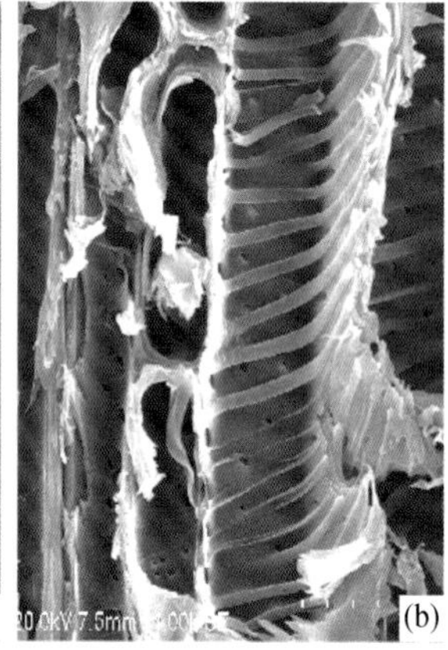

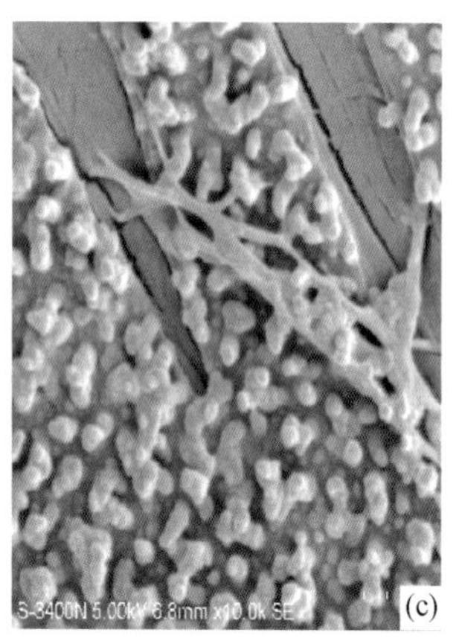

图 6-42　木材细胞壁上的特征

6.6.1　木材纹孔

木材纹孔是木材细胞壁上的一些孔洞，是在细胞壁加厚过程中留下的一些没有加厚的区域，这些没有加厚的区域即为纹孔。木材细胞壁在加厚过程中为什么要留下一些局部区域不加厚呢？这是为了留下一些细胞之间的交流通道。所以纹孔的功能就是相邻细胞之间水分和养分的交流通道。

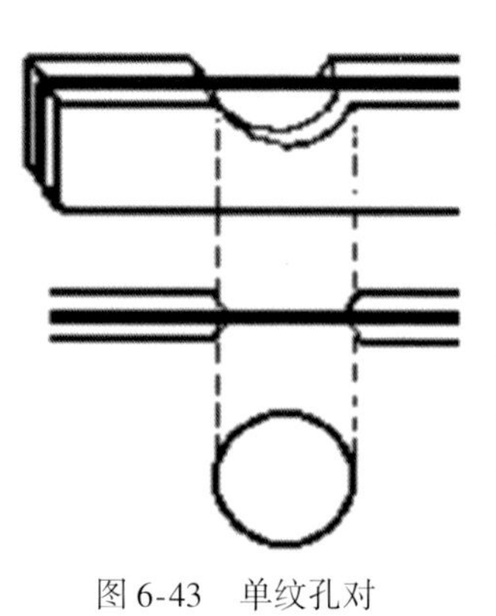

图 6-43　单纹孔对

①纹孔的分类与构造

木材细胞可以分为两大类，即薄壁细胞和厚壁细胞。薄壁细胞壁上的纹孔结构非常简单，就是一个圆洞，称为单纹孔；厚壁细胞壁上的纹孔结构较为复杂，具有悬着的边缘，称为具缘纹孔。纹孔一般成对出现，只有这样它们才能够起到细胞之间水分和养分交流的作用。根据构成纹孔对的纹孔类型，可分为单纹孔对（存在于两个薄壁细胞之间）、具缘纹孔对（存在于两个厚壁细胞之间）和半具缘纹孔对（存在于厚壁细胞与薄壁细胞之间），分别见图 6-43～图 6-45。

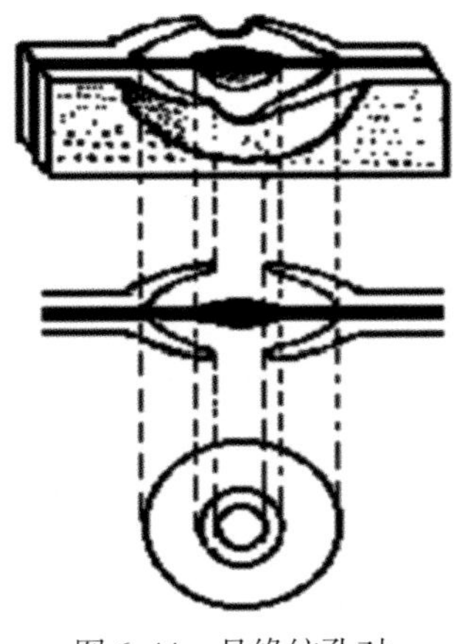

图 6-44　具缘纹孔对

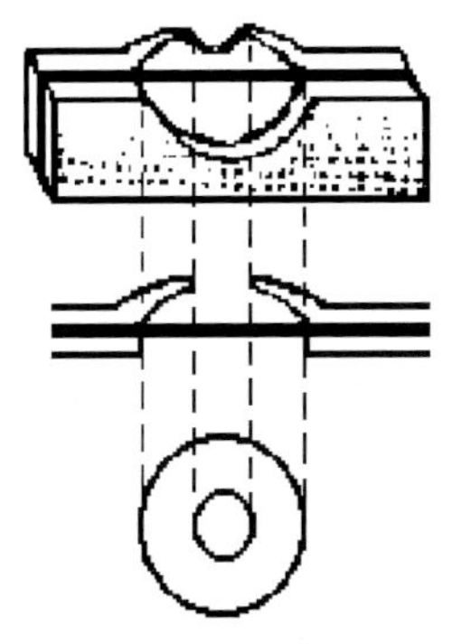

图 6-45　半具缘纹孔对

②纹孔的美学利用

首先以赤栎木材具缘纹孔为例，如图 6-46 所示，左边是赤栎木材具缘纹孔对的电镜构造原始图像（a），它们的纹孔缘呈鸭嘴形状，模仿这种纹孔缘的鸭嘴造型结构，开发出一套鸭嘴花瓶作品（b）。

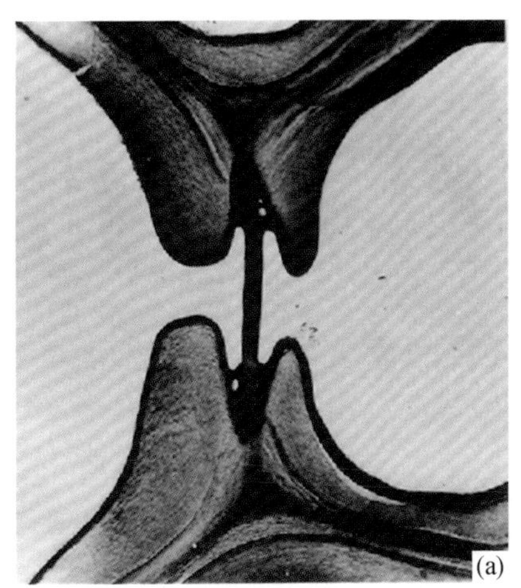

图 6-46　赤栎木材具缘纹孔对应用于花瓶造型设计

再以龙眼木导管具缘纹孔为例，如图 6-47 所示，以龙眼木导管内壁上纹孔口的原始图像（a）为素材，只是对它进行了色彩处理，获得一款布料图案（b），由此开发出木材美学领带作品（c）。

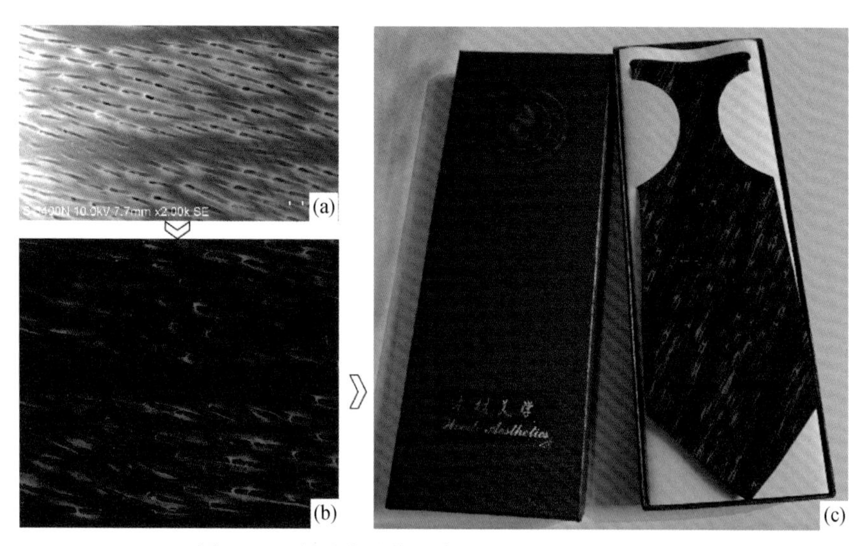

图 6-47　龙眼木导管具缘纹孔应用于领带设计

6. 6. 2　螺纹加厚

有些木材，在细胞次生壁的加厚过程中，次生 3 层形成之后，还会在次生 3 层上形成一些凸起的螺线状结构，这就是所谓的螺纹加厚。

①螺纹加厚的构造及其生理作用

螺纹加厚的螺线是由纤维素微纤丝在细胞内壁上局部地平行聚集而成。如图 6-48所示为桂花木材导管细胞内壁上的螺纹加厚的扫描电镜图像。在树木生理上，这种螺纹加厚可以起到增强细胞壁的作用。

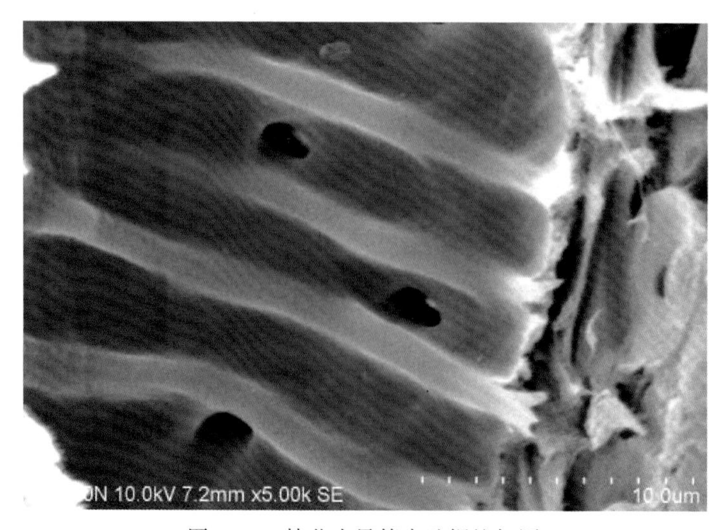

图 6-48　桂花木导管内壁螺纹加厚

②螺纹加厚的美学利用

在美学角度上，这种螺纹加厚具有精妙的数理之美，有很好的美学利用价值。这里首先以榕树木材导管螺纹加厚为例，如图6-49所示，以榕树导管内壁上螺纹加厚扫描电镜构造的原始图像（a）为素材，对它进行色彩处理后获得这款布料图案（b），由此开发出一款汉服男装作品（c）。

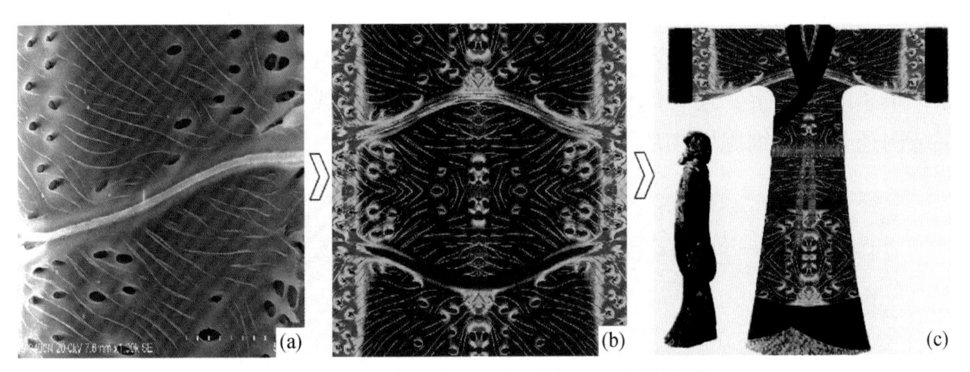

图6-49　榕树导管螺纹加厚应用于古装设计

再以银杉木材管胞螺纹加厚为例，如图6-50所示，这里以银杉木材管胞内壁上螺纹加厚电镜构造的原始图像（a）为素材，对它进行分形处理，获得这个分形图案（b），由此开发出一款全新的木材美学地板产品（c）。

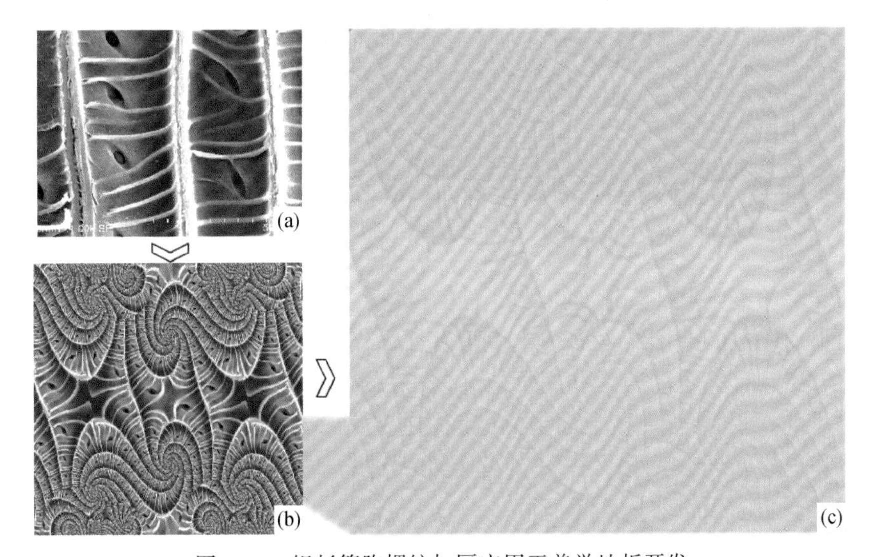

图6-50　银杉管胞螺纹加厚应用于美学地板开发

6.6.3　胞壁瘤层

通过高倍率的电子显微镜观察，有些木材细胞内壁可见螺纹加厚，有时还具有瘤层结构。

①瘤层的构造

螺纹加厚是次生 3 层上凸起的条状物，胞壁瘤层是次生 3 层上凸起的颗粒物。如图 6-51 所示为悬铃木导管细胞内壁上瘤层结构，有的如圆形颗粒，有的像一条条的蚕宝宝，还有的似一根根的骨头棒子。从成分分析结果来看，这种瘤层结构还是属于细胞壁物质。

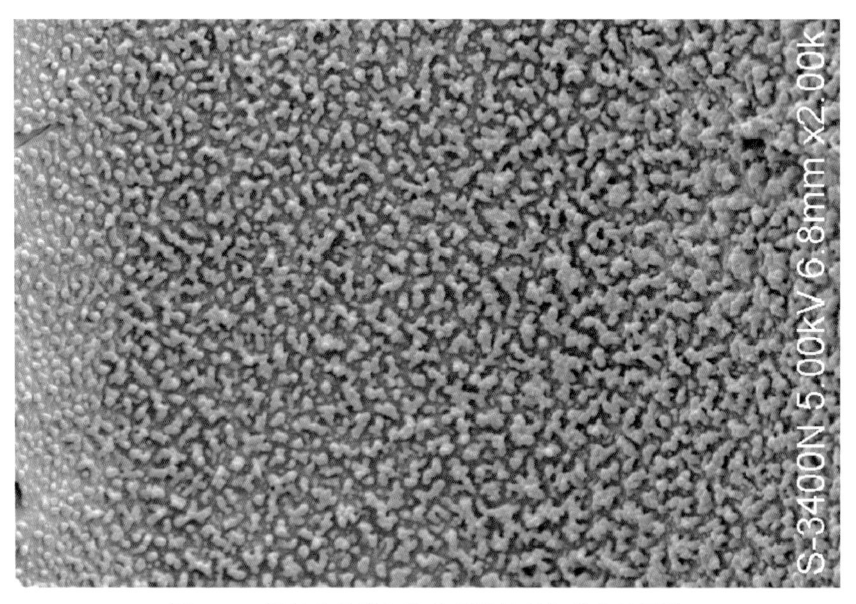

图 6-51　悬铃木导管细胞瘤层结构的扫描电镜图像

②瘤层的美学利用

细胞内壁上的瘤层结构对树木生长有什么作用，目前尚不确定，但可以确定是胞壁瘤层具有一定的美学利用价值。这里以悬铃木导管细胞内壁瘤层为例，如图 6-52 所示，以导管内壁上瘤层的电镜构造原始图像（a）为素材，对它进行阈值调整和色彩处理后，获得一款具有天然大理石效果的图案（b），由此开发出一款大理石装饰板材（c）。

以上是本章第六节的内容，这一节主要从木材细胞壁上的纹孔、螺纹加厚和瘤层结构 3 个方面，就木材胞壁特征之美进行了分析和讨论。

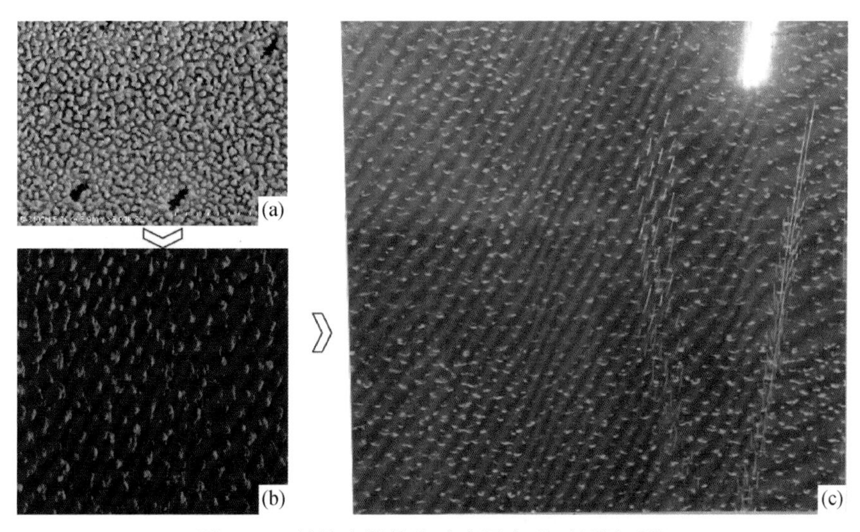

图 6-52　悬铃木导管胞壁瘤层大理石板材开发

6.7　胞腔内含物之美

木材细胞腔中的内含物主要有 5 种，它们是侵填体、结晶体、淀粉粒、树胶体和菌丝体。如图 6-53 所示分别为檫木导管腔内侵填体（a）、刺桐轴向薄壁细胞腔内结晶体（b）、龙眼木射线细胞腔内淀粉粒（c）、桃花心木导管腔内树胶体（d）和梧桐导管腔内菌丝体（e）。

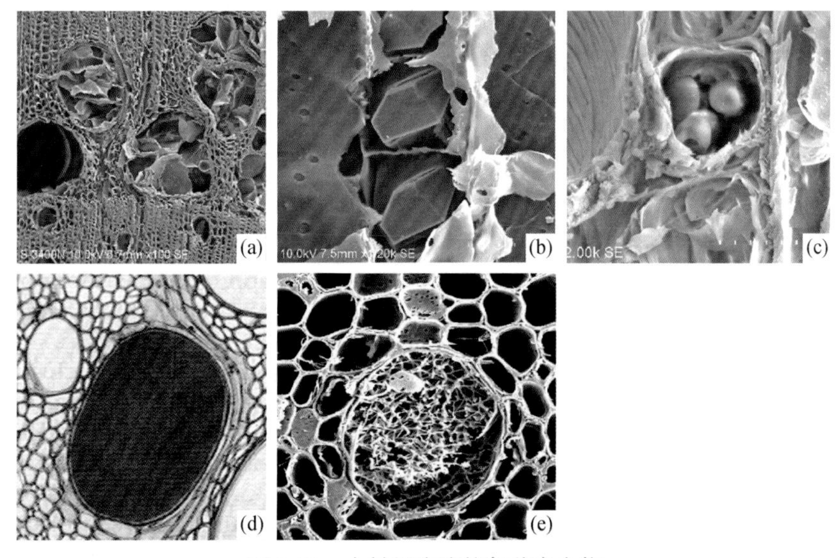

图 6-53　木材细胞腔的各种内含物

6.7.1 侵填体之美

侵填体是阔叶材导管腔内具有光泽而呈泡沫状的木材物质，是导管周围的薄壁组织从导管壁上的纹孔挤入导管腔后继续发育而成的一种木材薄壁组织。但这种薄壁组织细胞的胞壁非常薄，薄如肥皂泡，不能形成纹孔。侵填体丰富的树种有白栎、檫树、刺槐等。

侵填体由于它特殊组织构造、光泽和构型，具有很好的美学利用价值。这里以金丝楠木侵填体为例，如图 6-54 所示，这里箭头所指为金丝楠木导管腔内侵填体（a），以其电镜构造原始图像为素材进行分形处理后，获得分形图案（b），由此开发出一款木美旗袍作品（c）。

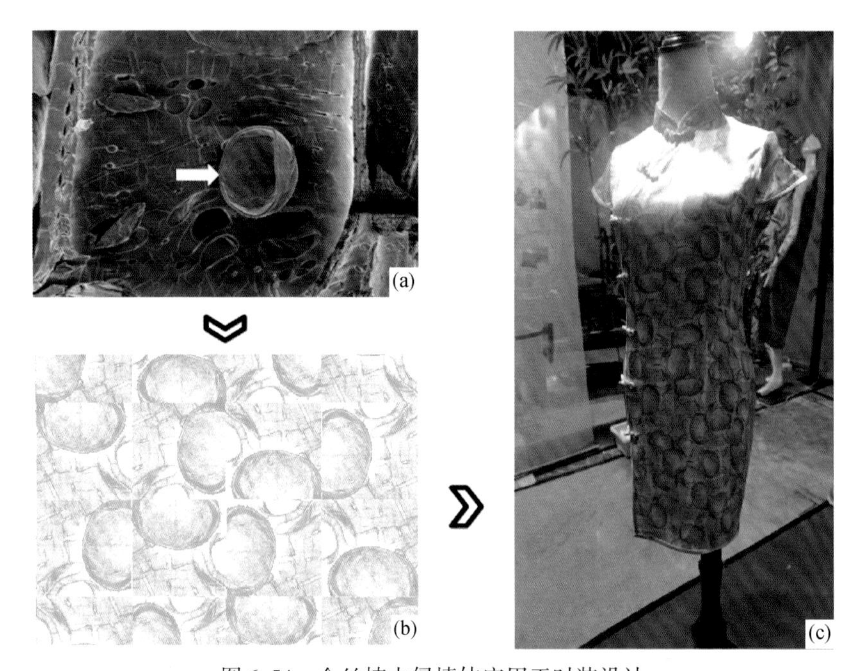

图 6-54 金丝楠木侵填体应用于时装设计

6.7.2 结晶体之美

木射线细胞和轴向薄壁细胞的胞腔中经常可见一些结晶体。这种结晶体是树木生长过程中新陈代谢的产物，其化学成分主要是草酸钙等无机盐类物质。木材细胞腔中的结晶体以各种形状出现，如图 6-55 所示，常见有菱块形、砖块形和棱柱形，以及砂粒和花簇等形状。

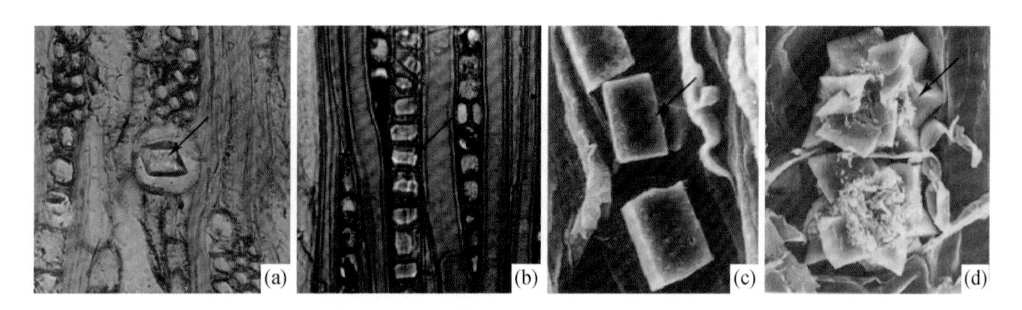

图6-55　木材中结晶体的各种形状

（a）油茶菱形晶体；（b）响叶杨块状晶体；（c）金钱松柱状晶体；（d）银杏花簇状晶体

木材细胞腔中所含结晶体具有一定的美学利用价值，这里以银杏花簇状结晶体为例，如图6-56所示，把银杏木材轴向薄壁细胞腔内的花簇形状晶体（a）提取出来作为美学元素，按照联缀式四方连续图案的创作方法进行设计，获得这款布料图案（b），由此可以开发出这样一款木美旗袍（c）。

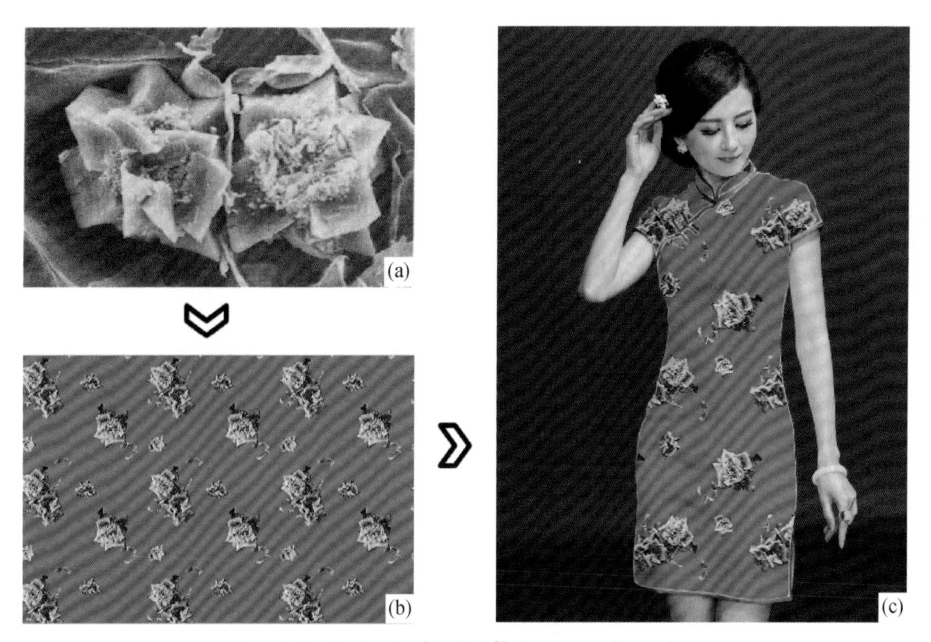

图6-56　银杏花簇状晶体应用于时装设计

6.7.3　淀粉粒之美

淀粉粒是储藏于某些木材细胞腔中的有机营养物质，呈圆球形或团块状，一般存在于射线薄壁细胞和轴向薄壁细胞，但有时在导管细胞腔中也可见到。图6-57中（a）为刺桐木材轴向薄壁细胞腔内的淀粉粒，（b）为龙眼木材导管腔中的淀粉球。

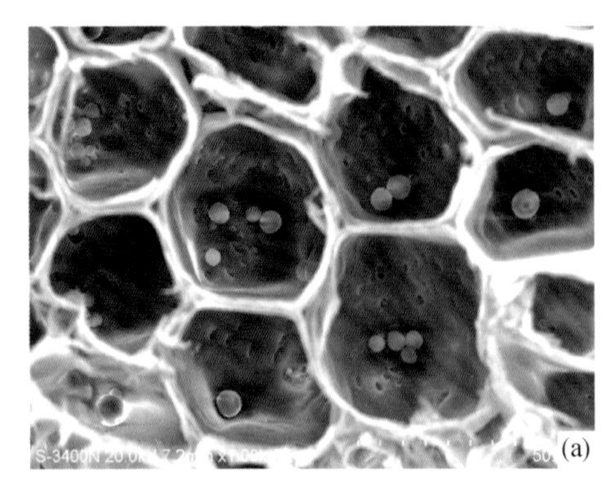

图 6-57　木材细胞腔中淀粉粒（球）

木材薄壁细胞腔中的淀粉内含物也具有较好的美学利用价值，这里以银杉射线细胞团块状淀粉为例，如图 6-58 所示，以银杉木材射线细胞所含淀粉团块的

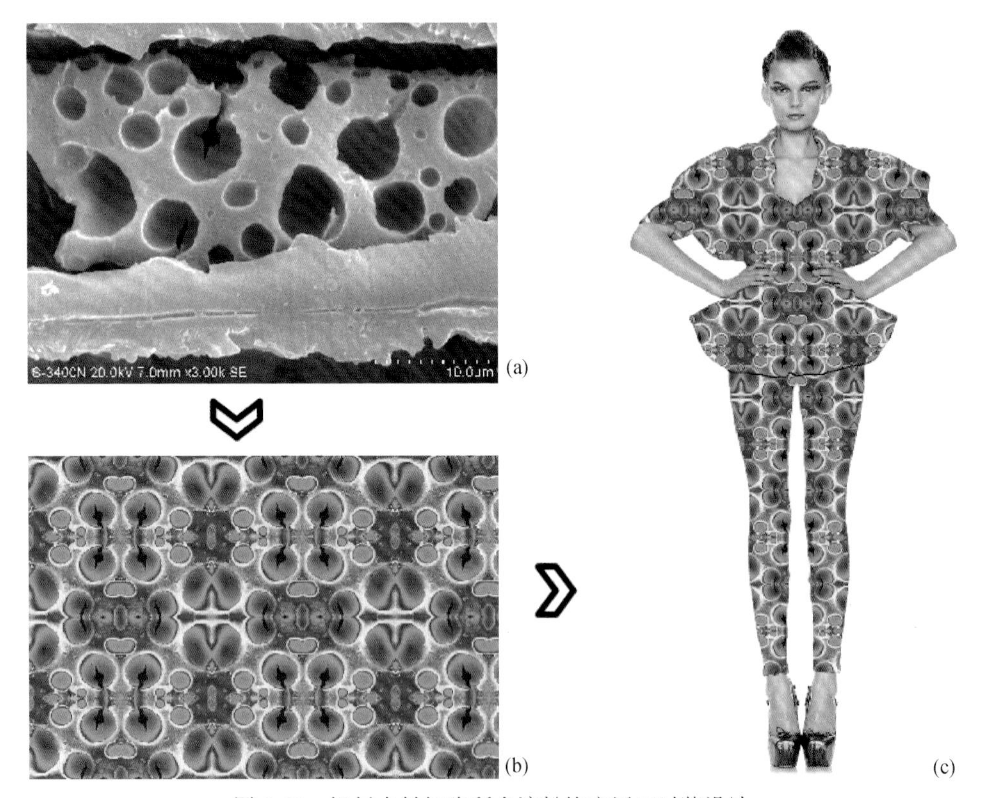

图 6-58　银杉木材细胞所含淀粉块应用于时装设计

电镜构造原始图像（a）为素材进行图案创作，获得布料图案（b），由此可以开发出一款女式套装作品（c）。

6.7.4　树胶体之美

树胶由树木中分泌细胞所产生，是一种多糖类及其衍生物质，能够溶于水或吸水膨胀为黏稠状。如图 6-59 所示为桃花心木导管腔中的块状树胶体。

木材细胞腔中的树胶体本是无定形的，但有时会呈现出奇异的形态，因而体现出一定的美学利用价值。这里以紫檀导管树胶体为例，如图 6-60 所示，（a）为紫檀木材导管腔内树胶体的显微构造图像，呈竹节状。以此作为美学元素进行图案设计，获得一款印刷图案（b），印制到包装纸上，即可用于商品包装设计作品（c）。

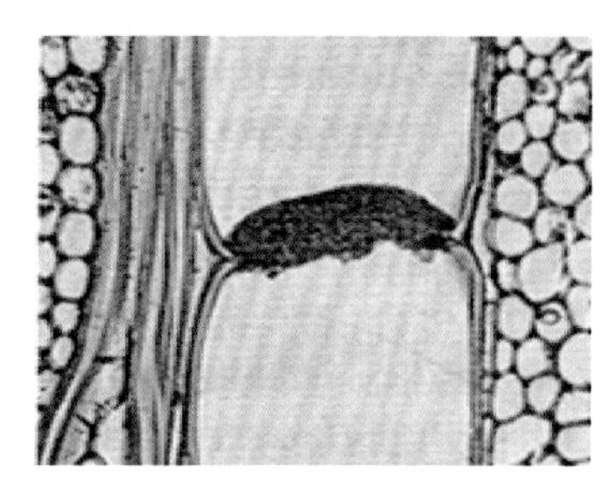

图 6-59　桃花心木导管腔中的树胶块

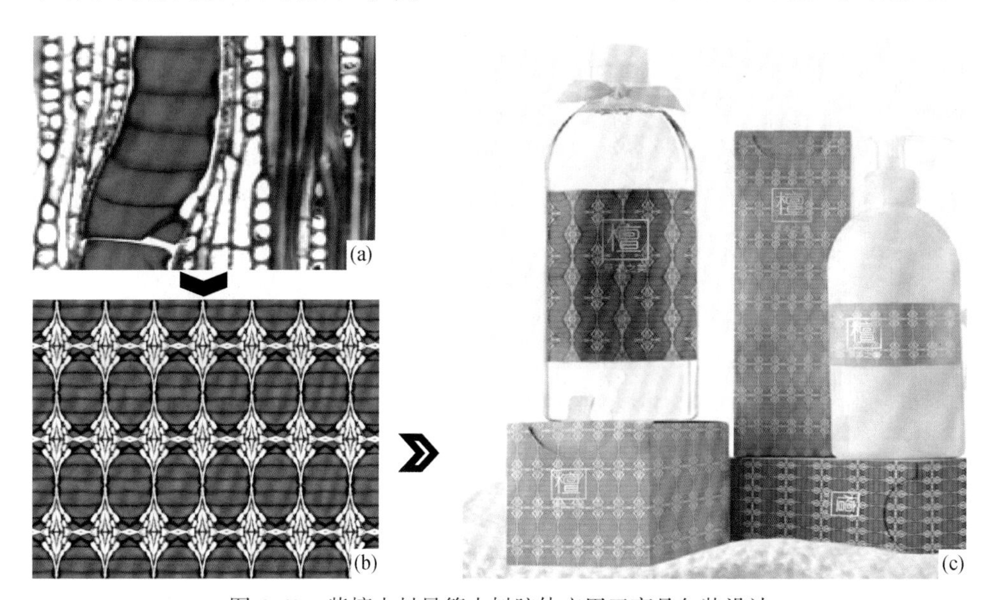

图 6-60　紫檀木材导管中树胶体应用于商品包装设计

6.7.5　菌丝体之美

木材中含有多糖类等营养物质，致使木材具有易于生虫长菌的天然特性。木材一旦被真菌感染，真菌的菌丝体就会在细胞腔中快速扩繁，并形成一些随机多变的构象。如图 6-61 所示为梧桐木材导管腔内的球状菌丝体。

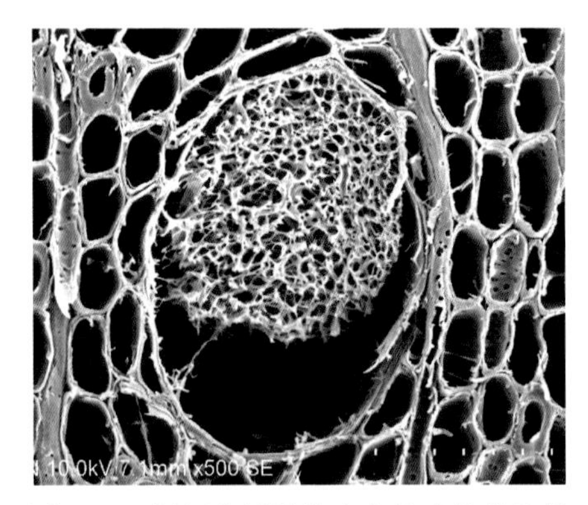
图 6-61　梧桐木材导管腔中的球状菌丝体

菌丝体在细胞腔内随机生长，可以形成各种构象，它们具有很好的美学利用价值。这里以梧桐木材导管腔中菌丝体为例，如图 6-62 所示，从梧桐木材导管腔内菌丝体的电镜构造原始图像（a）出发，以此为素材进行分形图案创作，获得一个分形图案（b），装裱后得到一件“梧桐礼花”框画作品（c）。

以上是本章第七节的内容，这一节主要从木材中的侵填体、结晶体、淀粉粒、树胶体和菌丝体 5 个方面，就木材胞腔内含物之美进行了分析和讨论。

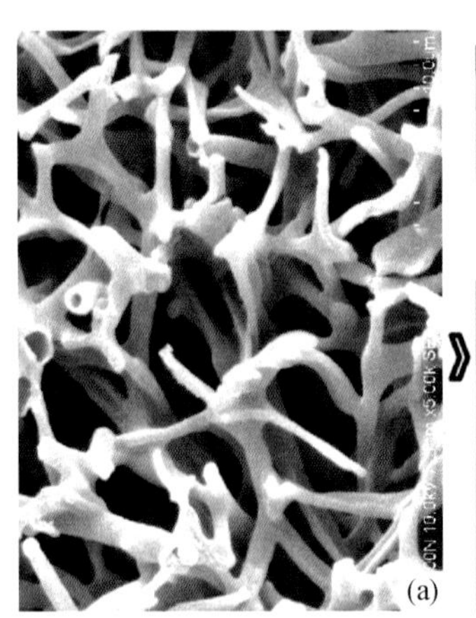

图 6-62　梧桐木材导管腔内菌丝体应用于框画创作

下篇　木材美学技术

第7章 木美素材开发

本章讨论木美素材开发技术。根据素材的获取方式，木材美学素材可分为宏观素材、体视镜素材、光学镜素材和扫描电镜素材。宏观木美素材是在肉眼下可以直接观察到的各种木材构造图像，它是木材之美最直观的表现。宏观木美素材的开发主要通过摄像和扫描两种方法。体视镜木美素材就是借助体视显微镜摄像系统获得的木美构造图像。体视显微镜图像立体感强，放大倍数较低，所以体视镜素材与人们日常所见相近，容易为人们所接受。光学镜木美素材就是借助光学显微镜摄像系统获得的木美构造图像。开发光学镜木美素材，可以对木材薄片进行染色处理，从而获得颜色效果极为丰富的木美素材，这是光学镜素材开发的优势和潜力所在。木材美学的电镜素材多为扫描电镜的木材构造图像，这是因为扫描电镜的景深较大、成像立体感较强，同时木材试样处理相对简单、容易操作。通过电镜技术，可以获得超微观的木美素材，包括木材纹孔、导管穿孔、细胞壁螺纹加厚和瘤层结构等构造特征。

7.1 宏观素材开发

木美宏观素材涉及日常生活中所见的各种木材构造特征图像，包括树皮、材表、木节、树丫、树瘤、树根、年轮、木纹和腐朽等方面。开发木美宏观素材的途径主要有两种方法，即为扫描和摄像。

7.1.1 扫描

木材特征图像的扫描技术包括如下3个方面。

①试材准备

试材准备可分为试材采集、试材加工和试材处理3个步骤。

• 试材采集：扫描所用木料可以通过山林采伐、市场采购或工厂收集等途径来获取。

• 试材加工：可以采用刨切或锯切方式，刨切可以获得单板类试材，锯切可以获得板材类试材。

• 试材处理：对单板类试材进行表面砂光，对锯切类试材进行表面刨光，以获得干净、清晰的扫描材面。

②木纹扫描设备

图 7-1 为一款适合于采集木材表面宏观特征的扫描设备，可用于木材表面高清晰度扫描，设备型号为 Superscan PM3D，生产厂商为上海赛图图像设备有限公司。它的扫描对象包括木材、瓷砖、石板和金属等材料，扫描对象最大尺寸为 10cm×130cm×200cm。

该设备的性能具有如下特点：

图 7-1 木纹扫描设备

• 它具有 8 种不同的独立光源，因而可以克服原稿的镜面反射问题，这一点对于扫描高光亮度的木材表面非常重要；

• 不同照明提供的信息，通过独特的算法可以实现原稿表面详细的 3D 重建；

• 在全扫描区域上，可以实现 1200ppi 的原始光学分辨率；

• 扫描输出图像可以直接输入电脑系统储存备用。

③扫描获取图像

按照扫描设备的操作说明，对试材表面进行扫描操作，即可获得与试材表面高度保真的图像素材。输出扫描图像，并储存于电脑文件夹，即可随时调用。图 7-2就是通过扫描方式所获的一幅悬铃木弦切面刨切单板的宏观特征图像。这种图像变形小、保真度高。

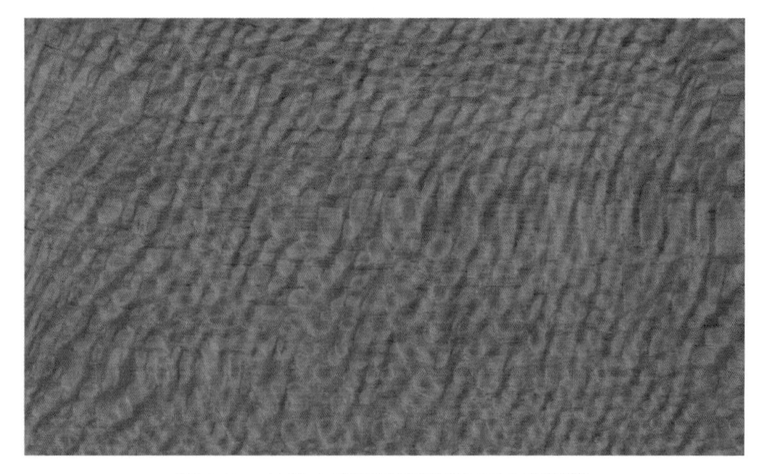

图 7-2 悬铃木弦切面刨切单板扫描图像

7.1.2　摄像

木材特征摄像所用的设备为普通数码照相机。采用摄像方式获取木美宏观素材，可以在野外直接拍摄，也可以将野外采集到的材料带回实验室，经加工处理后，在室内光源条件下进行拍摄。

①野外拍摄

对于树木、树皮和材表等不便于移动的材料，只能带上相机，必要时连同人工光源设施一起，到现场进行拍摄。图 7-3 是一幅柠檬桉树皮图像，现场拍摄于广西大学校园。

②室内拍摄

对于可以携带的木料，可以在野外采集试材，带回实验室，锯切加工成板料，并将板材表面刨光后再进行摄像。必要时可以放在装有人工光源的橱窗中进行摄像，这样可以排除外来光源干扰，拍摄效果更好。图 7-4 是在室内人工光源装置条件下拍摄的一幅鸡翅木宏观木纹图像。

图 7-3　柠檬桉树皮室外拍摄图像

图 7-4　鸡翅木室内光源拍摄图像

以上是本章第一节的内容，这一节主要介绍了木材宏观美学素材的开发技术，包括扫描和摄像两种途径。

7.2　体视镜素材开发

所谓体视镜素材就是经体视显微镜拍摄所获的木材构造特征图像。体视显微镜图像的放大倍数为 4 ~ 200 倍，以 10 ~ 100 倍为佳。体视显微镜具有视场大、焦深大的特点，这样便于观察被检测物体的全部层面。一般来说，这种体视显微镜拍摄的木材特征图像与日常所见的状态比较接近，比较容易得到人们的接受，比较适合作为木材美学应用的素材。

7.2.1　体视显微摄像系统

①功能特点

体视显微镜，或称为立体显微镜，是一种具有正像立体感的目视仪器，广泛应用于生物学、医学、农学、林学、工业及海洋生物等部门。体视显微镜的工作原理是用同一个物镜对被观察物体成像后的两个光束，经由两组变焦镜分开并构成一定的角度，然后进入各自的目镜成像。因为体视显微镜双目镜筒中的左右两光束不是平行的，而是具有 12° ~ 15°的夹角，此角度即为体视角，这样人们眼睛看到的成像就具有三维立体感，因而得名体视显微镜。实质上，体视显微镜就是两个单镜筒显微镜并列放置，两个镜筒的光轴构成相当于人们用双眼观察一个物体时所形成的视角，因而能够形成三维空间的立体视觉图像。体视显微镜观察的样品无需切片和制片，可以对实体样本直接观察，故又称为实体显微镜。

②基本构造

如图 7-5 所示是广西大学木美工作室的蔡司体视显微摄像系统。它的主要结构包括摄像头、目镜、物镜、光源、载物台和电脑系统。放置于载物台上的木材样品，在光源照射下，物镜成像后传入目镜，供观察者进行分析。当观察到感兴趣的特征时，拍摄下来，即可获得一幅体视镜图像素材。

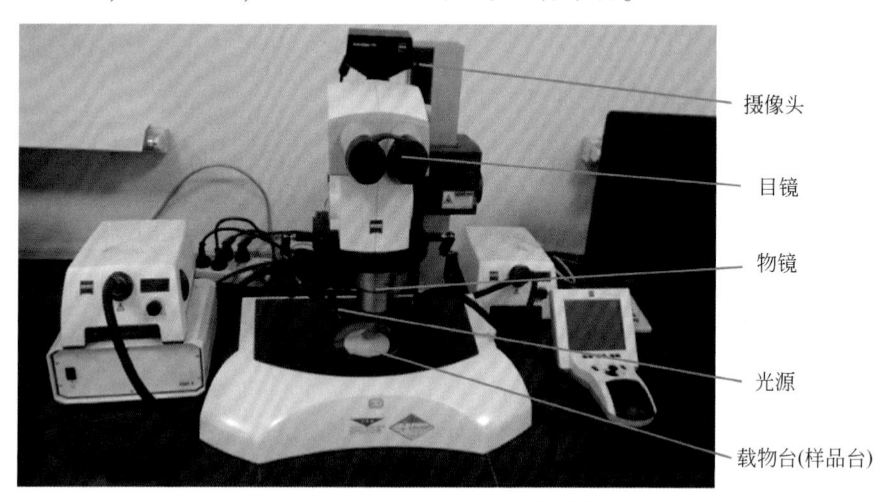

图 7-5　蔡司体视显微摄像系统

7.2.2　体视镜素材开发技术

开发体视镜木美素材，按如下步骤进行。

①采集样本：室内、室外所见任何木本植物体都可以作为样本。

②试样准备：从样本上切取适当大小的试样（一般厚度 5 ~ 20mm，截面 15mm×15mm，径向方向上要求有一个完整的年轮），将待观察面用单面刀片或在木材切片机上切削平整。注意刀刃一定要锋利，不然木材细胞被挤压变形。

③观察分析：把准备好的试样放置在样品台的中央位置，调整好光源、焦距和双目镜的瞳孔距离等，观察分析样本特征。

④图像拍摄：选取感兴趣的部位作为摄像的取景区域，选择合适的放大倍数，调整好焦距等参数后进行拍摄。

⑤素材储存：将拍摄的图像文件保存到指定的电脑文件夹，保存格式可以是 JEPG、BMP 或 TIF 格式，需要时可以随时调用。

7.2.3　各类木材的体视镜图像

体视显微镜由于放大倍率较小，一般只适合于观察那些比较宏观一些的木材特征，比如针叶材管胞排列和树脂道分布、阔叶材管孔分布和轴向薄壁组织类型等。这些特征一般更多地反映在木材横切面上，故体视显微镜多用于观察木材的横切面。

①针叶树材

图 7-6 是银杉木材三切面的体视镜图像，它们分别是横切面（a）、径切面（b）和弦切面（c）。其中，横切面上可看到的木材特征最丰富，包括轴向管胞的大小和排列、木射线的疏密和宽度、早晚材的过渡，以及树脂道的大小和分布等。

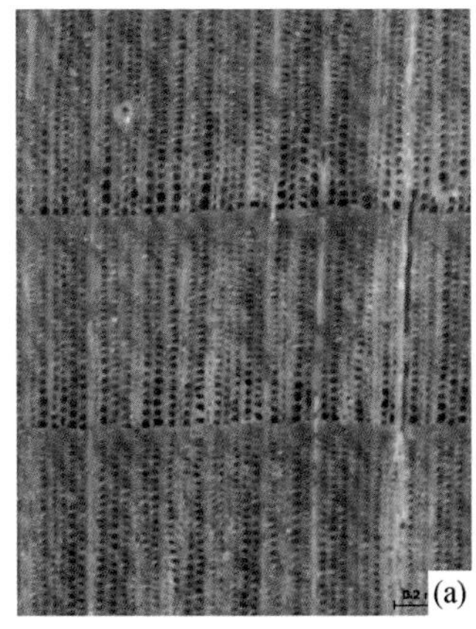

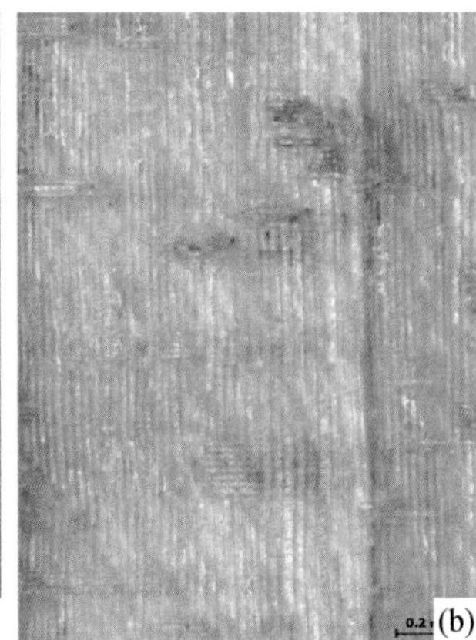

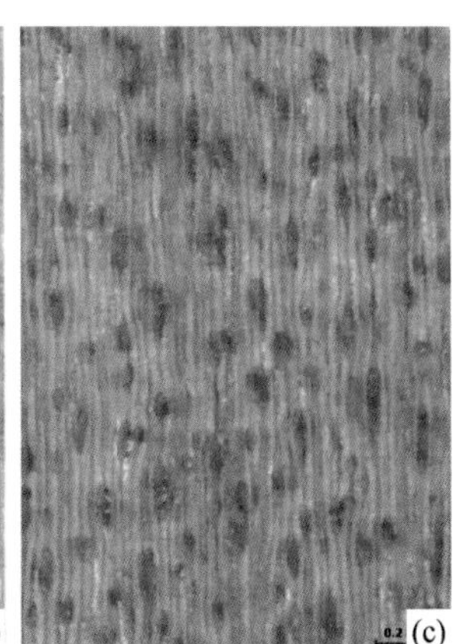

图 7-6　银杉木材三切面的体视镜图像

如图 7-7 所示分别为樟子松（a）、落叶松（b）和北美黄杉（c）木材横切面的体视显微镜图像。

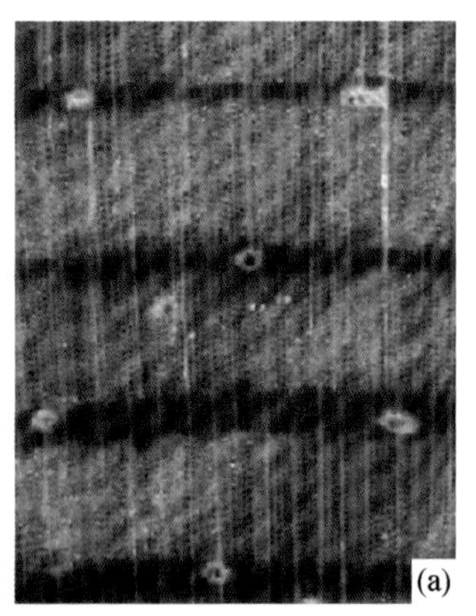
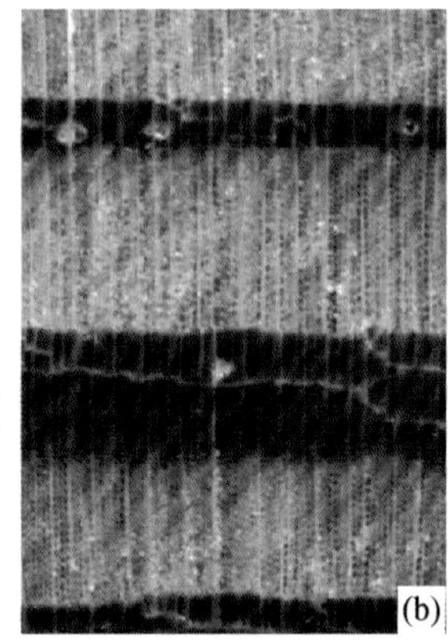

图 7-7　三种针叶材横切面的体视镜图像

②阔叶树环孔材

图 7-8 是榉木三切面的体视显微镜图像，包括横切面（a）、径切面（b）和弦切面（c）。其中，横切面上可看到的木材特征最丰富，包括管孔的大小、分布与排列，木射线的粗细与疏密，以及轴向薄壁组织类型等。

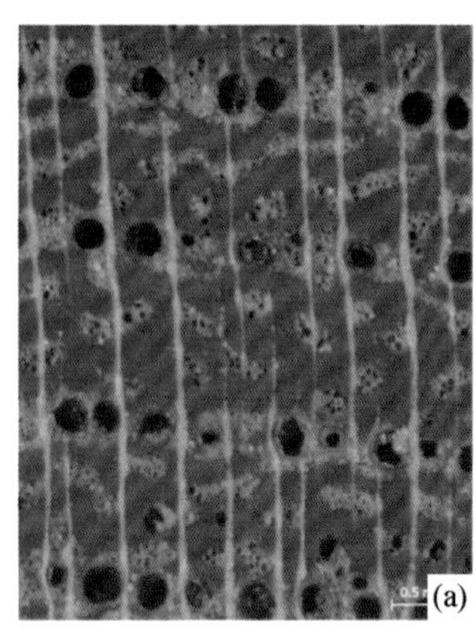

图 7-8　榉木三切面的体视镜图像

如图 7-9 所示分别是白栎（a）、水曲柳（b）和柞木（c）的木材横切面体视镜图像。

③阔叶树散孔材

图 7-10 是羊蹄甲木材三切面体视镜图像，包括横切面（a）、径切面（b）和弦切面（c）。其中，横切面上可见复管孔和木射线分布，弦切面上可见导管及

导管分子高度。

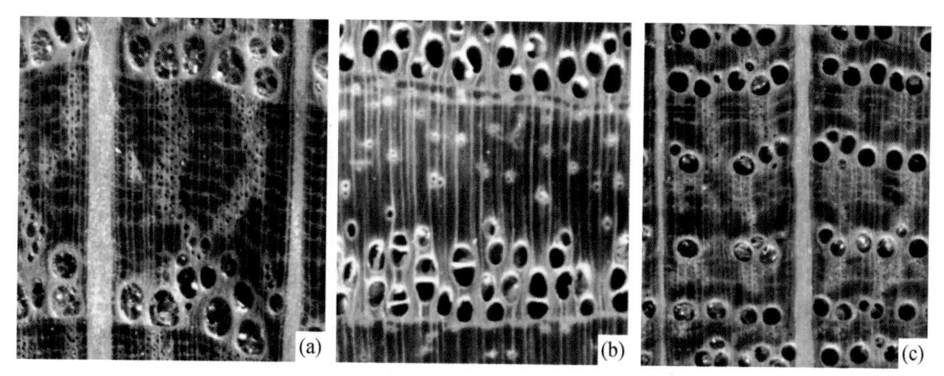

图 7-9　三种环孔材横切面的体视镜图像

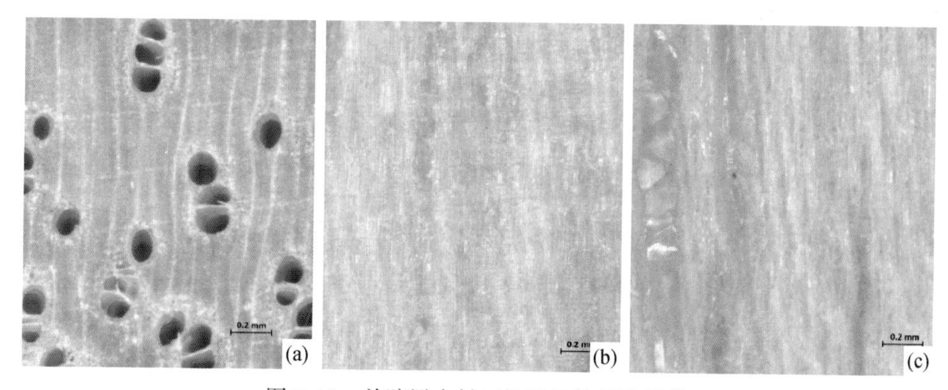

图 7-10　羊蹄甲木材三切面的体视镜图像

图 7-11 分别是鞋木（a）、霍氏翅梧桐（b）和白木香（c）木材横切面体视镜图像。

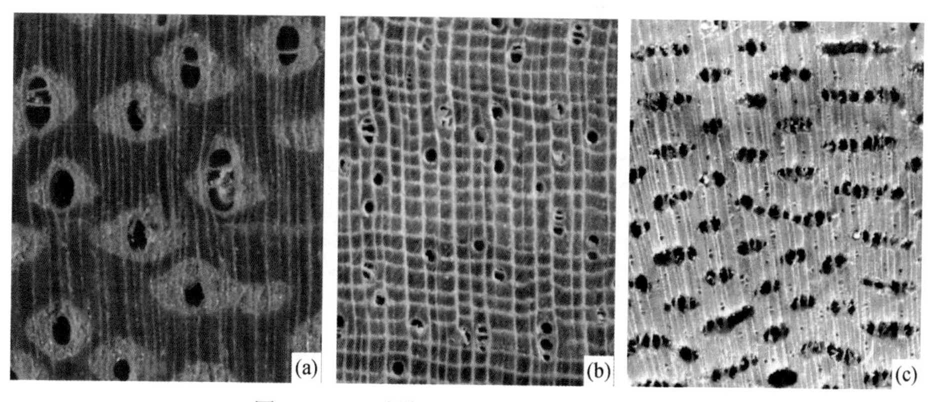

图 7-11　三种散孔材三切面的体视镜图像

④其他阔叶材

图 7-12 分别是径列孔材夹竹桃（a）、弦列孔材大果山龙眼（b）和斜列孔材桂花木（c）的横切面体视镜图像。

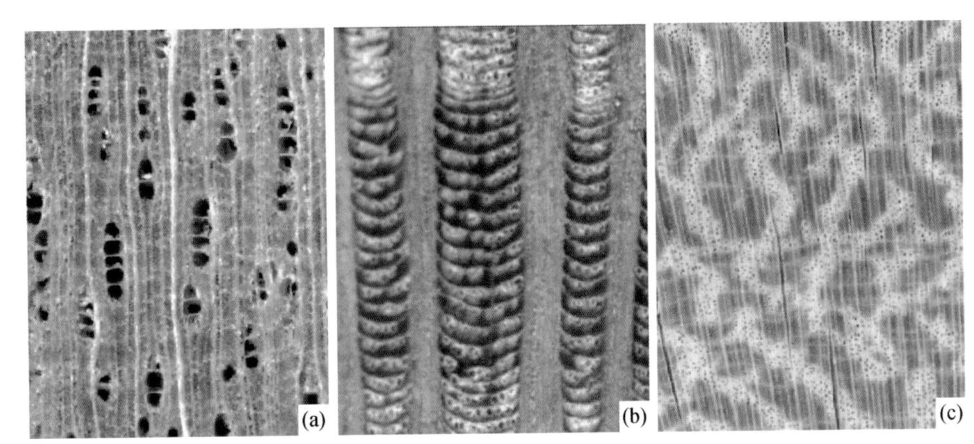

图 7-12　径列、弦列和斜列孔材三切面的体视镜图像

7.2.4　体视镜素材美学应用案例

这里以水曲柳木材为例，如图 7-13 所示，左边是水曲柳木材横切面体视镜原始图像（a），将该图像中管孔、木射线和薄壁组织按照原样临摹到茶壶和茶杯上，就获得一套木美茶具作品（b）。

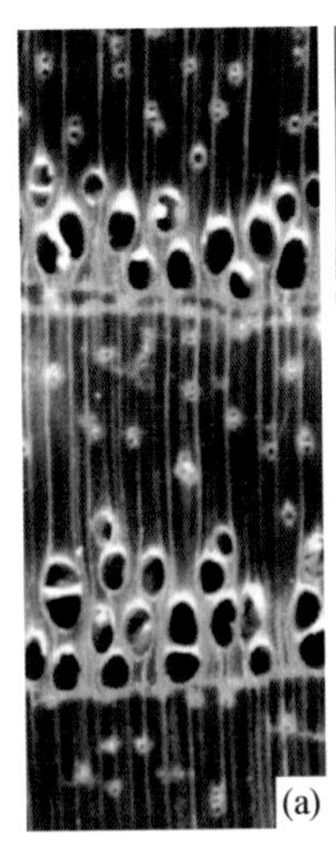

图 7-13　水曲柳横切面体视镜图像应用于茶具美饰

以上是本章第二节的内容，这一节主要介绍了体视显微镜的功能与结构、木材试样的准备与图像拍摄技术，分析了各类木材体视镜图像的特点，并通过实际案例介绍了体视镜素材的美学价值开发利用。

7.3　光学镜素材开发

所谓光学镜素材就是用光学显微镜拍摄所获得的木材显微构造特征的图像。光学显微镜采用透射光源，必须将木材试样切削成透光的薄片（微米级厚度）。光学显微镜图像的放大倍数为40～1000倍，以100～600倍的效果为佳。采用光学镜来开发木美素材的优点是可以对木材薄片进行染色处理，因而可以获得不同的颜色效果，使得木材美学素材更加丰富。

7.3.1　光学显微摄像系统

图7-14是广西大学木美工作室的蔡司光学显微摄像系统。它的主要结构包括摄像头、接目镜、接物镜、载物台，聚光装置、透射光源和电脑系统。将木材玻片放置在载物台上，光源通过聚光装置汇聚后透过木材玻片，物镜成像进入目镜供观察者进行分析。当观察到感兴趣的特征时，拍摄下来，即可获得一幅光学镜图像素材。

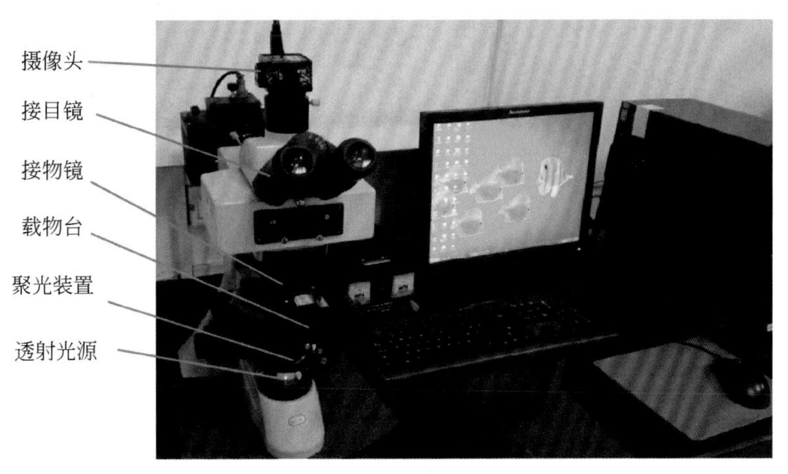

图7-14　蔡司光学显微摄像系统

7.3.2　光学镜素材开发技术

按照如下技术步骤可以取得木美光学显微镜素材。

①选材取样

为获取美学效果好的花纹图案，选择具有特殊组织结构的木材或竹材，在选定的木材或竹材中切取试样，试样尺寸通常为：轴向长度 10 ~ 30mm、径向宽度 8 ~ 20mm、弦向厚度 6 ~ 15mm。

②试样软化

为了减少切片时的切削阻力，防止木材细胞被切刀压溃，需要对木材试样进行软化处理，如图 7-15 所示。软化处理方法为：首先用清水煮沸木材试样直至下沉，然后将试样放入软化液（酒精与甘油混合液）中浸泡或加热煮沸，直至用单面刀片能自如地切削成片为止。对于某些特殊的木材，需要采用一些特殊的软化处理方法。

③木材切片

在专用的木材切片机上对软化后的木材试样进行切片，如图 7-16 所示。为了得到理想的花纹图案，可在不同切面上，以不同的角度切削木材试样，切片的厚度为 10 ~ 200μm。木材切片是一种技术性很强的活，需要反复实践才能掌握。

图 7-15　木材切片试样软化处理

图 7-16　木材切片操作

④切片染色

为获得一定的色彩效果，需要对木材切片进行染色处理，即将切片放入染色剂中浸泡或浸蘸，如图 7-17 所示。常用于木材切片的染色剂有苏木精、番红和固绿等。必要的时候，可以采用双重或多重染色方法，这样可使不同的木材组织染上不同的颜色。

⑤切片脱水

如图 7-18 所示，脱水方法是将染色处理后的木材切片放在由低浓度至高浓度的酒精液中浸泡（浸泡时间，低浓度酒精液中时间长、高浓度酒精液中时间短)，这样进行逐级脱水。最后一次用无水酒精浸泡，让木材中的水分完全脱除干净。

图 7-17　木材切片染色处理

图 7-18　木材切片脱水处理

⑥ 切片透明

为了增加木材切片的透明度，需要对脱水后的木材切片进行透明处理，即将木材切片放入丁香油中浸泡 8 ~ 12min，如图 7-19 所示，最后将木材切片移入二甲苯中保存备用。

⑦ 切片封固

为了便于操作，需要将经过上述处理后的木材切片封固在植物切片专用的玻片上。具体方法如图 7-20 所示，即用中性树脂胶将保存于二甲苯中的木材切片封固于专用的载玻片与盖玻片之间，待树脂胶干固后收藏备用。木材切片封固操作的技术性很强，操作速度要快，太慢会有水分进入胶液而形成混浊。

图 7-19　木材切片透明处理

图 7-20　木材切片封固处理

⑧ 图像拍摄

将上述制作好的木材玻片放置在光学显微摄像系统的载物台上，选择接物镜和接目镜组合，调整好光源亮度、聚光度和焦距后细心观察木材切片，发现有感兴趣的特征即可拍摄下来，如图 7-21 所示。拍摄时要注意选择合适的放大倍率，调整好光源、光圈和焦距等。最后将拍摄的图像保存于电脑文件夹中备用，保存格式可以是 JEPG、BMP 或 TIF 格式。

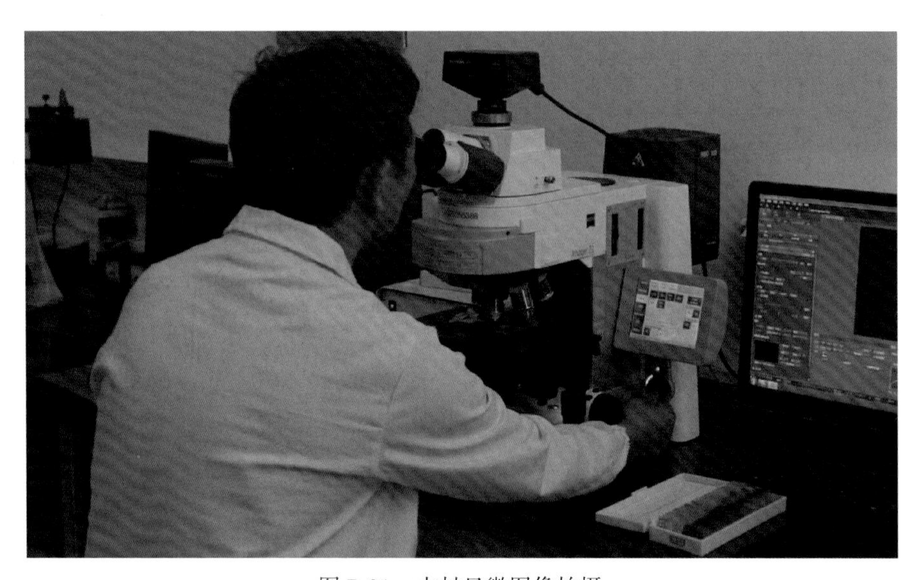

图 7-21　木材显微图像拍摄

7.3.3　各种木材组织的光学镜图像

木材由无数细胞所构成。根据细胞本身对树木生长所起作用的不同，可以把木材细胞归属于不同的木材组织。木材中主要有 4 种组织类型，即机械组织、输导组织、木薄壁组织和木射线组织。

①机械组织

木材中专司机械支撑功能的细胞，归属于机械组织，如图 7-22 中箭头所指。阔叶树材的机械组织主要由木纤维细胞（a）组成；针叶树材的机械组织主要由晚材管胞（b）组成。

②输导组织

木材中专司养分运输功能的细胞，归属于输导组织，如图 7-23 中箭头所指。阔叶树材的输导组织主要由导管细胞（a）组成；针叶树材的输导组织主要由早材管胞（b）组成。

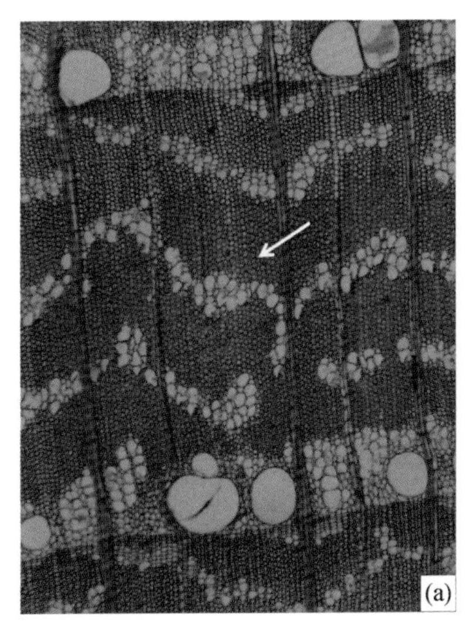

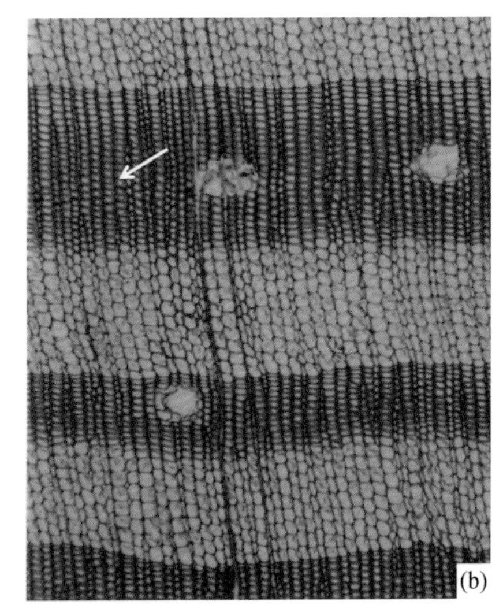

图 7-22　木材的机械组织

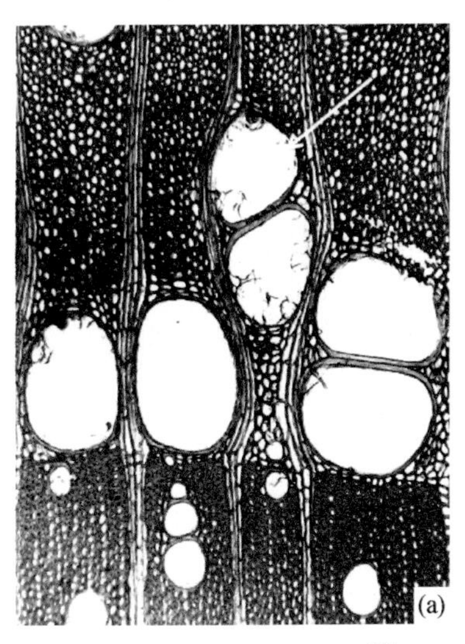

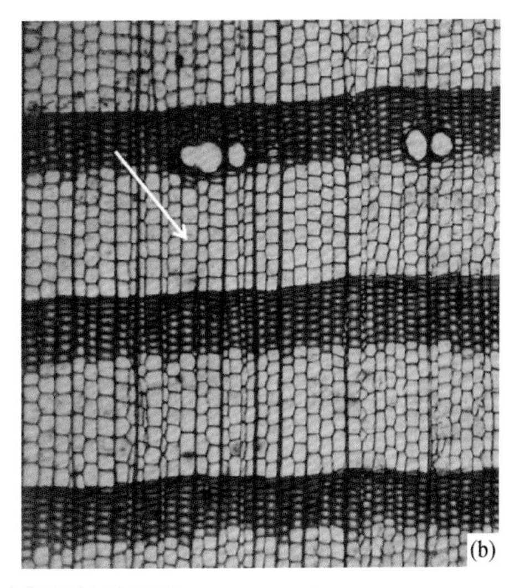

图 7-23　木材的输导组织

③木薄壁组织

木材中专司养分储藏功能的细胞，归属于木薄壁组织，如图 7-24 中箭头所指，主要由轴向薄壁细胞组成。一般情况下，针叶材薄壁组织较少，细胞中多含有深色树脂等内含物（a）；阔叶材薄壁组织较为丰富，因壁薄而显浅色（b）。

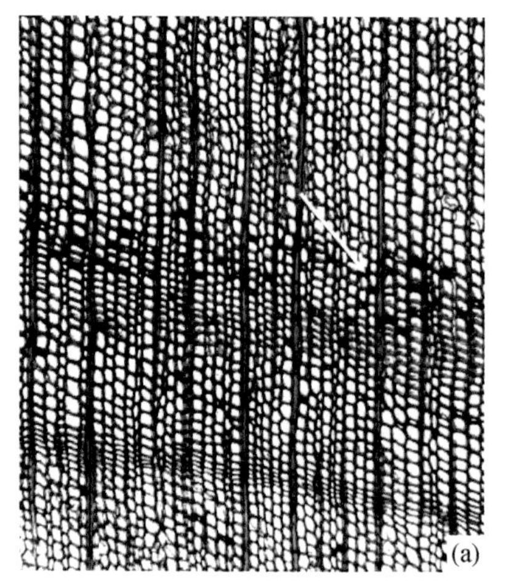

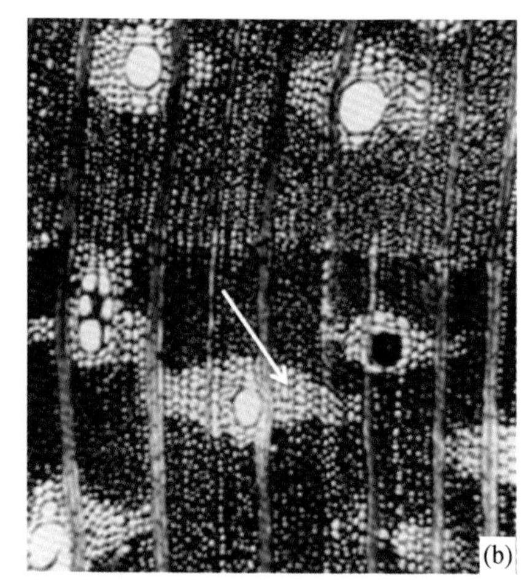

图 7-24　木薄壁组织

④木射线组织

木材中专司横向运输功能，并兼具营养储藏功能的细胞，归属于木射线组织，如图 7-25 中箭头所指，主要由射线薄壁细胞组成。一般来说，针叶材的木射线（a）较小，多为单列木射线；阔叶材木射线（b）较为发达，常为多列木射线。

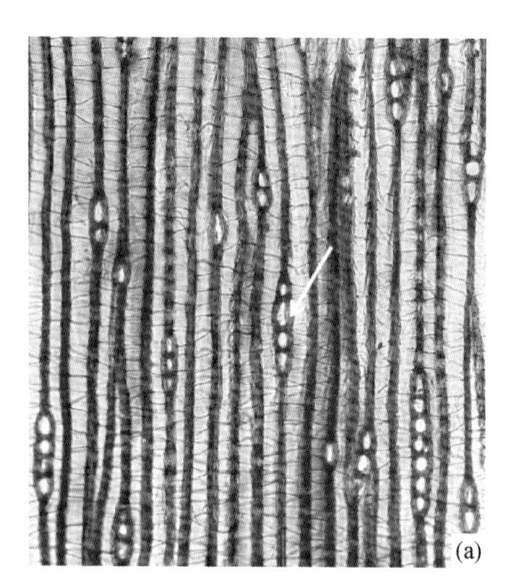

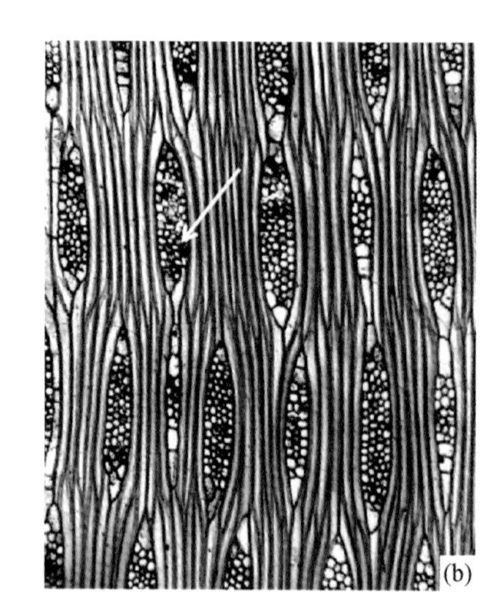

图 7-25　木射线组织

7.3.4　光学镜素材的美学应用案例

首先以黄金榕木材为例，如图 7-26 所示，从黄金榕木材横切面的显微构造原始图像（a）出发，以此为素材进行设计，获得丝巾美饰图案（b），由此开发出一款木美丝巾作品（c）。

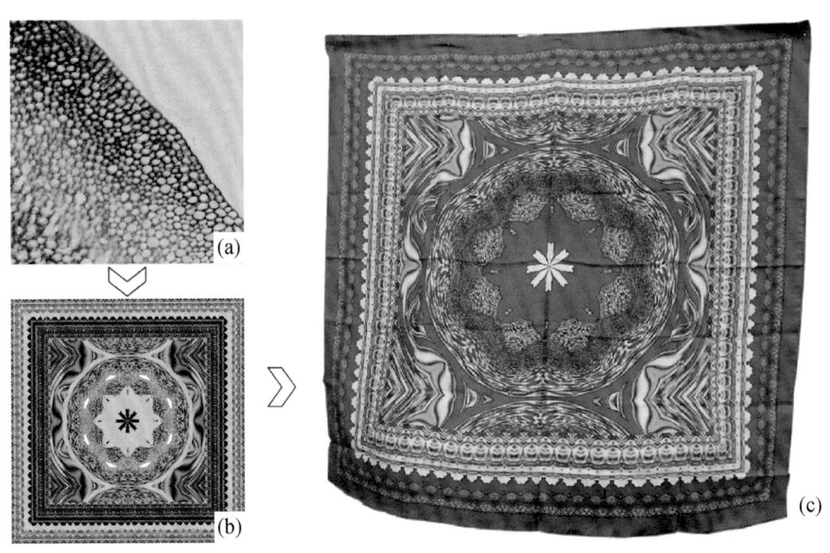

图 7-26　黄金榕木材横切面显微构造应用于丝巾美饰

再以鼠李木材为例，如图 7-27 所示，左边是鼠李木材横切面显微构造原始图像（a），图像中可见树枝状的管孔分布。以此作为美学元素，把它按照原样临摹到瓷器上，可开发出一款木美陶艺作品（b）。

图 7-27　鼠李木材管孔分布应用于陶瓷艺术

以上是本章第三节的内容，这一节主要介绍了光学显微镜摄像系统，讨论了光学镜素材的开发技术，分析了木材中各类组织的显微光学镜图像，并通过实际案例展示了光学镜素材的美学应用前景。

7.4　电镜素材开发

电子显微镜，简称电镜，它是通过电子信号来成像的，这是它与光学显微镜的根本区别。电镜可分为扫描电镜和透射电镜，木材美学的电镜素材多采用扫描电镜来拍摄。

相对于透射电镜，扫描电镜具有如下优点：

- 放大倍数为 20～20 万倍，连续可调；
- 景深大、视野大、成像立体感强；
- 试样制备简单；
- 设备附带有 X 射线能谱仪装置，可进行微区成分分析。

7.4.1　扫描电镜简介

图 7-28 是广西大学材料分析实验室的扫描电镜系统（a）及其工作原理示意图（b）。

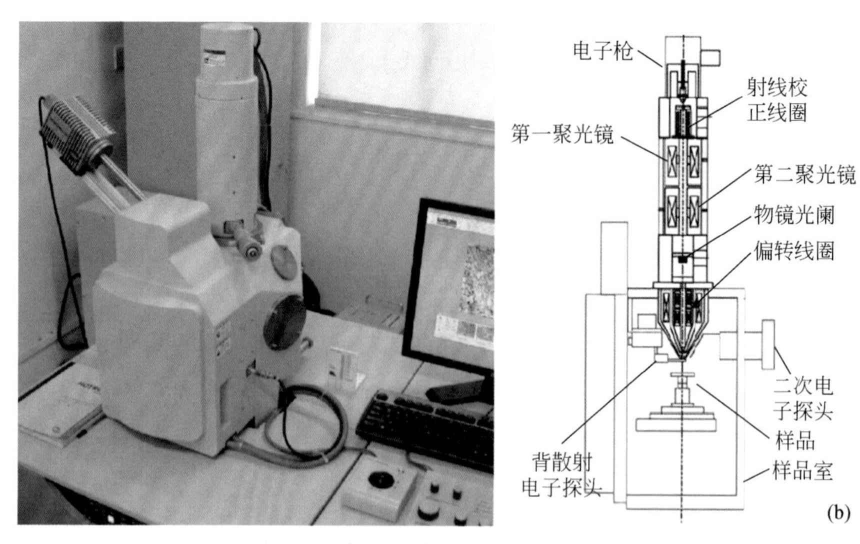

图 7-28　扫描电镜及其工作原理示意

扫描电镜系统主要由电子枪、聚光电磁线圈、扫描电磁线圈、样品室、二次电子探头和背散射电子探头等部件构成。电子枪发射电子束，经多级电磁透镜汇聚后，打在样品表面。最后一级电磁透镜上装有扫描线圈，控制电子束在样品表面逐点、逐行地进行扫描。高能电子束打在样品表面，产生二次电子信号，被二次电子探头收集，再经光电转换并放大后送到显像管的栅极上，调制显像管的亮度。扫描线圈电流大小与显像管亮度大小相对应，电子束打到样品上某一点时，在显像管荧光屏上相应位置出现一个亮点。扫描电镜就是这样逐点、逐行地把样品表面特征，按顺序、成比例地转换为视频信号，让人们在荧光屏上观察到样品表面的特征图像。

7.4.2　电镜素材开发技术

按照如下技术步骤可以获得木美电镜素材。

①采样

野外任何木本植物体都可以作为分析样本，用锯子或砍刀截取一段树干或枝条即可。

②制样

用单面刀片徒手切片或在专用的木材切片机切片，获得厚度为0.5～1mm、幅面约10mm×15mm的木材切片（一般要求径向有一个完整的年轮）。在切削试样时，要求刀刃锋利，否则木材表面细胞会受到刀刃挤压而变形。

③样品处理

首先用20%的次氯酸钠漂洗2～3次，然后放在由低至高浓度的酒精中浸泡，逐级脱水。最后一次用无水酒精浸泡，使木材中的水分完全脱除干净。

④样品干燥

经过酒精脱水的木片放置在50～60℃的电热干燥箱中烘至绝干，并将烘干的木片保藏在干燥器中备用。

⑤胶粘样品

为保证在电镜观察时样品工作台倾斜或旋转时样品不会移动或掉落，需要用导电胶把样品粘固在电镜的样品台上。同时，由于导电胶的导电作用，样品表面不会聚集过量的二次电子而影响成像效果。

⑥ 真空喷镀

如图7-29所示，真空喷镀是将高导电性的金或铂，在真空喷镀仪中蒸发后，喷雾在样品表面。样品喷镀金属膜后，不仅可以防止充电、放电效应，还可以减少电子束对样品的损伤、增加二次电子的产率，从而获得高质量的图像。

⑦ 电镜观察分析

将经过金属喷镀的样品放入电镜的样品室内，操作样品的移动和旋转手柄，即可在电镜系统的显示屏上观察分析样品。

图 7-29 真空喷镀装置及其工作状态

⑧ 电镜图像拍摄

如图 7-30 所示，在电镜上进行木材样品分析时，当观察到感兴趣的木材构造特征时，经过调整视野、选择放大倍数、调整聚焦、消除像散、调整反差和亮度、调节扫描速度等操作后，点击拍摄，即可获得电镜素材图像。

图 7-30 扫描电镜图像拍摄

7.4.3 电镜素材美学应用案例

首先以油丹木材纹孔为例，如图 7-31 所示，左边是油丹木材径切面电镜构造原始图像（a），拍摄部位正好是纵行的导管细胞与横行的木射线细胞相交叉的区域。图中可见好似七个篆体的“山”字，叠聚在一起，构成大的山峰形状。

由此创作出一个“烈焰火山”的框画作品（b）。

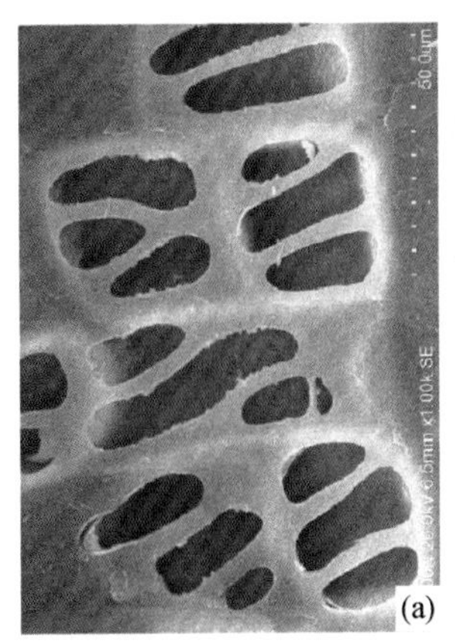

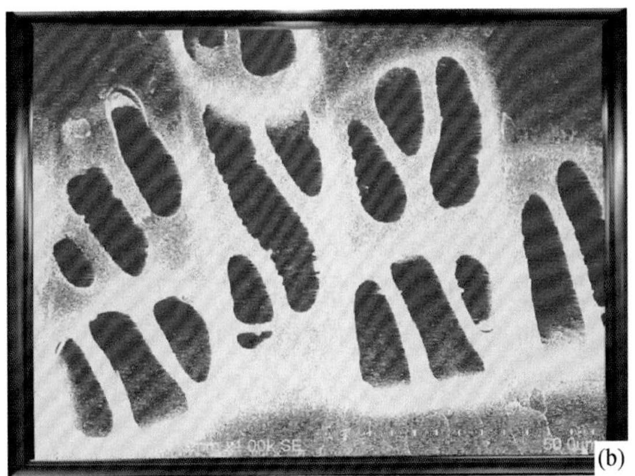

图 7-31　油丹木材纹孔电镜图像应用于框画作品

再以凤尾竹薄壁组织为例，如图 7-32 所示，以凤尾竹纵切面薄壁组织的电镜构造原始图像（a）为素材，按照对称式图案创作方法，设计出一款地板美饰图案（b），由此开发出一款美学地板作品（c）。

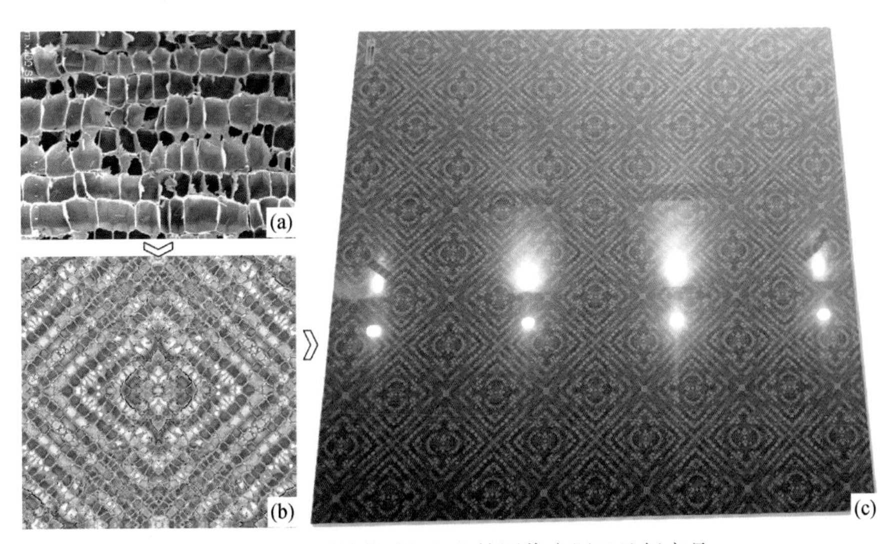

图 7-32　凤尾竹薄壁组织电镜图像应用于地板产品

以上是本章第四节的内容，这一节主要介绍了扫描电镜摄像系统的基本构造和工作原理，讨论了利用扫描电镜开发木材美学素材的技术方法，并通过实际案例展示了电镜素材的美学应用前景。

第 8 章　木美图案技术

所谓图案，即为图形的设计方案，一切有装饰意义的花纹或图形都属于图案的范畴。什么是木美图案呢？木美图案就是主要由木材美学元素所构成的图案。根据图元组成和构图方法的不同，可以划分为天然型、对称式、联缀式、散点式、分形几何型和图元重组型六种各具鲜明特色木美图案。天然型木美图案具有自然活泼之美，对称式木美图案具有对称规则之美，联缀式木美图案具有序列连续之美，散点式木美图案具有散漫自由之美，分形几何型木美图案具有分形自相似之美，图元重组型木美图案具有灵活混搭之美。其中，重点要讨论的是分形几何型木美图案，它是应用基于分形几何理论的图形软件所创作的木美图案，兼具分形图案的自相似之美和木材构造特征的天然之美。通过本章的讨论，大家可以掌握多种木材美学图案创作方法和技术，这种木材美学图案，可谓是美轮美奂，可以应用于各类木美作品和产品的开发。

8.1　天然型木美图案

如果整幅图案大体上由树木天然生长而成，人为只是辅以适当的取舍和色彩处理，这样的图案就归属于天然型木美图案。如图 8-1 所示，左边是直接在柠檬桉树干上拍摄到的原始图像（a），右边“天狗追月”作品的图案（b）是在原始图像的基础上，只进行了色彩处理，当属于天然型木美图案。

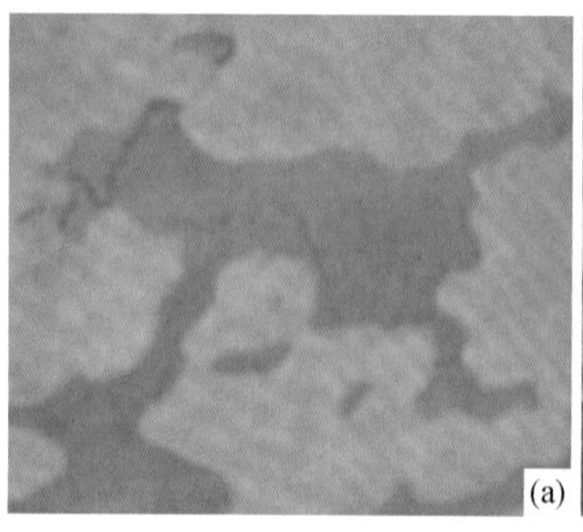
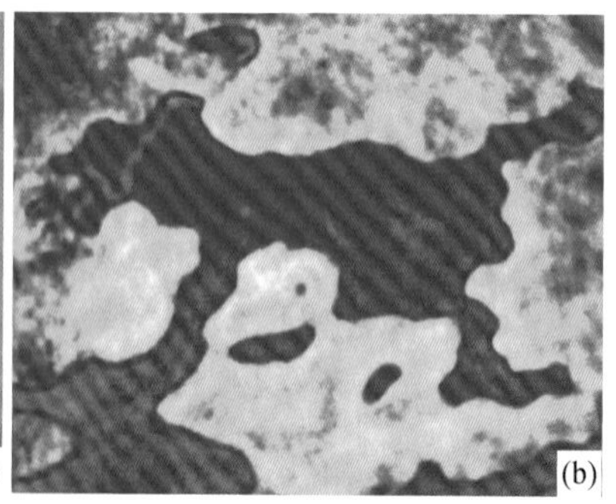

图 8-1　“天狗追月”作品图案及其原始素材

8.1.1　天然型木美图案创作

如上所述，天然型木美图案乃树木天然生长而成，这里所说“创作”，似乎不太恰当。虽然天然型木美图案是天然长成、天然存在的，但要获得它，还是离不开人为的劳动和贡献。获得这种天然型木美图案，一般需要通过如下 5 个步骤，即探寻发现、获取图像、图像审美、图元取舍和色彩处理。其中探寻发现与获取图像属于木美素材开发的范畴，前面已有讨论，下面只对图像审美、图元取舍和色彩处理 3 个方面进行讨论。

①图像审美

审美是人们主动地去感知、体会和认识世界上美好事物的过程。法国著名雕塑家，奥古斯特·罗丹（1840—1917 年）有句名言：世界上从不缺少美，而是缺少发现美的眼睛。

按照第 7 章介绍的木美素材开发技术，可以获得大量的源于树木和木材的原始图像。对这些原始图像进行审美分析，可以获得一些天然型美学图案。对于那些本身带有某种具象图形的原始图像，运用现代美学原理进行审美分析和意象思维，可以获得某种审美意象。

图 8-2 是作者在广州中山大学校园柠檬桉树干上拍摄的一幅原始图像。从审美的角度去欣赏和品味这一幅图像，其中似有一只大尾巴狐狸，这就是审美主体所获的审美意象。

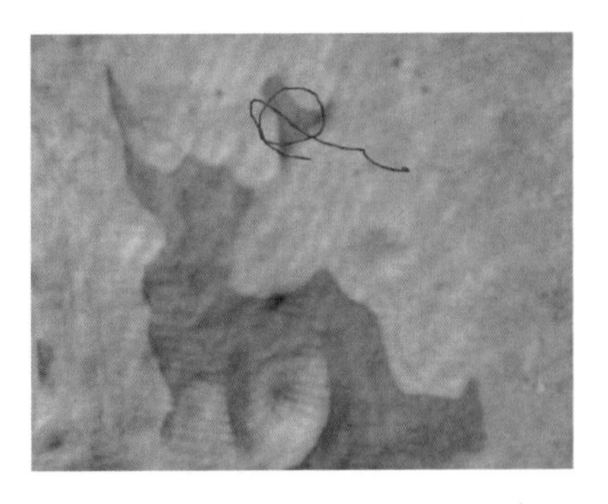

图 8-2　“火狐献艺”作品的原始素材

②图元取舍

图元取舍可以运用 PS 软件的裁剪和擦除等工具，在原始图像中进行构图元素的取舍。具体就是在保持原始图像整体不变的前提下，根据审美活动形成的审美意象，保留图幅中具有审美意义的部分，舍弃有碍体现审美意义的东西。这里在图 8-2 中去掉狐狸头顶右边的深色斑块，能更好地表达狐狸“顶物献艺”的审美意象。

③色彩处理

运用 PS 图形处理软件，根据审美意象表达的需要，对经过图元取舍确定的图案进行必要的色彩处理。这里将图幅的背景处理成黑色，图案主体处理成火红色，更加突出了主体图形，很好地表达了“火狐献艺”这一主题，如图 8-3 所示。

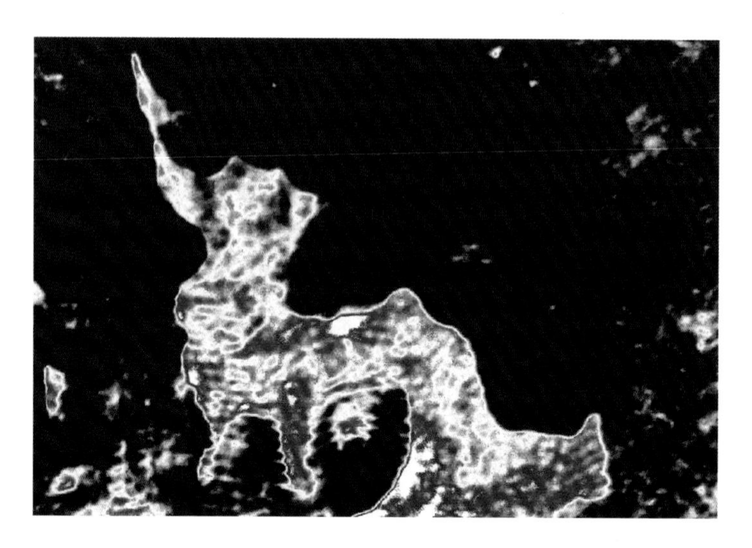

图 8-3　“火狐献艺”挂画作品

8.1.2　不同素材天然型木美图案

①天然树皮图案

如图 8-4 所示的“劲舞”壁画作品（b）来自于天然树皮图案，它是在一幅柠檬桉树皮原始图像（a）的基础上，只是进行了色彩处理而获得。

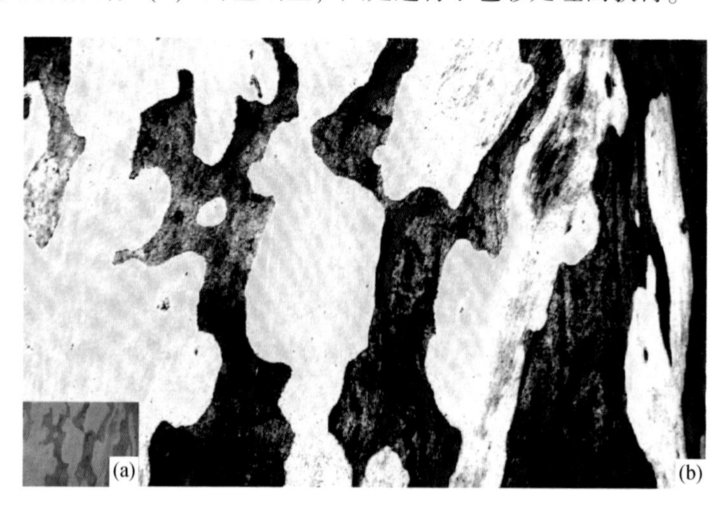

图 8-4　“劲舞”壁画作品及其原始素材

②天然木纹图案

如图 8-5 所示的“雪岭苍松”挂画作品（b）来自于天然木纹图案，它是在一幅金丝楠木纹原始图像（a）的基础上，只是进行了色彩处理而获得。

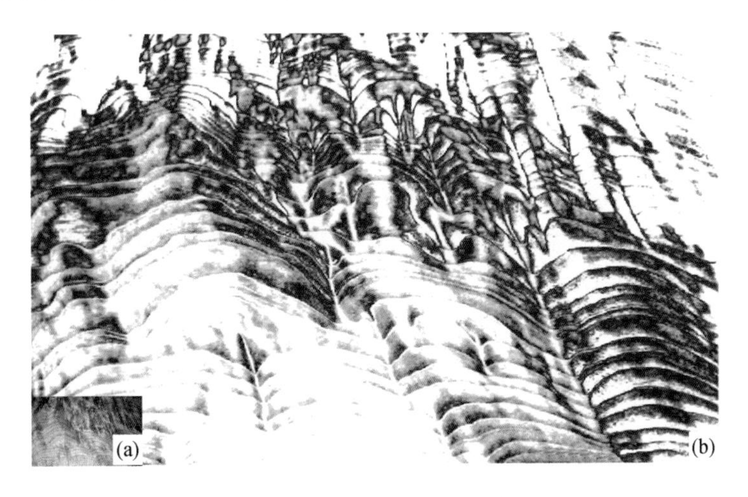

图8-5　“雪岭苍松”挂画作品及其原始素材

③显微构造的天然型图案

如图8-6所示的“海底世界”挂画作品（b）的图案，属于显微构造的天然型图案，它是在一幅龙眼木横切面显微构造原始图像（a）的基础上，只是进行了色彩处理而获得。

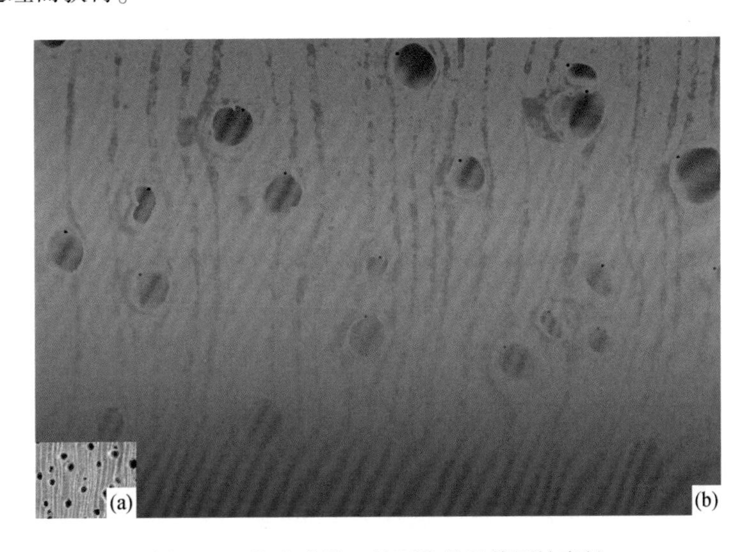

图8-6　“海底世界”挂画作品及其原始素材

④电镜构造的天然型图案

如图8-7所示的“烈焰火山”挂画作品（b）的图案，属于电镜构造的天然型图案，它是在一幅油丹木材径切面电镜构造原始图像（a）的基础上，只是进行了色彩处理而获得。

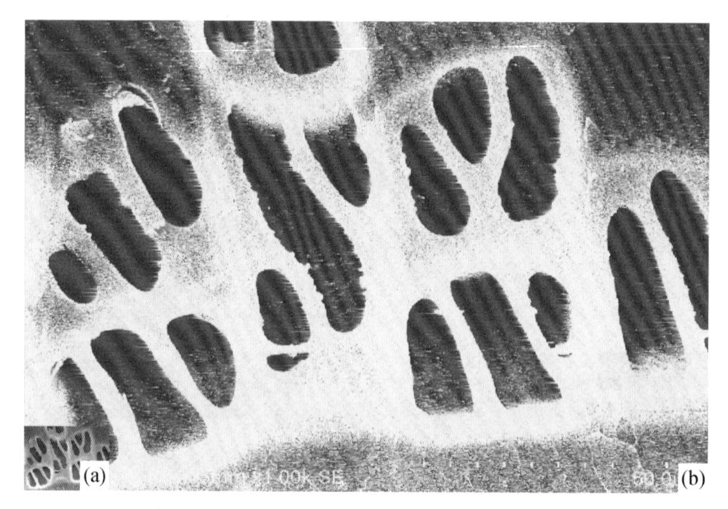

图 8-7　“烈焰火山”挂画作品及其原始素材

8.1.3　天然型木美图案应用

首先以黄花梨宏观木纹为例，如图 8-8 所示，这里是残缺的海南黄花梨半圆盘的原始图像，外围黄白色的为边材部分，内部深褐色的为心材部分。粗看圆盘中深褐色的心材部分，整体上像是一头坐卧的狮子。它有头有尾，狮头高昂，尾巴高翘，前肢撑地，胸肌健硕，甚是英武。细察狮子头部，可见一副面容姣好的贵妇形象，她瓜子脸庞，樱桃小嘴，五官端正，裹着厚实的头巾，俨然一副贵夫人做派。粗看细察，两相结合，就获得了古代神话中狮身人面的审美意象。

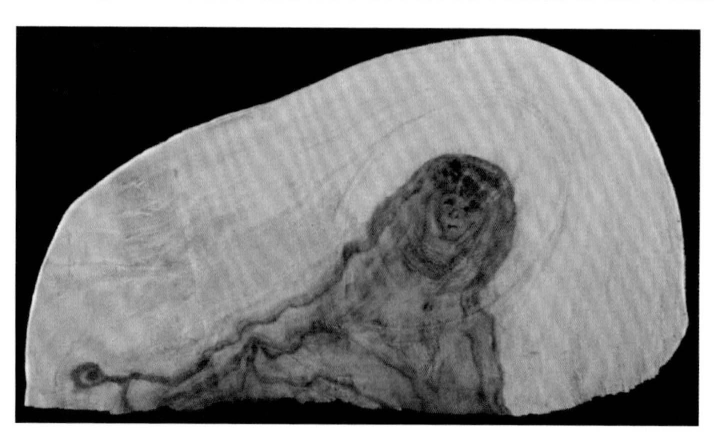

图 8-8　海南黄花梨半圆盘

截取上面木材半圆盘中含有人面头像的部分，将原始图像中黄白色的边材部分处理为玫红色作为背景，并配上字联："黄花窈窕淑女，木痴君子好逑"，这样就获得了如图 8-9 所示的"窈窕淑女"挂画作品。

图 8-9　"窈窕淑女"挂画作品

再以檀香紫檀显微构造原始图像为例，如图 8-10 所示，这是檀香紫檀木材弦切面的显微构造原始图像（a），对该图像进行色彩处理后，直接作为地板的装饰图案，开发出一款木美地板作品（b）。

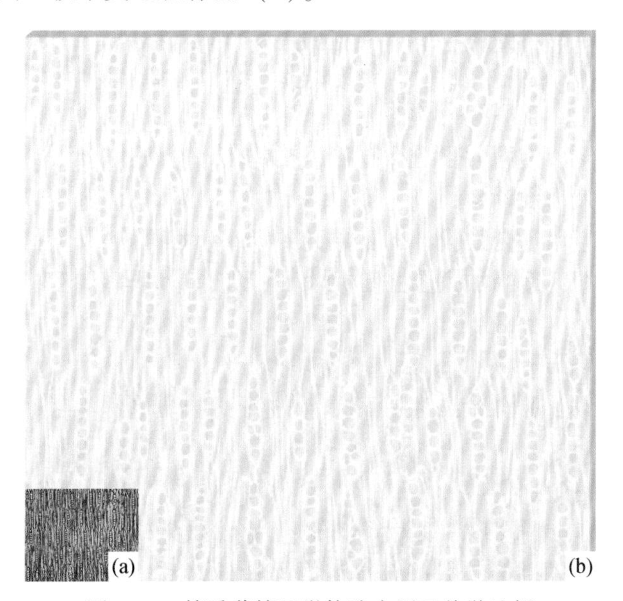

图 8-10　檀香紫檀显微构造应用于美学地板

以上是本章第一节关于天然型木美图案的内容，这一节主要讨论了天然型木美图案创作的技术方法，介绍了各种类型的天然型木美图案，并通过实际案例展示了天然型木美图案的应用前景。

8.2　对称式木美图案

图 8-11　榕树树皮的对称式图案

这里所讨论的图案为平面图案，平面图案的对称可分为一维对称和二维对称。我们这里讨论二维对称，即上下对称和左右对称。如图 8-11 所示，这是一幅来自于榕树树皮的图案，它就是一幅对称式图案。

8.2.1　对称式木美图案创作方法

对称式四方连续木美图案的设计步骤如下。

①获取原始素材

按照前面介绍的木美素材开发技术，可以获得大量的宏观、微观或超微观的木美素材，可以建立一个木美素材库。需要时可从木美素材库将素材图像调入 PS 工作窗口。

②获取构图元素

应用 PS 图形处理软件提供的截图工具，从原始图像中截取一部分作为构图元素，并对它进行必要的颜色或明暗等加工处理。

③构建图案单元

通过复制功能，获得 4 个构图元素，然后按照上下、左右对称，不离缝、不重叠的原则，将 4 个构图元素进行拼接，构建出一个图案单元。

④图案单元大小设计

根据图案的应用场合，设计图案单元的大小。如果应用于大场面，可以采用图案无损放大软件，适当加大图案单元尺寸；如果应用于小区域，需将图案单元尺寸适当缩小。

⑤图案单元修饰

运用 PS 图形处理软件，对图案单元进行必要的色彩、亮度和反差等技术处理。

⑥制作图案终版

在 PS 窗口下，根据所需图案尺寸新建一个图层，将处理好的图案单元在长度和宽度方向上重复拼接，即可获得四方连续的对称式木材美学图案。必要时，还可以对图案的亮度和色彩效果等进一步调整。

8.2.2　对称式木美图案创作案例

如图 8-12 所示，从樱桃树皮的原始素材图像（a）出发，首先用 PS 图形处理软件的剪裁工具，从原始图像中截取一小块，作为构图元素（b）。再复制 4 个这样的构图元素，并按照上、下、左、右对称和不离缝、不重叠的原则，将 4 个构图元素拼接起来，获得构图单元（c）。然后将此图案单元在长度和宽度方向上反复拼接，最终获得了一个樱桃树皮的对称式四方连续图案（d）。

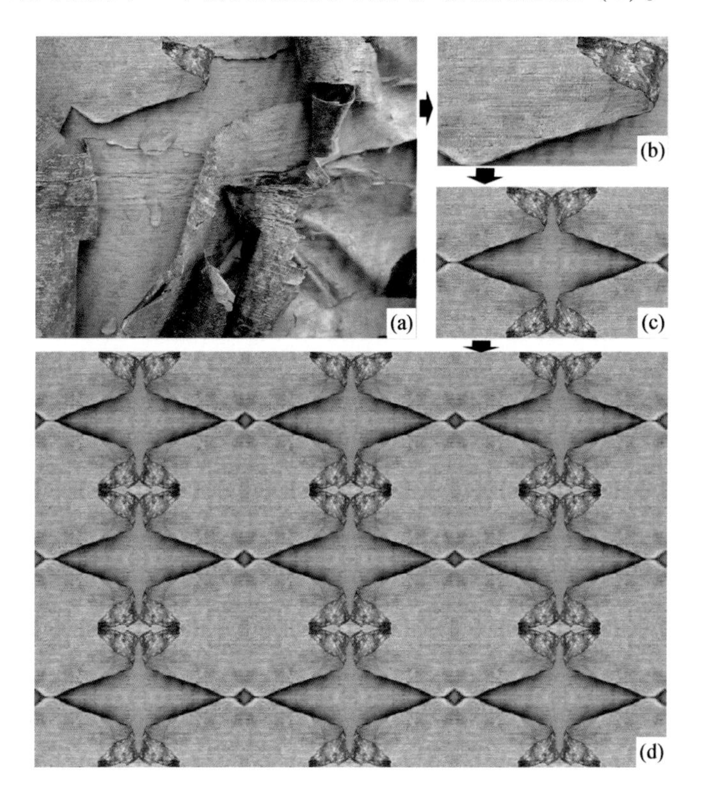

图 8-12　樱桃树皮对称式四方连续图案创作过程

8.2.3　不同素材对称式木美图案

①树皮素材对称式图案

如图 8-13 所示，左边是榕树树皮的原始图像（a），按照前面介绍的对称式图案创作方法，截取左上角部分作为构图元素，可以获得一个以榕树树皮为素材的对称式图案（b）。

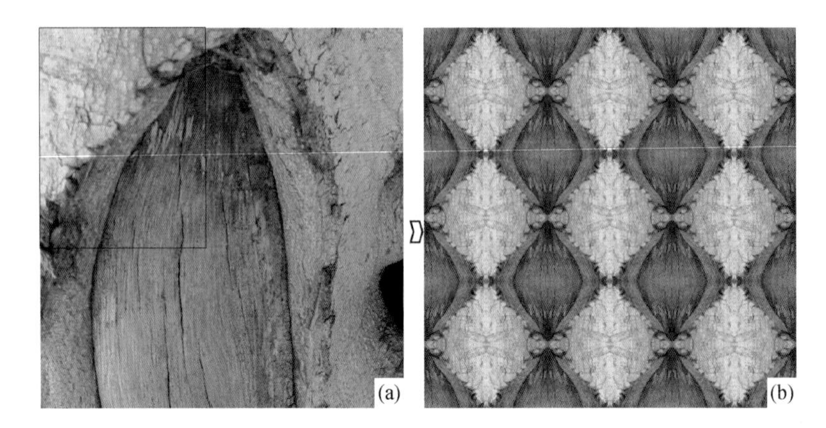

图 8-13　树皮素材的对称式四方连续图案创作

②宏观木纹对称式图案

如图 8-14 所示，左边是鸡翅木的材表木纹原始图像（a），截取虚线框的部分作为构图元素，可以获得一个以宏观木纹为素材的对称式雕刻纹图案（b）。

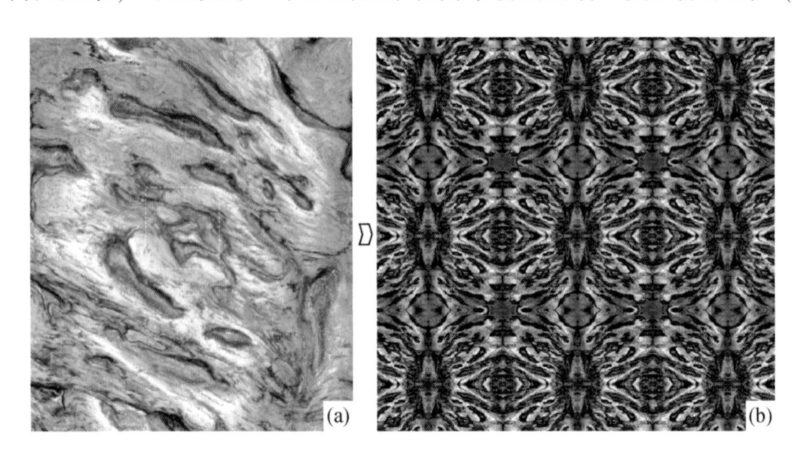

图 8-14　宏观木纹的对称式四方连续图案创作

③显微构造对称式图案

如图 8-15 所示，左边是木姜子横切面显微构造的原始图像（a），截取虚线框的部分作为构图元素，可以获得一个以木材显微构造为素材的对称式泡泡纹图案（b）。

④电镜构造对称式图案

如图 8-16 所示，左边是西南猫尾木导管雕纹穿孔板电镜构造的原始图像（a），截取穿孔板的一部分作为构图元素，按照前面介绍的对称式图案创作方法，可以获得一个以木材电镜构造为素材的对称式雕纹穿孔图案（b）。

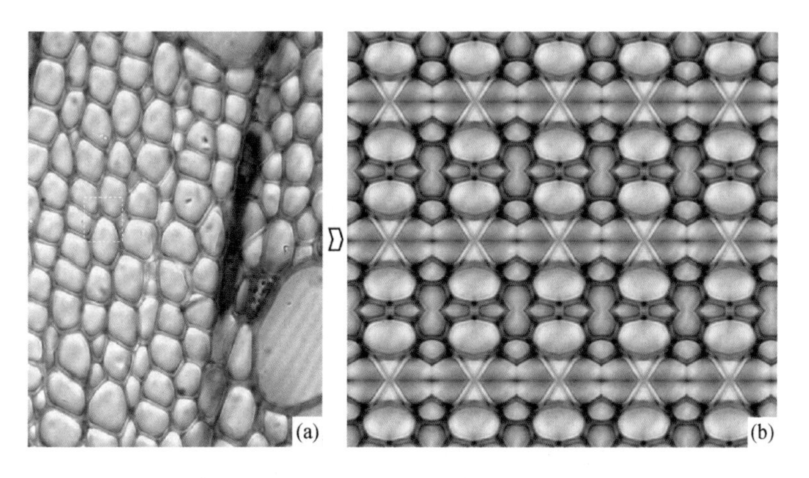

图 8-15　显微构造的对称式四方连续图案创作

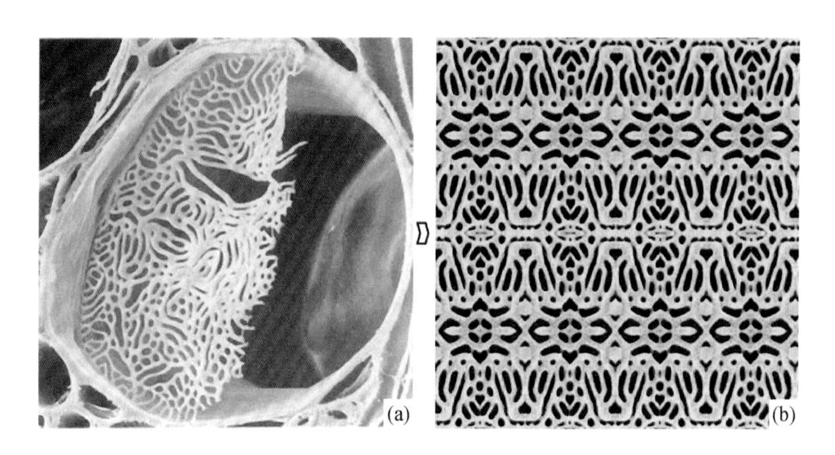

图 8-16　电镜构造的对称式四方连续图案创作

8.2.4　对称式木美图案应用

以羊蹄甲木材为例，如图 8-17 所示，图中右上角为木材弦切面导管显微构造的原始图像（a），以此为创作素材，按照上述方法，设计出对称式的布料图案（b）。应用现代数码打印技术，将该图案印制到棉麻织物的布料上，即可获得一款大摆裙的木美作品（c）。

以上是本章第二节关于对称式木美图案的内容，这一节主要讨论了对称式木美图案创作的技术方法，介绍了不同素材的对称式木美图案，并通过实际案例展示了对称式木美图案的应用前景。

图 8-17　羊蹄甲导管特征的对称式图案应用于裙装设计

8.3　联缀式木美图案

所谓联缀式图案是指图幅中的图元，首尾相接、联缀成行的情形。如图 8-18 所示，图案中的动物图形首尾联缀，这就是典型的联缀式图案。

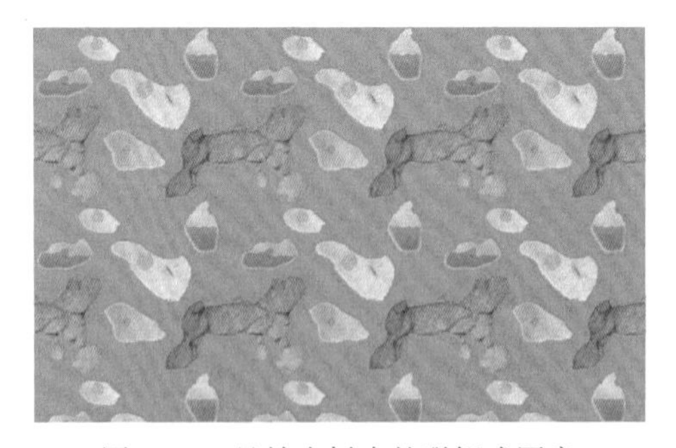

图 8-18　悬铃木树皮的联缀式图案

8.3.1　联缀式木美图案创作方法

四方连续联缀式木美图案的设计步骤如下。

①获取原始素材

按照前面介绍的木美素材开发技术，可以获得大量宏观、微观或超微观的木美素材。这里只需要从木美素材库将素材图像调入 PS 工作窗口即可。

②获取主图元

应用 PS 图形处理软件提供的截图工具，从原始图像中截取某一图形作为主图元，并擦除其他无关部分。

③创建图案单元

• 根据图案应用场合，设计图案单元的尺寸，并将主图元放置于单元框的中央。

• 将单元框分为左、右两半，平移交换位置，可在空白处适当添加其他辅助图元，合并各图层。

• 再将单元框分为上、下两半，平移交换位置，还可以在空白处适当添加其他辅助图元，合并各图层，获得图案单元。

• 对图案单元进行必要的色彩、亮度和反差等技术处理，获得最终构图单元。

④制作图案终版

根据图案尺寸，新建一个图层，将处理好的图案单元在长度和宽度方向上重复拼接，即可获得四方连续的联缀式木材美学图案。必要时，还可对图案的亮度、色彩等进行适当调整。

8. 3. 2　联缀式木美图案创作案例

第一步，从木美素材库中将竹材横切面显微构造原始图像调入 PS 工作窗口，如图 8-19 所示。原始图像主要由维管束和薄壁组织构成。

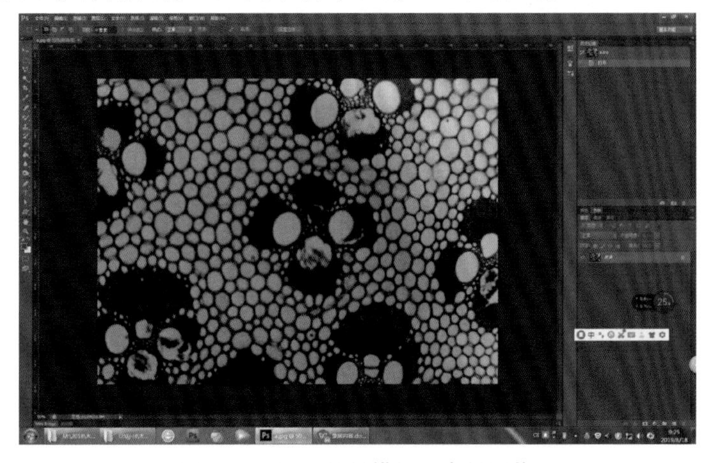

图 8-19　调入竹材横切面素材图像

第二步，截取图像中间的花瓣状维管束部分，并擦除无关的东西，获得这个花瓣状的主图元，如图 8-20 所示。

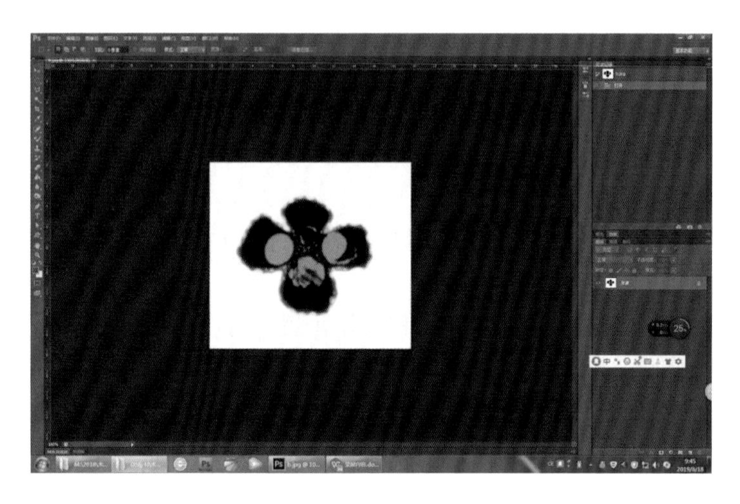

图 8-20　获取主图元

第三步，将主图元置于单元框中央，左、右分为两半，并平移交换，在空白处添加一些薄壁组织细胞，合并各图层，获得过渡单元框，如图 8-21 所示。

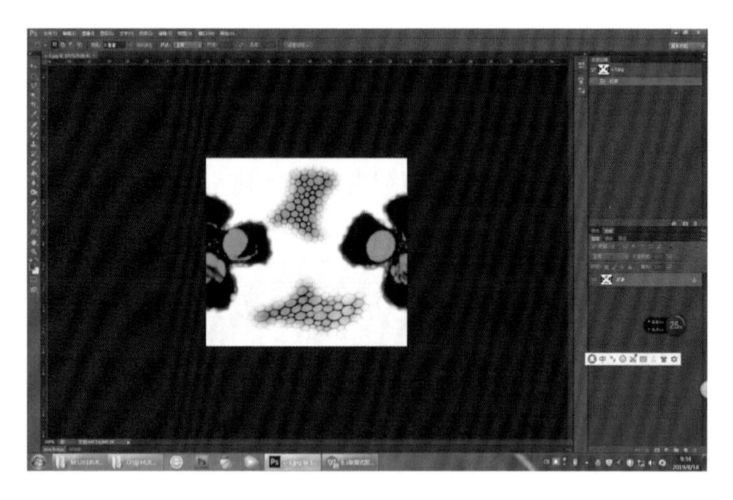

图 8-21　过渡单元框

第四步，对上述过渡单元框再上、下分半，平移交换，在空白处再添加一些薄壁组织细胞，合并各图层并进行色彩等处理后，获得最终的图案单元，如图 8-22 所示。

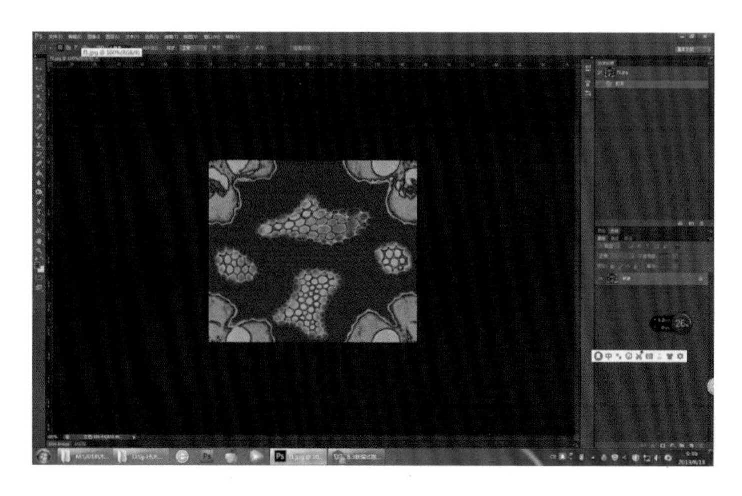

图 8-22　最终的图案单元

最后根据图案尺寸的需要，将图案单元在长度和宽度方向上反复进行拼接，即可获得一幅四方连续的联缀式图案，如图 8-23 所示。

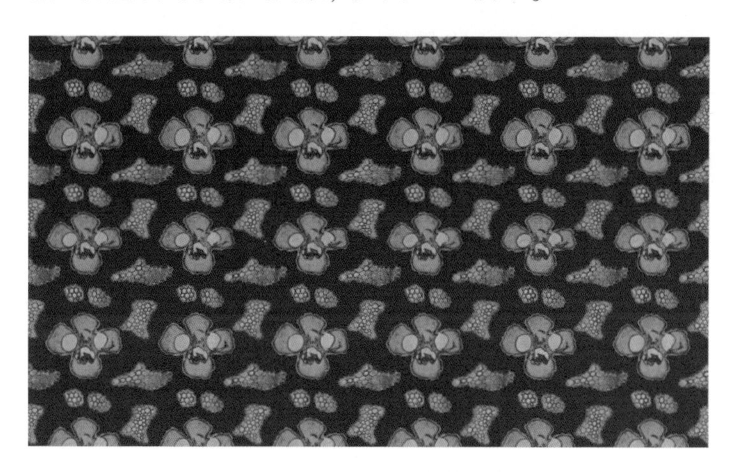

图 8-23　竹材花纹的联缀式四方连续图案

8.3.3　不同素材联缀式木美图案

①树皮素材联缀式图案

如图 8-24 所示，左边是悬铃木树皮的原始图像（a），图像中可见一个宠物狗的具象图形。以此为主图元，按照前面介绍的联缀式图案创作方法，可以获得一幅以宠物狗为主图元的联缀式图案（b）。

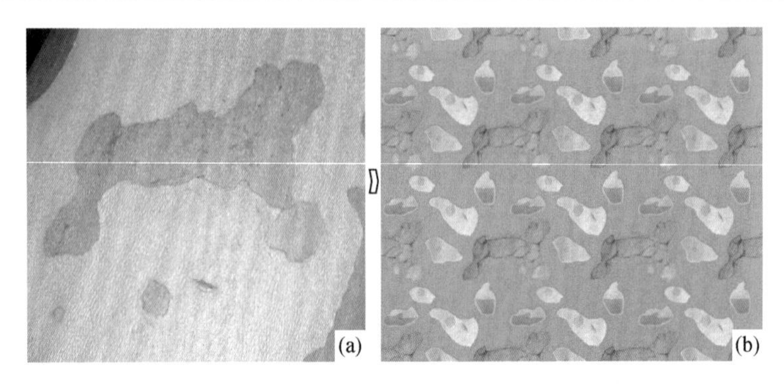

图 8-24　悬铃木树皮素材的联缀式图案创作

②宏观木纹的联缀式图案

如图 8-25 所示，左边是红心樟木材横切面宏观木纹的原始图像（a），按照联缀式图案创作方法，可以获得一幅以动物头纹为主图元的联缀式图案（b）。

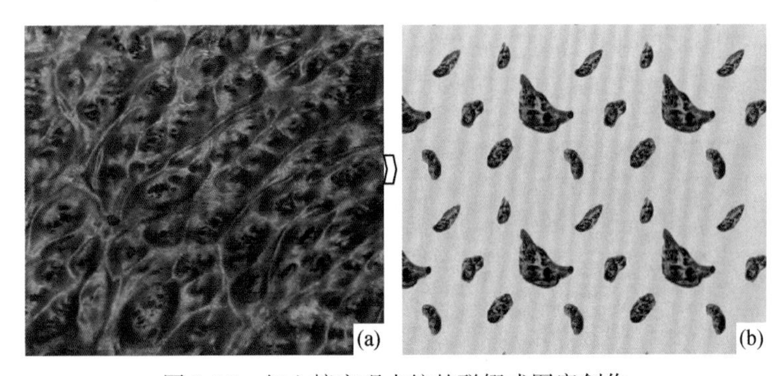

图 8-25　红心樟宏观木纹的联缀式图案创作

③显微构造的联缀式图案

如图 8-26 所示，左边是鞋木横切面显微构造的原始图像（a），按照联缀式图案创作方法，可以获得一幅以鞋底图纹为主图元的联缀式图案（b）。

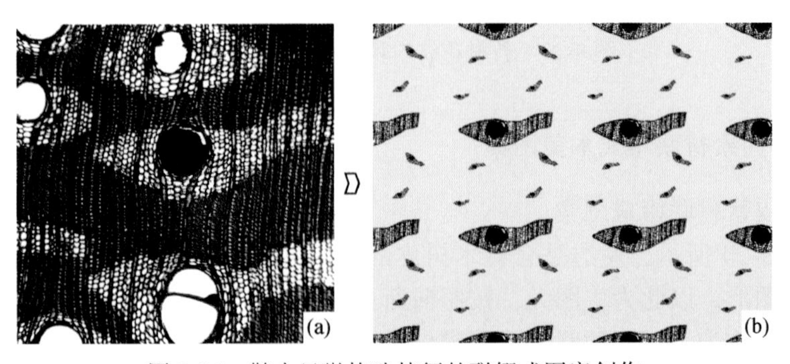

图 8-26　鞋木显微构造特征的联缀式图案创作

④电镜构造的联缀式图案

如图 8-27 所示，左边是龙眼木射线细胞腔中淀粉颗粒电镜构造的原始图像（a），按照联缀式图案创作方法，可以获得一幅以珍珠图纹为主图元的联缀式图案（b）。

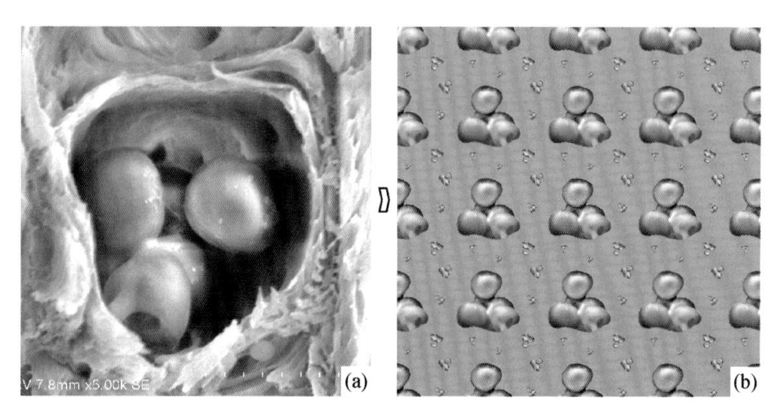

图 8-27　龙眼木电镜构造特征的联缀式图案创作

8.3.4　联缀式木美图案应用

以龙眼木弦切面电镜构造为素材，如图 8-28 所示，从龙眼木射线细胞腔中淀粉颗粒电镜构造的原始图像（a）出发，根据上述联缀式图案创作方法，设计出一幅珍珠图纹的布料图案（b），应用现代数码印刷技术将此图案印制到聚氨酯皮革面料上，即可开发出一款女式坤包作品（c）。

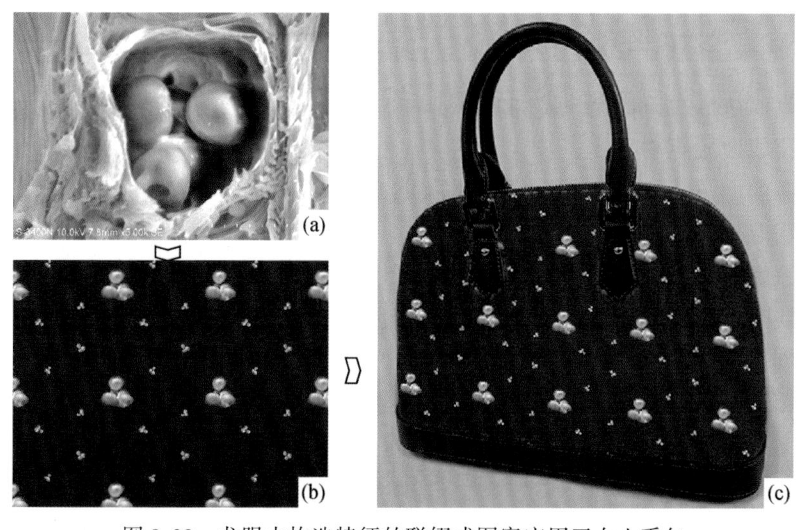

图 8-28　龙眼木构造特征的联缀式图案应用于女士手包

以上是本章第三节关于联缀式木美图案的内容，这一节主要讨论了联缀式木美图案创作的技术方法，介绍了各种类型素材的联缀式木美图案，并通过实际案例展示了联缀式木美图案的应用前景。

8.4 散点式木美图案

所谓散点式图案是指构图元素以散点方式星散地分布于整个图幅中的情形。如图 8-29 所示的图案，以黄花梨花朵为构图元素，呈散点式分布，属于典型的散点式图案。

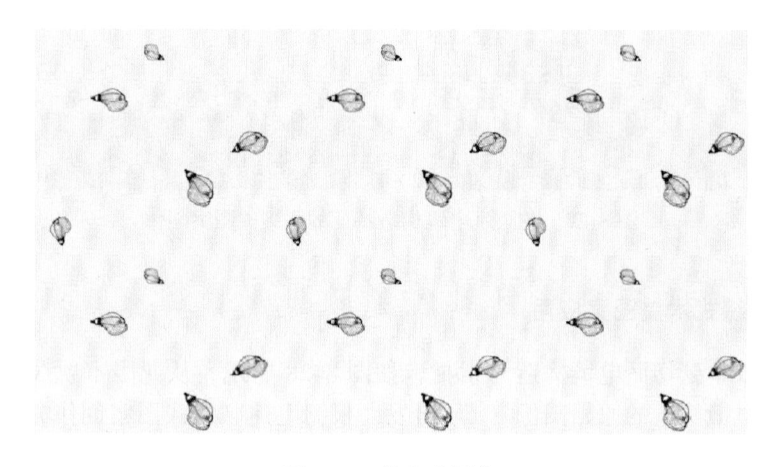

图 8-29 散点式图案

8.4.1 散点式木美图案创作方法

四方连续散点式图案的设计步骤如下。

①获取原始素材

参考前面关于木美素材开发技术所述方法。

②获取构图元素

从原始素材中截取构图元素，以 3 ~ 5 个为宜，最好能够大小有别、繁简搭配。必要时可以对单个构图元素进行适当色彩、亮度等技术处理。

③创建图案单元框

应用 PS 图形处理软件，根据构图元素的像素大小和所创图案的应用场合，设计图案单元框的尺寸。

④构图元素布置

将单元框划分成 n 行 n 列（n 为图元数），按照"一行一列一散点"的原则，

将 n 个图元放置在单元框中的不同位置。

⑤图案单元修整

对上述各个图元层分别进行大小、色彩、亮度和反差等技术处理，最后合并各个图元层，即得到图案单元。

⑥制作图案终版

根据图案的设计尺寸新建一个图层，将处理好的图案单元在长度和宽度方向上重复拼接，即可获得四方连续的散点式图案。必要时，还可对整幅图案的亮度和色彩等进行必要地调整。

8.4.2　散点式木美图案创作案例

如图 8-30 所示，上方是原始素材，分别是射线细胞端壁的珠瘤状单纹孔对（a）、射线细胞腔内珍珠样淀粉颗粒（b）和导管腔内的淀粉球（c）。分别提取出来获得 3 个图元（d）、（e）、（f），并对每个图元进行大小或方位的变化，这样变成 6 个图元。

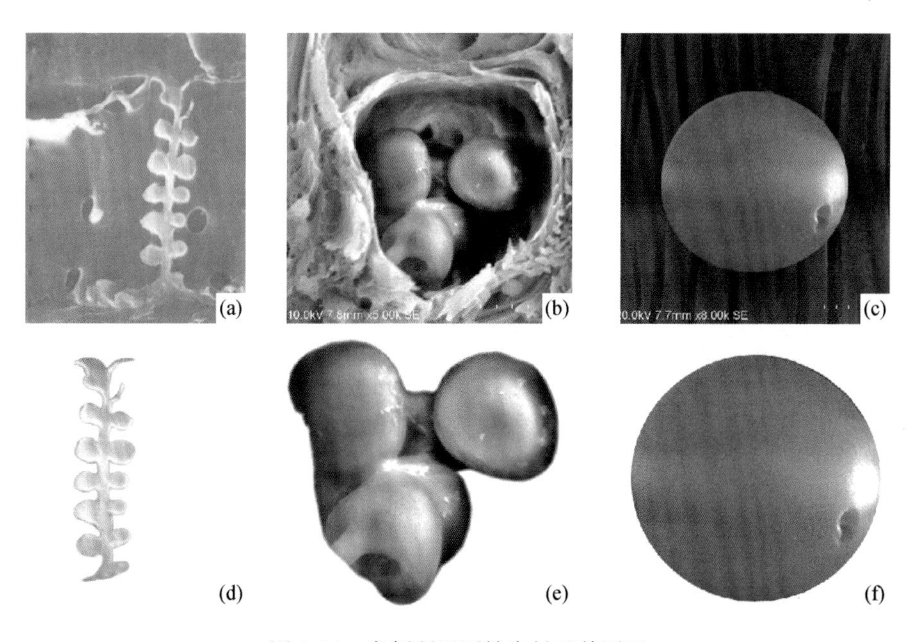

图 8-30　案例所用原始素材及其图元

如图 8-31 所示，设置图案单元框，并将它分成 6 行 6 列，然后按照“一行一列一散点”的原则，把 6 个图元布置于图案单元框（a）。进行色彩等调整，获得图案单元（b）。然后将图案单元在长度和宽度方向上反复拼接，就获得一幅散点式四方连续图案（c）。

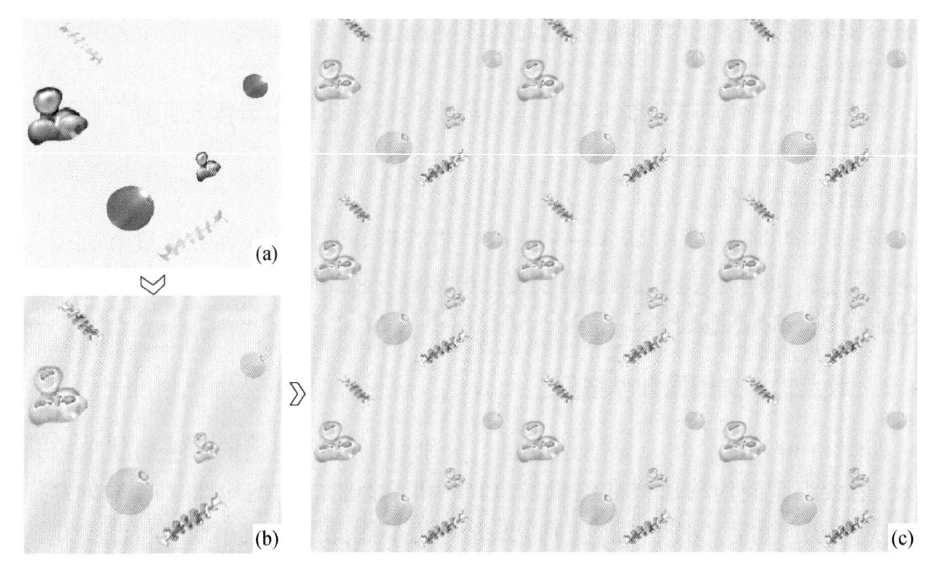

图 8-31　木美散点式图案创作

8.4.3　不同素材散点式木美图案

①树皮素材散点式图案

如图 8-32 所示，左边是从柠檬桉树皮图像中获取的 3 个动物形状的图元，按照上述散点式图案设计方法，获得了一幅动物图元散点式图案。

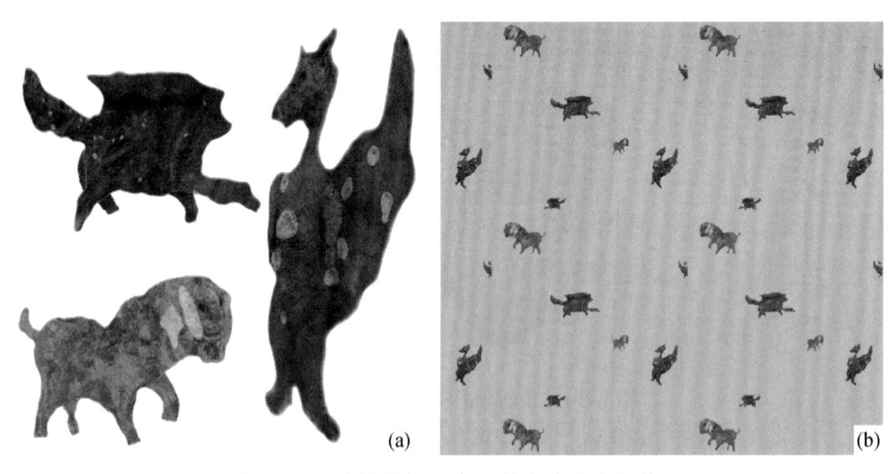

图 8-32　柠檬桉树皮素材散点式图案创作

②宏观木纹散点式图案

如图 8-33 所示，左边是三幅黄花梨宏观木纹的原始图像，从这三幅图像中分别剪取三个黄花梨鬼脸图纹的图元，按照上述散点式图案设计方法，获得了一幅鬼脸纹的散点式图案。

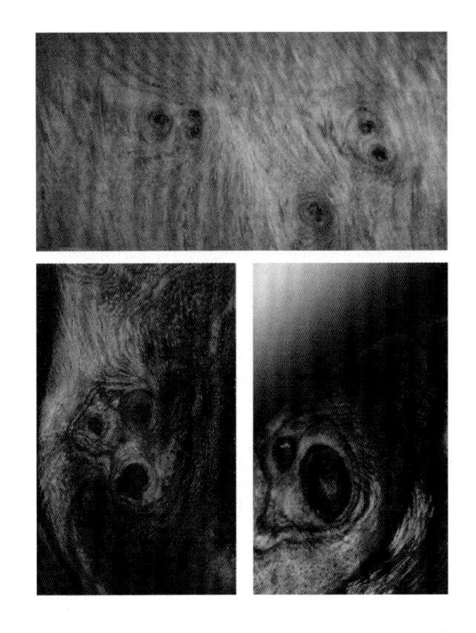
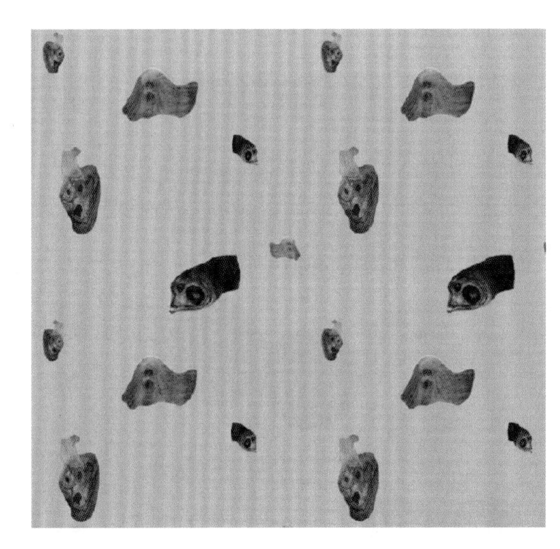

图 8-33　黄花梨宏观木纹散点式图案创作

③木材显微特征散点式图案

如图 8-34 所示，左边是阔叶树材管孔组合方式的显微特征图元，包括单管孔、复管孔、管孔链和管孔团。以它们为图元，按照上述散点式图案设计方法，获得了一幅管孔组合特征的散点式图案。

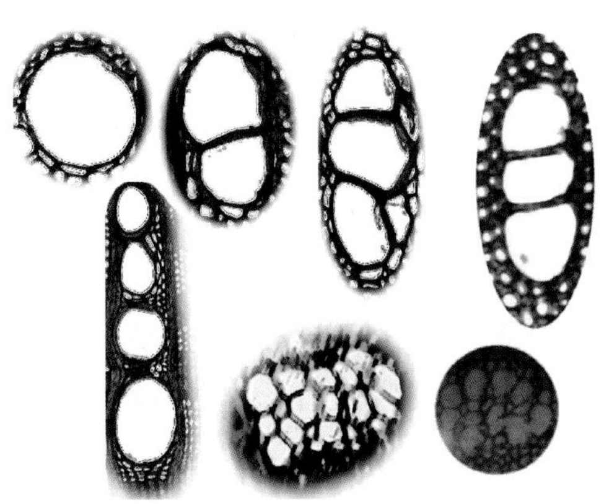
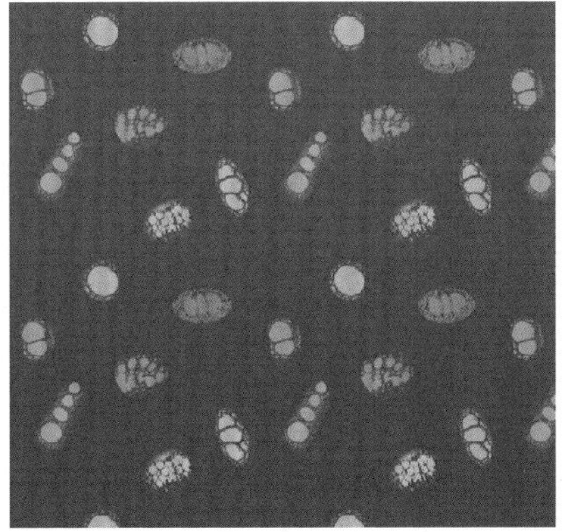

图 8-34　管孔组合特征的散点式图案创作

④木材电镜构造散点式图案

如图 8-35 所示，左上角是银杏木材薄壁细胞腔中花簇状晶体的电镜构造原始图像（a），从中获取花朵状晶体图纹，以此作为主图元，并以银杏的叶、果和种籽（b）等为辅图元，按照前面所讲述的散点式图案设计方法，获得了一幅银杏花簇状晶体为主图元的散点式图案（c）。

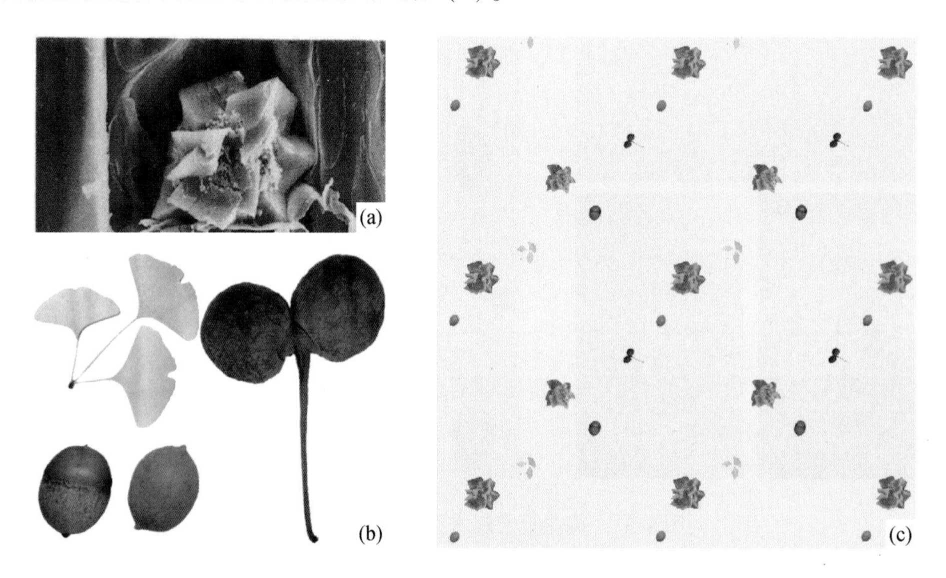

图 8-35　银杏晶体电镜构造散点式图案创作

8.4.4　散点式木美图案应用

以柠檬桉树皮为例，如图 8-36 所示，左边是一幅以柠檬桉树皮斑纹为图元的散点式图案（a），由此设计出一款用木材美学元素装饰的布艺沙发（b）。

图 8-36　柠檬桉树皮素材散点式图案应用于软包沙发

以上是本章第四节关于散点式木美图案的内容，这一节讨论了散点式木美图案创作的技术方法，介绍了各种素材类型的散点式木材美学图案，并通过实际案例展示了散点式木美图案的应用前景。

8.5　分形几何木美图案

分形几何图案是应用基于分形几何理论的图形软件所创作的图案。这种图案的创作通常是首先借助分形软件设计创作而得到分形基础图案，而后再用PS图形软件对分形基础图案进行色彩等修饰处理。图8-37就是一幅来自柠檬桉树皮原始图像的分形几何木美图案。

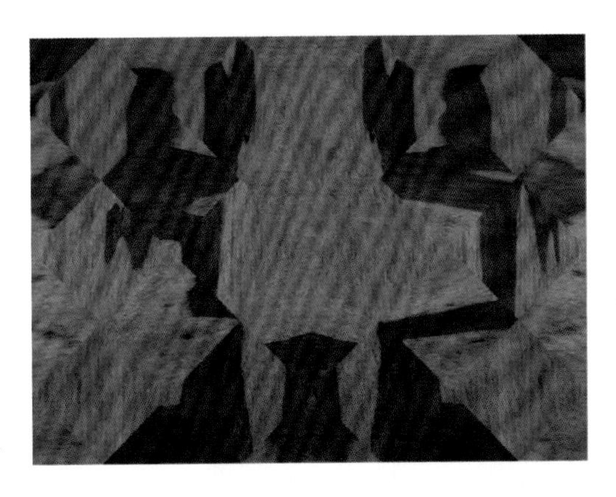

图8-37　来自柠檬桉树皮的分形几何图案

8.5.1　分形几何木美图案创作方法

木材美学分形几何图案的创作设计步骤如下。

①选取原始素材

前面介绍的木材宏观素材、体视镜素材、光学镜素材和电镜素材图像都可以作为分形几何图案设计的原始图像。不同来源的素材有不同的图像格式，这里首先需要将素材图像的格式统一转换为JPEG格式。

②导入原始素材

打开“Ultra-Fractal”软件，在Fractal栏单击Switch mode功能键，再单击Fractal 1窗口，即可创建一个新的Fractal 2窗口。在UF软件窗口的右上角单击Outside选项下的浏览功能，并选择空白Image图标，然后按照提示的图片浏览选项，即可导入选定的图像。

③分形图案设计

对导入的木材原始图像进行分形设计需要在UF软件Mapping选项下加载标准化公式，或在Formula公式选项下加载合适的集合公式。加载公式时，要根据图案设计相关法则设置公式相关参数，并记录加载的公式名称和加载顺序。每次加载后，可以在UF软件的预览窗口观察图案变化效果，直至获得满意效果的图案。

④分形图案导出

首先，在Fractal Property选项下，选择输出图案的像素和尺寸。然后，在

File 工具栏下单击 Export Image，在跳出的窗口中选择图案储存文件夹和导出图案的格式（一般选 JPEG 格式，根据需要还可以选择 BMP 和 TIF 等其他格式）。最后，单击“保存”按钮，即可将图案储存到指定位置。

⑤图案修饰

将通过分形软件创作的分形基础图案导入 PS 处理软件的工作窗口。然后根据需要和喜好，应用 PS 软件的修图工具，对图案的色彩、亮度和饱和度等进行适当修饰，直到获得满意的效果为止。

8.5.2　分形几何木美图案创作案例

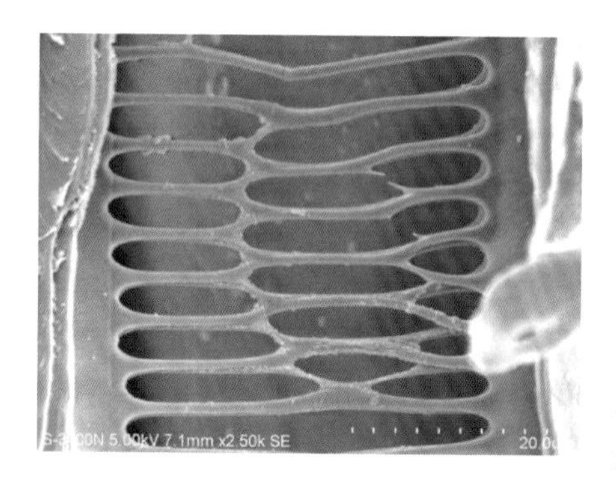

图 8-38　枫香木材导管穿孔板电镜图像

图 8-38 是枫香木材导管穿孔板电镜构造的原始图像。以此为分形几何图案创作的素材，如图 8-39 所示，从原始素材出发，经过（a）、（b）、（c）、（d）四个步骤的分形变换以后，获得了一个飘带般的基础分形图案（d）。再将分形基础图案（d）导入 PS 图形处理软件的工作窗口，然后应用 PS 软件的修图工具进行适当的色彩、背景和亮度等调整，最后获得了“嫦娥丝绦”框画作品的画芯图案，如图 8-40 所示。

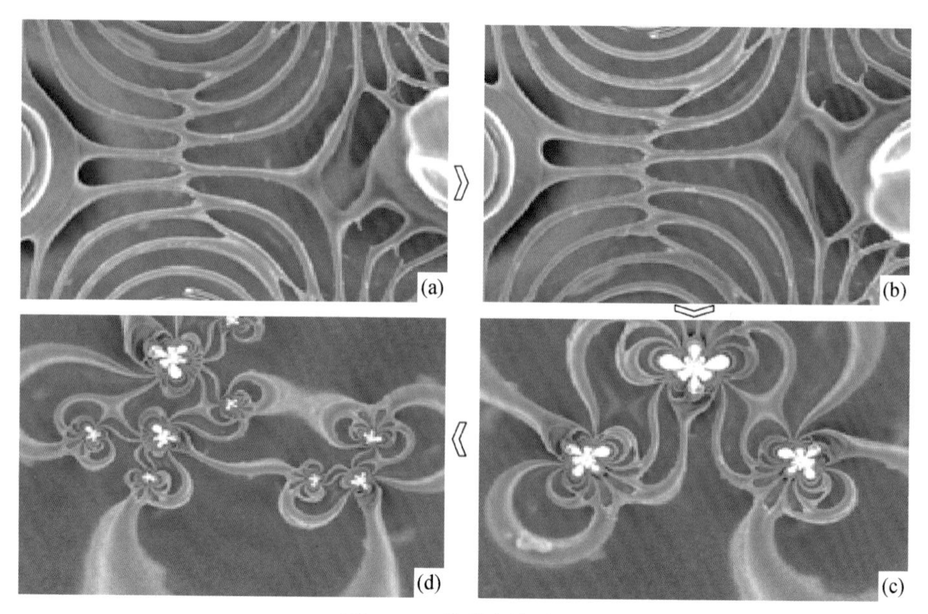

图 8-39　分形变换过程

图 8-40　“嫦娥丝绦”分形图案

8.5.3　不同素材分形几何木美图案

①树皮素材分形图案

如图 8-41 所示，左边是柠檬桉树皮的原始图像（a），以此为素材，按照上述分形几何图案的创作方法，可以获得一幅民俗礼乐分形图案（b）。

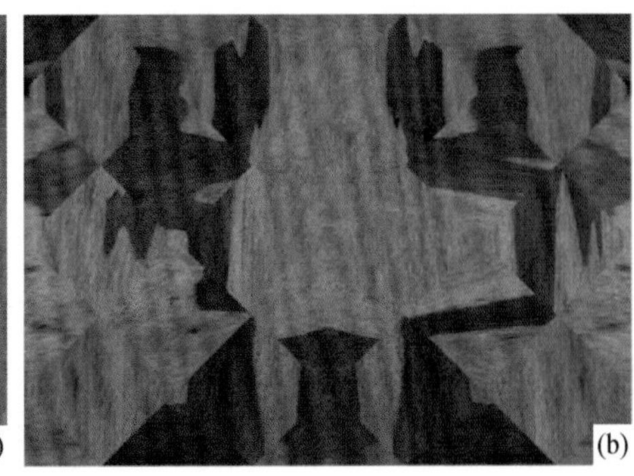

图 8-41　柠檬桉树皮素材的分形图案

②宏观木纹分形图案

如图 8-42 所示，左边是金丝楠宏观木纹的原始图像（a），以此为素材，按照分形几何图案的创作方法，可以获得金丝楠宏观木纹的分形图案（b）。

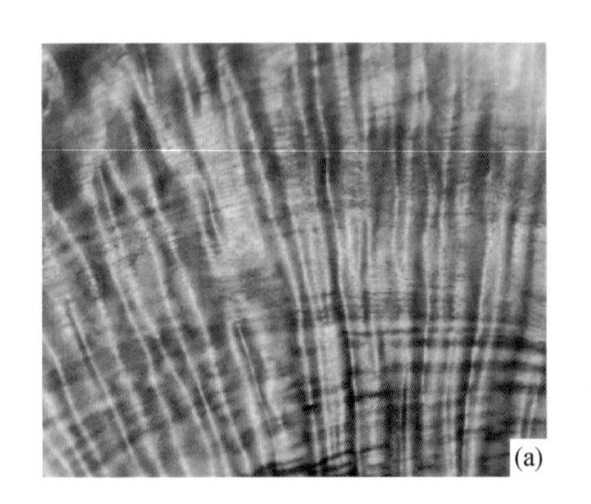

图 8-42　金丝楠宏观木纹的分形图案

③显微构造分形图案

如图 8-43 所示，左边是银杉木材横切面在光学显微镜下拍摄的显微构造原始图像，中央是一个轴向树脂（a）。以此为素材，按照分形几何图案的创作方法，可以获得银杉树脂道显微构造的分形图案（b）。

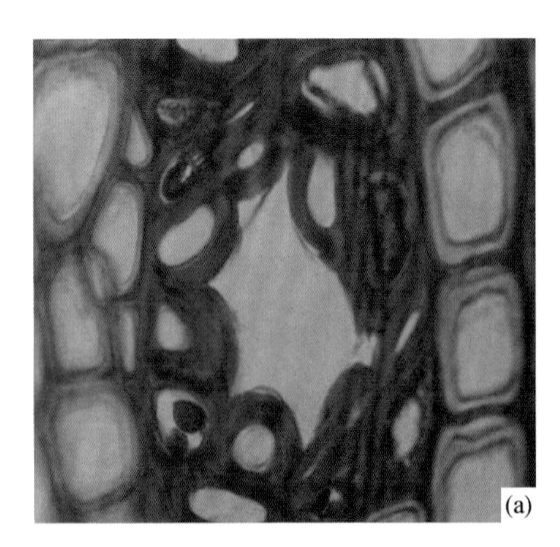

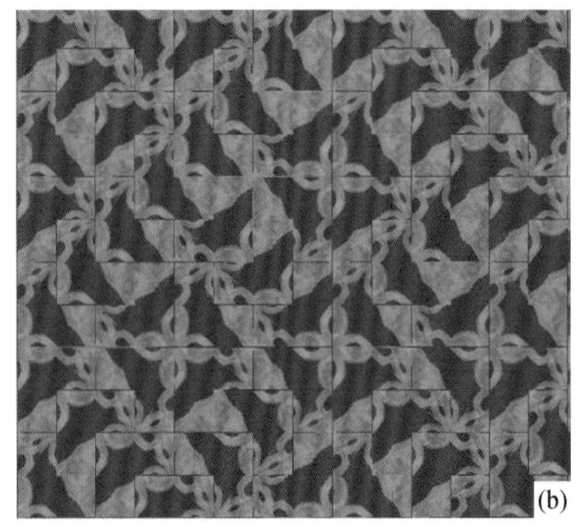

图 8-43　银杉树脂道显微构造的分形图案

④电镜构造分形图案

如图 8-44 所示，左边是桂花木弦切面的电镜构造图像，其中可见导管内壁上的螺纹加厚（a）。以此为素材，按照分形几何图案的创作方法，可以获得一幅“铁艺钢花”分形图案（b）。

图 8-44　桂花木螺纹加厚电镜构造的分形图案

8.5.4　分形几何木美图案应用

这里以桂花木电镜构造为例，如图 8-45 所示，图中左边是桂花木导管内壁螺纹加厚电镜构造原始图像（a），以此为创作素材，采用分形几何图案技术，获得两个分形图案（b）、（c），由此设计出一款地毯作品（d）。地毯中央的领航舵轮图形取自分形几何图案（b），地毯四周的花边以及花边之内的条纹取自分形几何图案（c），地毯作品上所有构图元素全部源出于桂花木导管内壁螺纹加厚原始图像（a）。

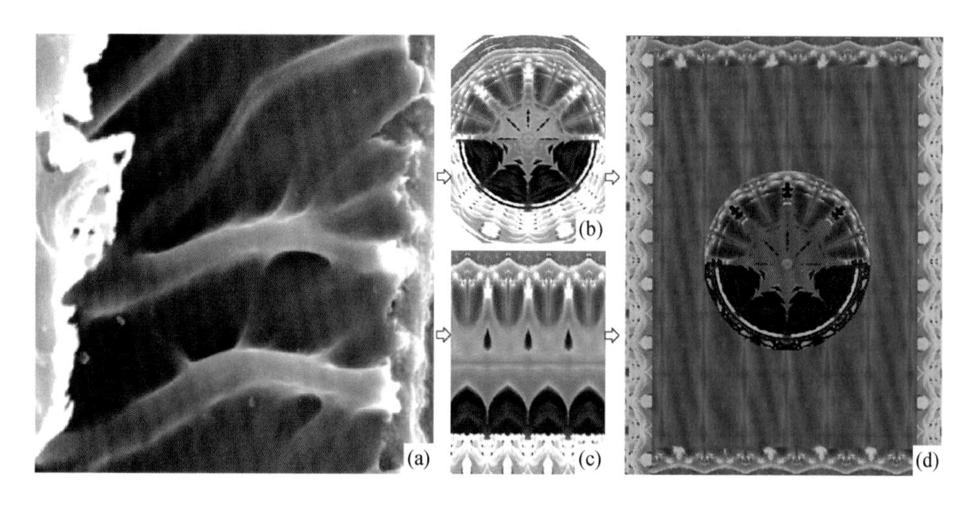

图 8-45　桂花木电镜构造的分形图案应用于地毯设计

以上是本章第五节关于分形几何木美图案的内容，这一节讨论了分形几何木美图案创作的技术方法，介绍了各种素材类型的分形几何木美图案，并通过实际案例展示了分形几何木美图案的应用前景。

8.6　图元重组型木美图案

所谓图元重组型图案是指把来自不同树种或不同素材类型的图元重新组合而形成的图案。图 8-46 就是一幅图元重组型图案，它是由两幅图案复合而成，这两幅图案分别来自于柠檬桉树皮宏观特征和梧桐木材导管内含物的电镜构造。

图 8-46　图元重组型木美图案

8.6.1　不同树种的图元组合

通常，一幅图案中的构图元素是来自于同一树木。是否可以将不同树木的构图元素组合于一幅图案呢？通过这样的尝试，取得了很好的效果。下面以桂花木和悬铃木的电镜构造特征为例，如图 8-47 所示，左边分别是桂花木螺纹加厚（a）和悬铃木侵填体（b）的电镜构造原始图像，由这两个图像分别获得两个分形图案（c）、（d）。在 PS 图形软件的工作窗口中，将这两个分形图案中的图元进行重新组合，可以获得一幅重组型图案（e）。

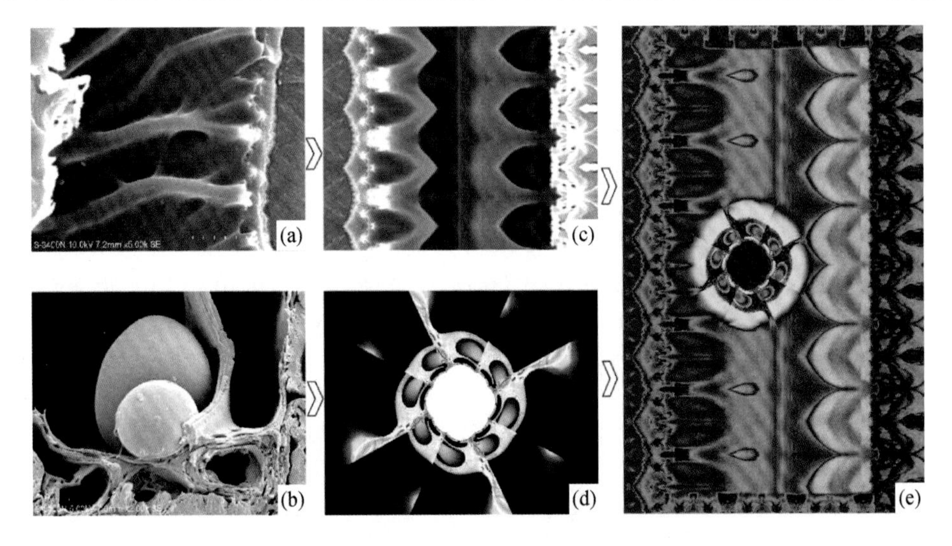

图 8-47　桂花木与悬铃木的图元重组型图案

8. 6. 2　不同类型素材的图元组合

木美素材可以分为树皮宏观特征、木材宏观特征、木材显微特征和木材电镜构造等不同类型。不同类型素材的构图元素可以任意组合，形成新的图案。下面以柠檬桉树皮宏观特征和梧桐木导管内含菌丝体的电镜构造为例，如图 8-48 所示，左边分别是柠檬桉树皮宏观特征（a）和梧桐木导管内含菌丝体（b）的电镜构造的原始图像。采用对称式图案技术分别获得两幅对称式图案，再把它们重叠起来，就获得了右边的重叠式的组合图案（c）。

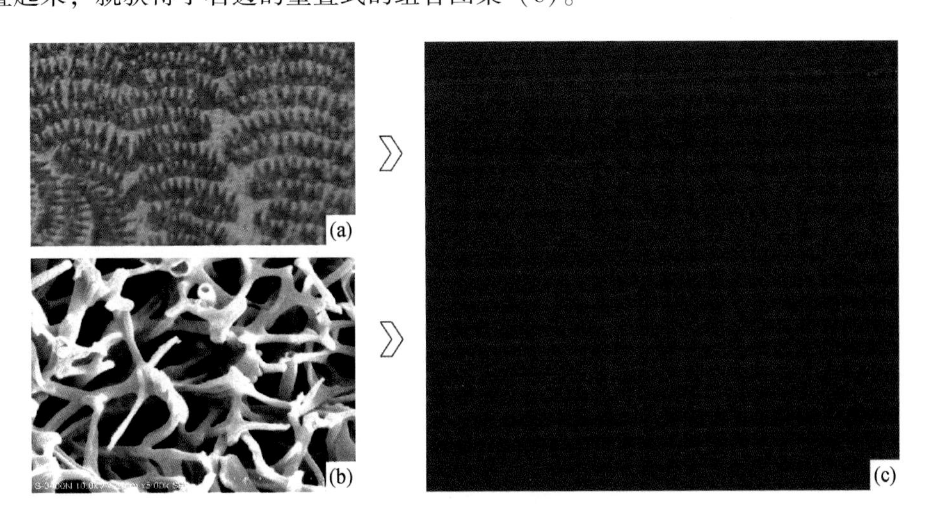

图 8-48　不同素材的图元重组型图案

8.6.3　图元重组的方式

各种素材的构图元素可以按照不同的方式进行组合，包括自由式组合、重叠式组合、联缀式组合和散点式组合等方式。

① 自由式组合图案

这里以桂花木体视镜素材和电镜素材为例，如图 8-49 所示，左边分别是桂花木横切面的体视镜原始图像（a）和弦切面导管纹孔的电镜构造原始图像（b）。将体视镜图像作为背景，取导管纹孔的电镜图像置于下方，再经过色彩处理，最后获得了熊熊烈焰作品的图案（c）。

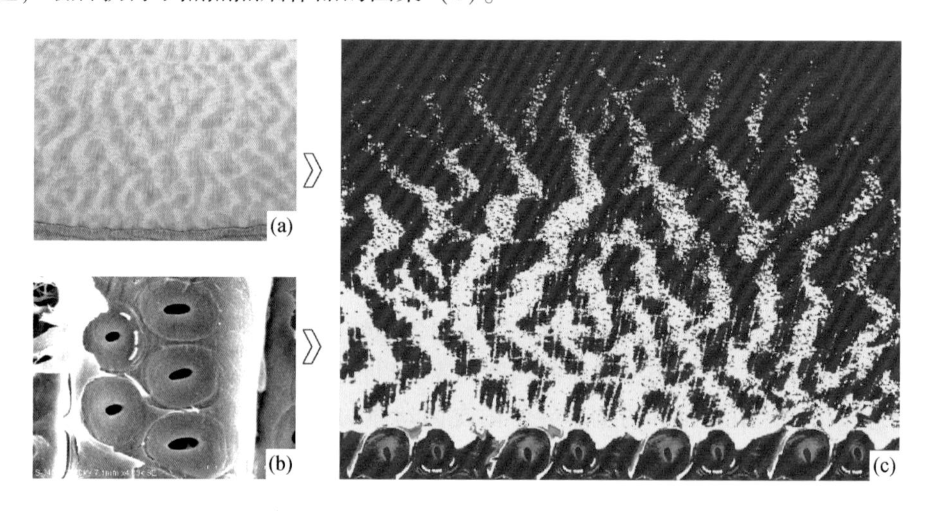

图 8-49　不同素材自由式组合图案创作

②重叠式组合图案

以柠檬桉树干上的昆虫爬行轨迹和树皮剥落斑痕素材为例，如图 8-50 所示，这里原始素材都是来自于柠檬桉树干，分别为树干上的昆虫爬行轨迹（a）和树皮剥落斑痕（b）。由前者获得对称式图案（c）；由后者获得散点式图案（d）。以对称式图案为背景、散点式图案为前景，两者合并就获得一幅重叠式组合图案（e）。

③联缀式组合图案

以龙眼木淀粉颗粒电镜构造和银杏果宏观素材为例，如图 8-51 所示，这里构图素材分别为龙眼木射线细胞淀粉颗粒的电镜构造（a）和银杏果的宏观图像（b），以前者为主图元，后者为辅图元，采用联缀式图案技术，获得了一幅联缀式组合图案（c）。

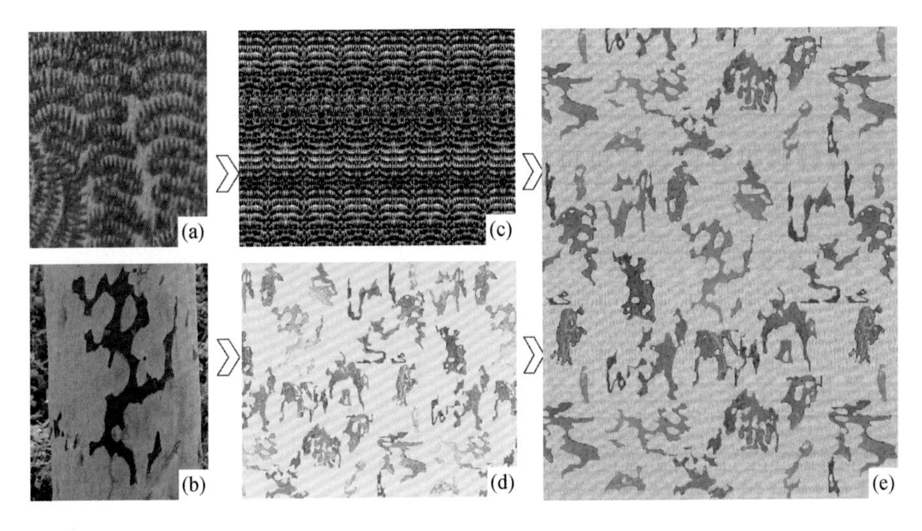

图 8-50　不同素材重叠式组合图案创作

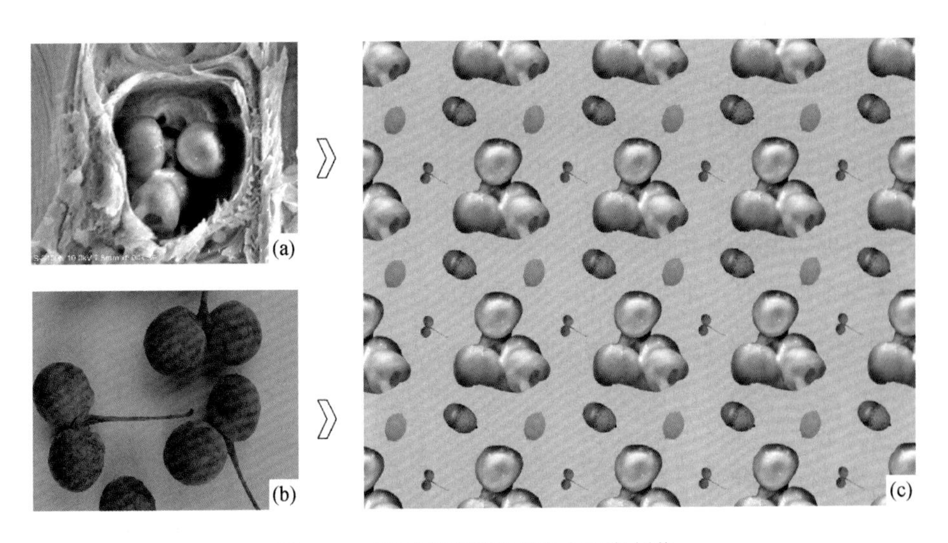

图 8-51　不同素材联缀式组合图案创作

④散点式组合图案

如图 8-52 所示，构图原始素材分别为龙眼木导管腔中淀粉球（a）和射线薄壁细胞腔中淀粉粒（b）的电镜构造图像，以及竹材横切面光学显微镜图像（c）。从原始素材中分别提取构图元素，采用散点式图案技术，获得了一幅散点式组合图案（d）。

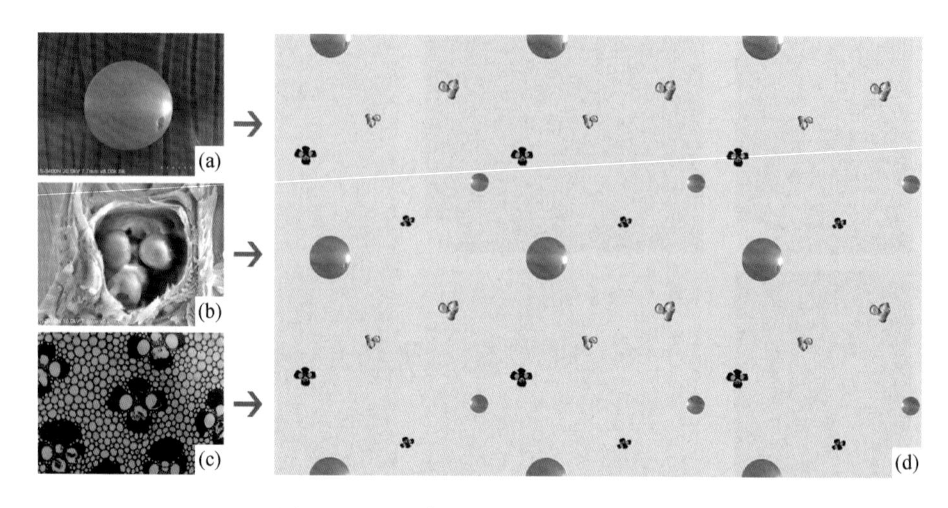

图 8-52　不同素材散点式组合图案创作

8.6.4　图元重组型木美图案应用

以重叠式组合图案的皮包为例，如图 8-53 所示，皮革面料的美饰元素源自于龙眼木射线细胞腔中珍珠般淀粉颗粒（a）和落叶松轴向树脂道（b）的电镜构造原始图像。以原始图像（a）中的淀粉颗粒为构图元素获得的联缀式图案作为前景，以原始图像（b）中的树脂道为构图元素获得的对称式图案作为背景，两者叠合即可得到皮革面料美饰图案（c）。通过数码印刷技术，将图案（c）印制到聚氨酯皮革上，即可开发出一款手提皮包（d）。

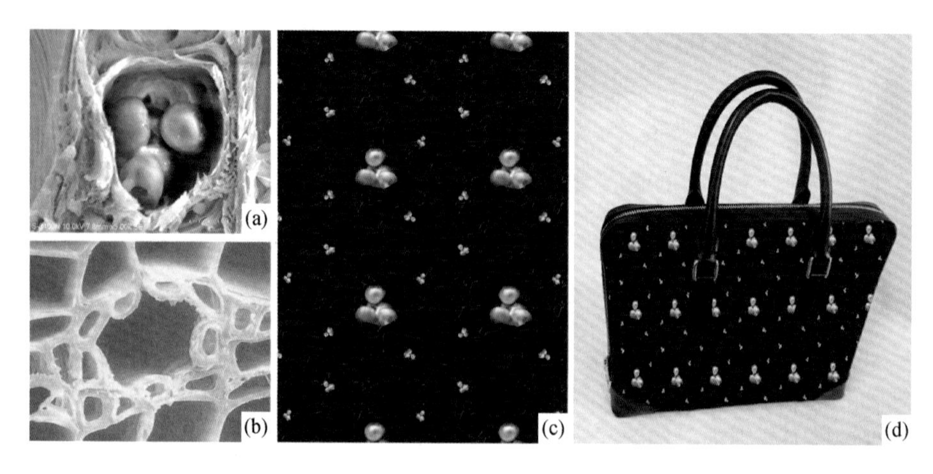

图 8-53　重叠式组合图案应用于手提皮包

以上是本章第六节关于图元重组型木美图案的内容，这一节讨论了不同树种的图元组合、不同素材类型的图元组合、图元的多种组合方式和图元重组型木美图案的应用案例。

第 9 章　木美应用技术

木材美学属于应用美学的范畴，第 8 章讨论了木美图案创作技术，这种木美图案可以广泛应用于艺术设计的各个领域，从而开发出各式各样的具有木美元素的艺术作品或工业产品。本章讲述木美应用技术，就是将这种木材美学图案应用于具体木美作品的创作与开发，主要讨论木美画艺、木美布艺、木美陶艺、木美地板、木美箱包、木美宫扇和木美家具 7 个方面。针对每一个方面，将通过实际案例，从素材到成品，全过程介绍木美作品的设计与制作技术。通过实际案例的具体介绍，可让读者初步获得创作和开发木美作品的实践能力。

9.1　木美画艺技术

木材美学元素源于树木的生长，具有生物的灵性、自然和多变的特性。因此，由木材美学元素所构成的木美图案具有很好的审美赏析价值。理论上，各种类型的木美图案都可以用于创作画艺作品，但最适合作为画艺作品的还是天然型的木美图案。画艺作品可以分为卷轴画、框画和无框画 3 种类型，下面分别介绍。

9.1.1　卷轴画

卷轴画是一种在宣纸或绢布上作画的艺术作品，是我国传统的挂画形式，自元、明、清盛行，一直流传至当今。传统卷轴画的题材有“松、竹、梅”岁寒三友、“梅、兰、菊、竹”四君子和山水人物等，非常丰富。木材当中也富含许多适合于创作卷轴画的题材，下面以“青山松茂”作品为例，具体讨论木美卷轴画的创作技术。

①获取素材

图 9-1 是拍摄于一件金丝楠木顶箱柜柜门板上的原始图像，这件顶箱柜现收藏于广西南宁青秀山风景区的金丝楠木馆，号称为该馆的镇馆之宝。

②确立主题

首先从审美的角度，对原始图像进行分析。本案例原始图像中可见有两个山峰，两峰之间的山谷里有几株古松，树干挺拔、松枝舒展、针叶繁茂。苍松乃传统的画作题材，它凌霜傲雪、四季常青，表现出不畏严寒、坚韧不拔的品格，具有坚强、高傲、兴旺和长寿的象征。考虑到原始图像来源于青秀山上，故确立“青山松茂”为这幅画作的主题。

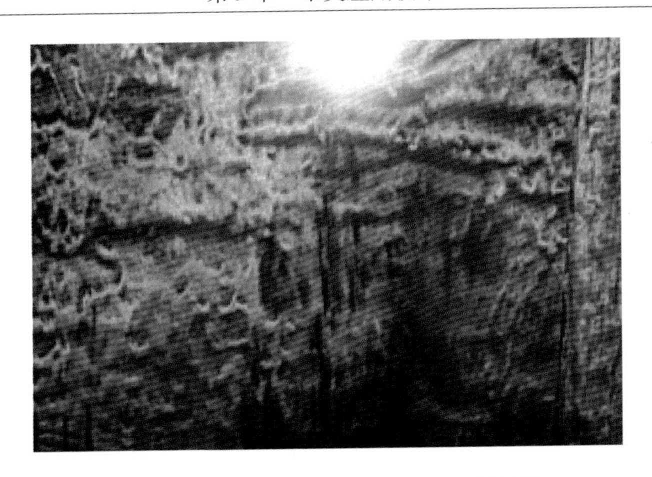

图9-1　摄于金丝楠木柜门板上的原始图像

③画芯创作与设计

应用PS图形处理软件，根据画作主题，在原始图像中截取能够表现主题的部分图像作为画芯。然后将画芯进行去色处理，以获得传统水墨画的效果，如图9-2所示。最后根据轴画的总体尺寸，将画芯尺寸设计为100cm×60cm。

④画芯印制

将设计好的画芯图案存储为jpg格式或psd格式的电子文档，通过现代高清数码喷印技术，可以将画芯图案直接喷印到宣纸或绢帛材料上，从而获得制作轴画的画芯实物，效果如图9-3所示。

图9-2　“青山松茂”画芯效果

图9-3　“青山松茂”画芯实物

⑤轴画装裱

俗话说，人靠衣装马靠鞍。书画作品也是这样，好的装裱，不仅能给作品带来保护作用，而且还能增加视觉上的美感效果。书画界有“三分画芯、七分装裱”之说，这足以说明装裱对画艺作品的重要性。

装裱就是将画芯装贴在托纸和绫布上，并装上天杆、卷轴和挂绳等配件，以便于作品的挂展和收卷。轴画装裱的技术性很强，需要经过一定的专门训练才能做好，通常可以请专门的字画装裱店代为加工。

⑥作品展示

装裱完成后的作品，配上字联，“青山松茂景，金丝楠木纹”，就获得一幅完整的的卷轴挂画作品，如图 9-4 所示。

图 9-4　“青山松茂”卷轴挂画作品

9.1.2　框画

框画流行于世界各地，油画、国画和刺绣等作品都可以装裱成框画。所谓框画，即带有画框的画艺作品。画框主要有 3 个方面的作用，首先，画框有保护画芯作品的作用，这显然是最基本的作用；其次，画框一般都是材质优良、做工精细，因而它对画作可以起到锦上添花的作用；最后，也是最重要的，当画作用画框“框”起来之后，可以让视者产生一种距离感，这就是所谓的“审美距离”，这样可以让观赏者保持适当的心理距离，跳出现实世界，忘却实用功利，用一种纯客观的态度去审视、审美画作，从而获得更好的审美效果。

框画的制作与卷轴画大致相同，两者不同之处在于卷轴画属于软装画，便于携带和收藏；框画属于硬装画，其画芯装贴于木板等硬质材料上，并在四周加上装饰边框。

下面以“梧桐礼花”作品为例，介绍木美框画的创作过程。如图9-5所示，这里创作素材为梧桐木材导管菌丝体的电镜构造原始图像（a）。采用分形图案技术，从原始图像出发，经过8次分形变换后，获得一个具有礼花效果的分形几何图案（b）。将这个图案进行色彩等处理后作为画芯，装裱后就得到“梧桐礼花”框画作品（c）。

图9-5　“梧桐礼花”框画作品

9.1.3　无框画

无框画属于现代潮流，它突出了现代人简约、时尚、前卫和现代的审美观念。无框画的制作与前面所讲的框画基本相同，两者差别就在于有无边框。无框画摆脱了边框的束缚，表现了现代人追求简单、自由的个性，更适合于多幅挂画组拼成套。

下面以“万丈光芒”作品为例，介绍木美无框画的制作过程。如图9-6所示，创作素材为马尾松木节处宏观木纹图像。对原始图像进行色彩等处理后，再分割为（a）、（b）、（c）三等分，就获得了“万丈光芒”的无框画作品。

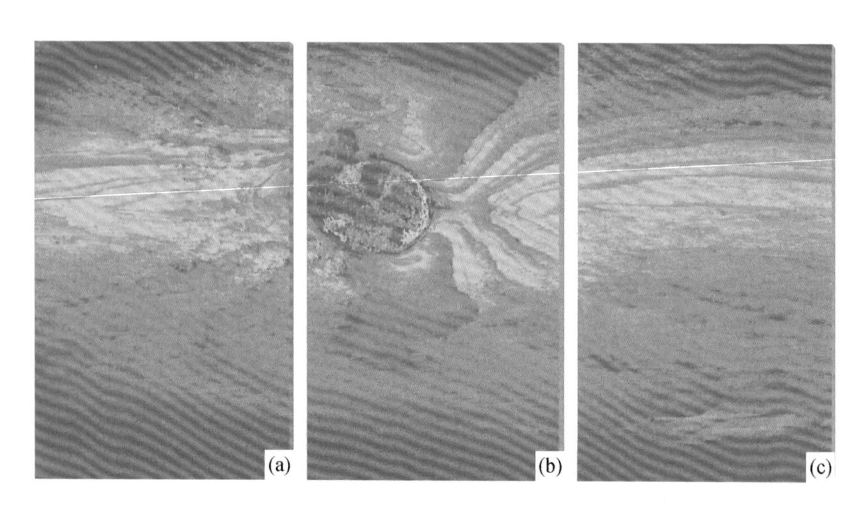

图 9-6 “万丈光芒”无框画作品

以上是本章第一节的内容，这一节从卷轴画、框画和无框画 3 个方面讨论了木美画艺作品的制作技术。

9.2 木美布艺技术

所谓木美布艺，就是以布料为载体、以木美元素为美饰的艺术作品，可广泛涉及服装、服饰、家具和玩具等人们生活的方方面面。木材美学图案源于树木的天然生长，人们对它具有天然的亲和感，所以木材美学图案可以用于服饰和居家用品，从而开发出各式各样的布艺作品，包括时装、领带和丝巾等。

下面以木美旗袍为例，介绍木美布艺作品的开发技术。

9.2.1 布料装饰图案设计

①原始素材

图 9-7 为金丝楠木导管腔内的电镜构造图像，白色箭头所指为导管细胞腔内的球形侵填体，以此作为旗袍面料装饰图案设计的原始素材。

②面料图案创作

首先采用分形几何图案设计方法，如图 9-8 所示，从原始素材出发，通过两级分形变换处理，获得了一个分形基础图案。

然后在 PS 图形处理软件的工作窗口下，将此分形基础图案拼接成所需尺寸的图案，进行合适的色彩处理，获得旗袍面料的装饰图案，如图 9-9 所示。

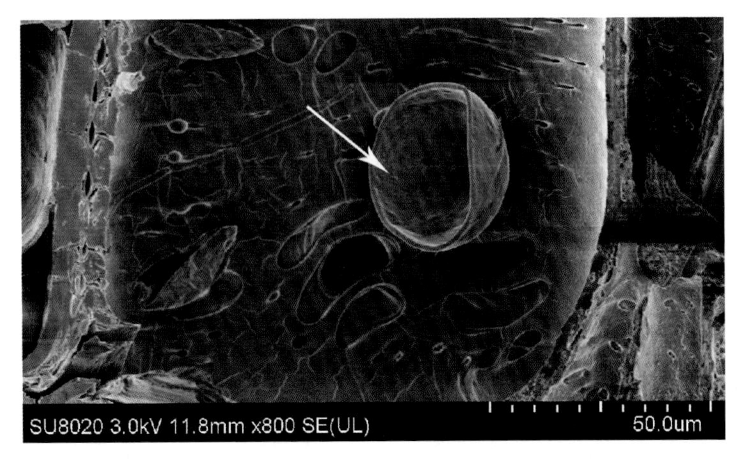

图 9-7　金丝楠木导管腔内侵填体

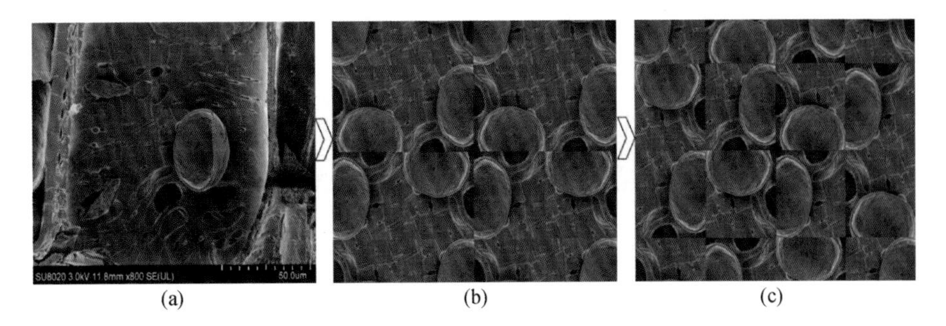

图 9-8　分形几何图案创作过程

（a）原始素材；（b）一级分形变换图案；（c）二级分形变换图案

图 9-9　旗袍面料的装饰图案

9.2.2 旗袍款式选择

根据前面旗袍面料的装饰图案特征和颜色效果，选择如图 9-10 所示模特身着的旗袍，作为设计作品的目标款式。在 PS 图形软件的工作窗口下，用前面设计的旗袍面料图案取代模特原来的着装，即可获得作品的设计效果，如图 9-11 所示。从设计效果图来看，设计的布料图案非常理想，与原来模特着装比较，更显清新、素净和时尚。

图 9-10　旗袍目标款式

图 9-11　旗袍设计效果

9.2.3 旗袍面料印制

获得满意面料图案效果之后，即可进行面料印制。

①面料选择

根据前面确定的面料图案设计效果，并考虑到印花工艺对布料的要求，这里选择了真丝素绉缎作为旗袍面料。这种面料质感轻柔、手感爽滑、富有弹性、亮丽而高贵，服用性能很好，既有双绉类织物抗皱的优点，又有绸缎类织物光滑柔软的特性。

②面料印花

面料印花工艺种类很多，这里根据所选面料的特性和设计图案效果要求，采用活性墨水数码直喷印花工艺对面料进行印花，具体工艺步骤包括面料上浆、拉幅烘干、喷墨印花、汽蒸固色、水洗干净和拉幅烘干等工序。

③印花面料

通过上述印花工艺过程，获得印花面料的实物，其实际花色效果如图 9-12 所示。

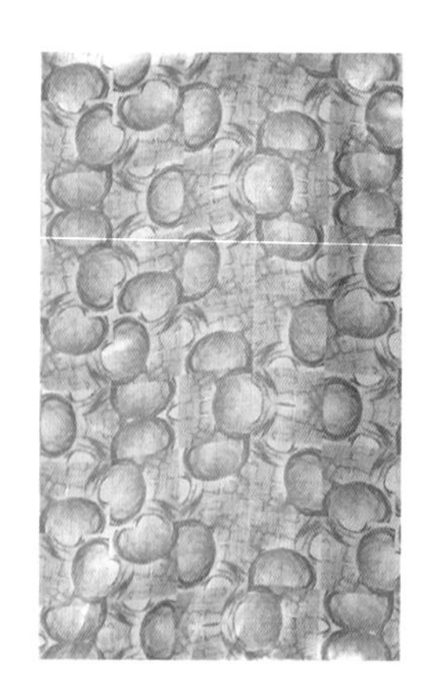

图 9-12　旗袍面料印花效果

9.2.4　成衣制作

旗袍的制作需要经过纸样制版、布料裁剪和成品缝制 3 个步骤。

①纸样制版

在对布料进行裁剪之前，需要根据旗袍的款式和尺码进行版图设计，即将构成旗袍的各块布料按实际尺寸和形状绘制在硬纸板上，并按图样剪出纸样。

②布料裁剪

首先用纸样在布料在划线，然后根据划线裁剪布料，从而获得缝制旗袍的所有布料裁片。

③成品缝制

在开始缝纫之前，首先需要把所有布料裁片烫熨平整。然后按照每一块布料裁片的相应位置和对应关系在车衣机上进行缝制，最终获得木美旗袍成品，实际效果如图 9-13 所示。

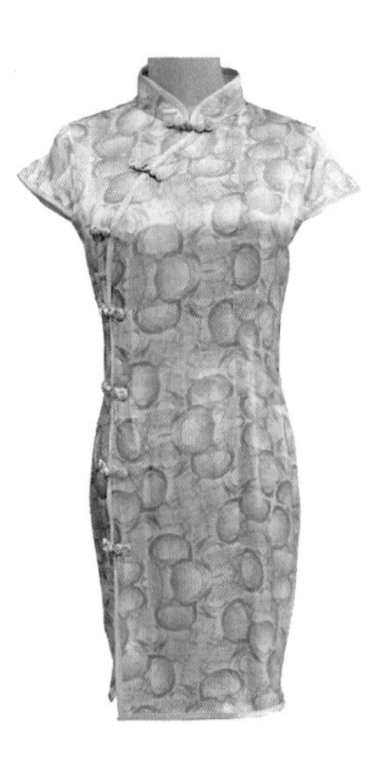

图 9-13　木美旗袍成品效果

以上是本章第二节的内容，这一节以木美旗袍为例，从布料图案设计、作品款式设计、布料印花工艺和成衣缝纫制作 4 个方面讨论了木美布艺技术。

9.3　木美陶艺技术

所谓木美陶艺，就是以陶瓷制品为载体、以木美元素为美饰的艺术作品，可应用于茶具、花瓶、瓷板画和陶瓷摆件等许多方面。木美陶艺作品的制作，需要经过器形设计、美饰设计、陶坯制作、陶坯上彩和炉窑烧制等工序过程。下面以木美茶具为例具体介绍木美陶艺作品的开发技术。

9.3.1　器形设计

陶艺品的器形设计，首先要考虑其实用功能。在满足实用功能的前提下，还要考虑陶艺品造型的美观性。本案例的木美陶艺品为一套茶具。为了满足茶具的茶水保温和避免烫手的功能，茶具的器形设计成如图 9-14 所示的夹套形式。

图 9-14 木美茶具器形设计效果

9. 3. 2 美饰设计

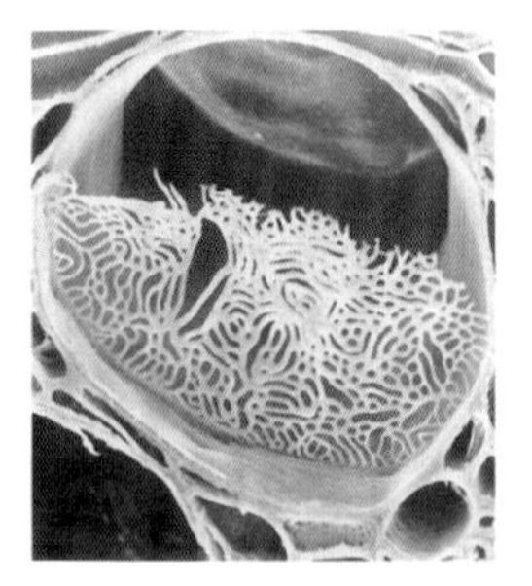

图 9-15 美饰设计原始素材

①原始素材

木美茶具的美饰图案的创作素材全部来自于西南猫尾树木材导管穿孔板上的雕纹穿孔的电镜构造图像，如图 9-15 所示。

②图案创作

如图 9-16 所示，从原始素材中截取一部分作为一级构图素材（a），采用对称式图案技术，获得四方连续的对称式图案（b）。然后从图案（b）中截取一部分作为二级构图元素，再次采用对称式图案技术，获得四方连续对称式图案（c），木美茶具上所有美饰元素均取自于此。

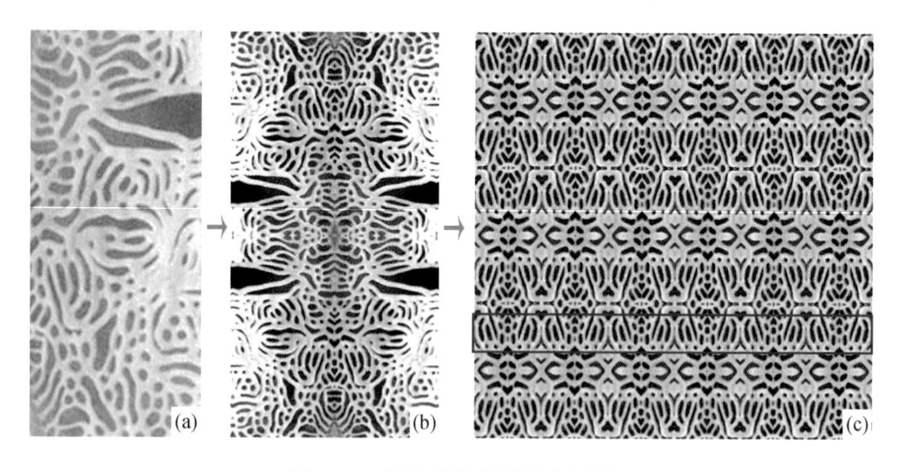

图 9-16 茶具美饰图案创作过程

③茶具美饰设计

图9-16中的图案（c）整体用于茶壶、茶杯的内胆外壁美饰，内胆外壁的美饰图案以彩绘方式来完成。在图案（c）中截取红色框的部分用于茶壶和茶杯外套的美饰，茶壶和茶杯外套的美饰图案均采用透雕方式，以透出内胆的美饰效果。

9.3.3 茶具陶坯制作

茶具陶坯的制作过程包括如下6个步骤。

①原料准备

生产陶艺制品的基本原料为高岭土和石英砂等材料。

②球磨制浆

将高岭土等原料混合后送入球磨机中碾磨成纳米级粉末。

③浆料陈腐

碾磨后的浆料送入浆料池中陈腐一段时间，使其理化性能趋于稳定。

④喷雾干燥

陈腐后的浆料经喷枪喷入干燥塔内，受到塔内燃气体的作用而干燥成粉末。

⑤粗坯制作

取适量干燥粉末原料，用水调和、反复搓揉，然后在拉坯机上制出粗坯。

⑥陶坯修正

首先将晾至半干的粗坯倒扣在模具上，均匀拍打坯体外壁，使内壁与模具完全贴合。脱模晾干后，再将坯体倒扣于镟轳机的利桶上，转动车盘，同时用刀旋削坯体外壁，以使坯体壁厚适当，外壁规整、光洁。

9.3.4 陶坯雕刻、彩绘和上釉

①雕刻

对于茶壶和茶杯的外套，分别按照图9-16（c）中的红色框部分，运用透雕技法，用竹刀在坯体上雕刻。

②彩绘

对于茶壶和茶杯的内胆，用彩色油墨将上述美饰图9-16（c）描绘于坯体外壁。

③上釉

对于雕刻好的茶具外套和彩绘好的茶具内胆进行上釉处理。采用喷釉方式，用喷枪将釉料均匀喷雾在坯体的内壁和外壁。

9.3.5 炉窑烧制

施釉后的陶坯送入专门的窑炉，历经预热、高温烧成和冷却 3 个阶段。高温烧成的温度为 1300℃，时间为 20h。最后获得成品，如图 9-17 所示。

图 9-17　木美茶具成品

以上是本章第三节的内容，这一节以木美茶具为例，从器形设计、美饰设计、陶坯制作、陶坯上彩和炉窑烧制 5 个方面讨论了木美陶艺技术。

9.4　木美地板技术

所谓木美地板，就是以地板表面为载体、以木美元素为美饰的地面装饰产品。这种木美地板可以广泛应用于商场、酒店和家庭居室的地面装修。木美地板的制作，需要经过美饰图案设计、板坯成型、板坯彩印、板坯施釉、炉窑烧制和切割磨边等工序过程。下面以竹纹美学地板为例，具体介绍木美地板的开发技术。

9.4.1 美饰图案设计

①原始素材

如图 9-18 所示为凤尾竹纵切面的电镜构造原始图像。图中所见为竹材薄壁组织细胞，呈蜂窝状。

②图案创作

如图 9-19 所示，在 PS 图形软件的工作窗口，从原始图像中截取一部分（a）作为构图元素，采用对称式图案技术进行图案创作，获得一幅对称式四方连续图案。然后对该图案进行适当的色彩等处理后，即获得地板美饰图案（b）。这款

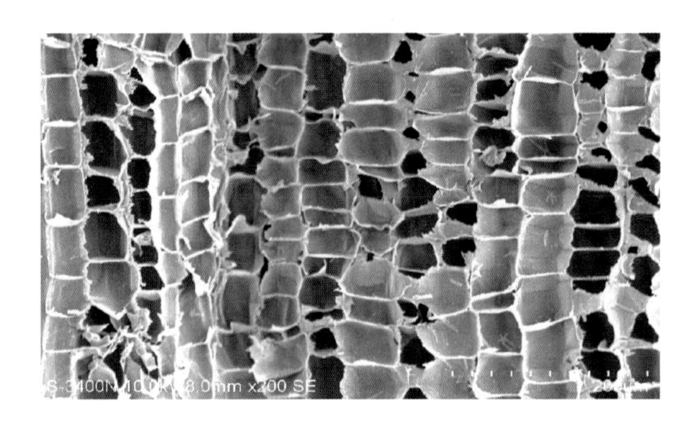

图 9-18　凤尾竹纵切面上的薄壁组织

地板美饰图案具有 3 种纹饰，其一是那些与对角线平行的条带，好似竹篾编织而成的席纹；其二是那些位于席纹条带之间的方块，如回形文字；其三是每个回纹方块中央的扁圆形对称图纹，恰似纵横交替呈现的灯笼。

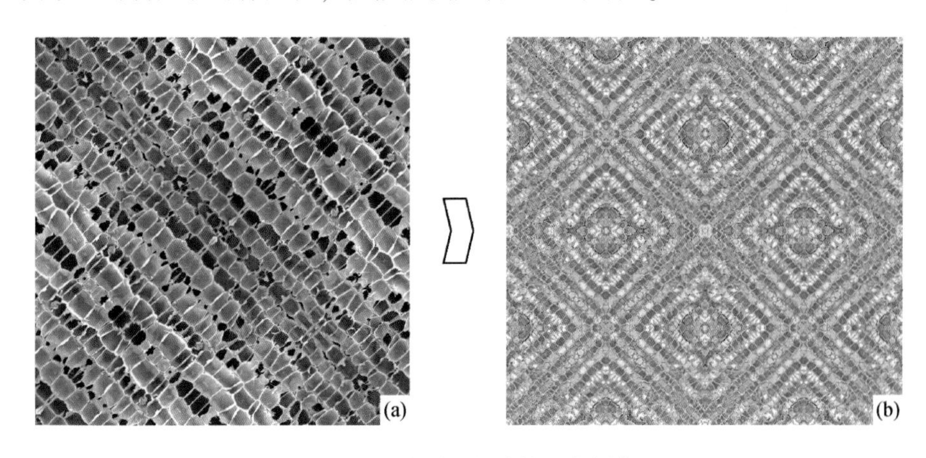

图 9-19　木美地板美饰图案创作

9.4.2　板坯成型

木美地板板坯成型过程包括如下 5 个步骤。

①原料准备

地板板坯制作所用基本原料为高岭土、石英砂和灰泥等材料。

②球磨制浆

将高岭土等原料按照预定比例混合，然后送入球磨机中碾磨成微细的粉末。

③浆料陈腐

碾磨后的浆料需要送入浆料池中陈腐一段时间，使其理化性能趋于稳定。

④喷雾干燥

陈腐后的浆料经喷枪喷入干燥塔内，受到塔内燃气体的作用而干燥成粉末，储藏备用。

⑤板坯压制

取干燥的粉末原料，用水调和、反复搅拌成为可塑性胶泥，然后在大吨位的压机上压制成型，获得尺寸为820mm×820mm×12mm的板坯。压制成的板坯需要在65～70℃的条件下干燥6～8h，以避免板坯开裂、变形。

9.4.3　板坯彩印

将干燥后的板坯放在平板印花机上进行喷墨印花，如图9-20所示，即将前面设计好的地板美饰图案直接印刷到板坯表面。印花时要注意图案的定位，四周要留有适当的切割余量，以确保美饰图案的完整性。

9.4.4　板坯施釉

采用钟罩式的淋涂方法，对喷印有美饰图案的板坯表面进行施釉，如图9-21所示，这样可使烧成的地板表面光滑平整，同时起到保护图案、提高地板表面耐磨性能的作用。

图9-20　地板喷墨印花

图9-21　地板淋涂施釉

9.4.5　炉窑烧制

炉窑烧制是陶瓷地板生产最为关键的一道工序。将施釉后的板坯送入窑炉，如图9-22所示，在窑炉中需要历经预热、烧成和冷却3个阶段。烧成阶段的温度为 1200℃，时间为 50 ~ 60min。

9.4.6　切割磨边

烧成的板坯还留有一定的加工余量，需要根据图案的边框在切割磨边机上进行切割和磨边，如图 9-23 所示，以去除地板的多余尺寸和边棱锋刃。

图 9-22　板坯炉窑烧制

图 9-23　地板切割磨边

经过以上六道工序步骤，最终获得竹纹美学地板产品，其实际效果如图 9-24 所示。

图 9-24　竹纹美学地板成品

以上是本章第四节的内容，这一节以竹纹美学地板为例，从地板美饰图案设计、板坯成型、板坯彩印、板坯施釉、炉窑烧制和切割磨边6个方面讨论了木美地板技术。

9.5 木美箱包技术

箱包用来装纳物品，既有实用性，又有装饰性。所谓木美箱包，就是以箱包为载体、以木美元素为美饰的箱包类制品。木美箱包的制作，需要经过箱包款式设计、美饰图案设计、材料准备、裁片、缝合、修饰和配件安装等工序过程。下面以悬铃木树皮元素女士坤包为例，具体介绍木美箱包的开发技术。

9.5.1 款式设计

在现代服饰中，女士坤包可以说是具有画龙点睛、锦上添花的作用，已经成为现代女士的必备之物。通过功能、款式、材质和色彩等方面的设计，一款好的女包，不仅要能够满足收纳女性必备物品的实用功能，更要能够体现个人品位和身份、彰显自我人格个性和情感追求。针对当前女性追求小巧圆润、活泼可爱和新颖别致的时尚，同时结合传统箱包制作的材质和工艺要求，本案例设计了一款圆形小包，款式如图9-25所示。

9.5.2 美饰图案设计

①原始素材

皮包美饰图案设计所用的原始素材如图9-26所示，此为数码相机在悬铃木树干上拍摄的图像，图中可见树皮剥落所留下的斑痕，呈大波浪形状，具有较好的审美价值。

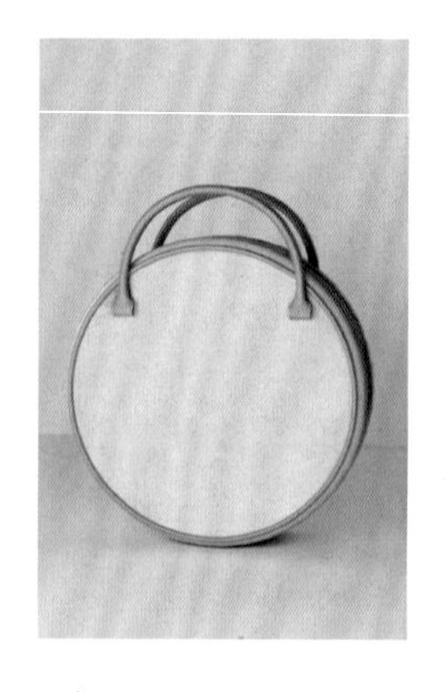

图9-25 女士坤包款式设计

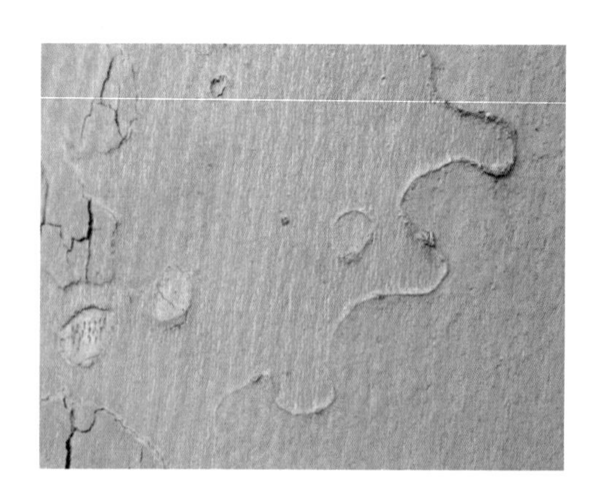

图9-26 悬铃木树皮原始图像

②图案创作

如图9-27所示，应用PS图形软件，从上面原始图像中截取一部分（a）作为构图素材，将（a）复制、反像处理后拼接，并进行适当的色彩等效果处理后，获得手包美饰图案（b），将此图案应用于前面的坤包款式可以获得木美坤包的设计效果（c）。

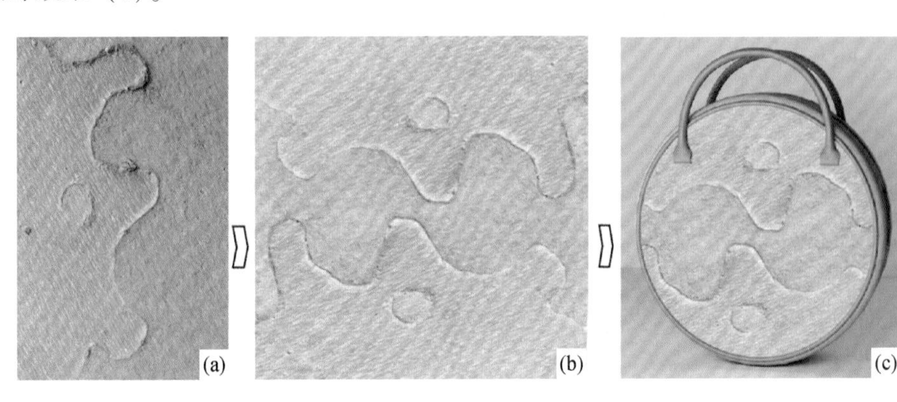

图9-27　坤包美饰图案创作及其效果

9.5.3　箱包材料

①面料制备

用厚度为1.0mm的纯白色聚氨酯皮革做基材，通过数码喷墨打印技术，如图9-28所示，将上述美饰图案印制到基材上，以此作为坤包制作的面料。

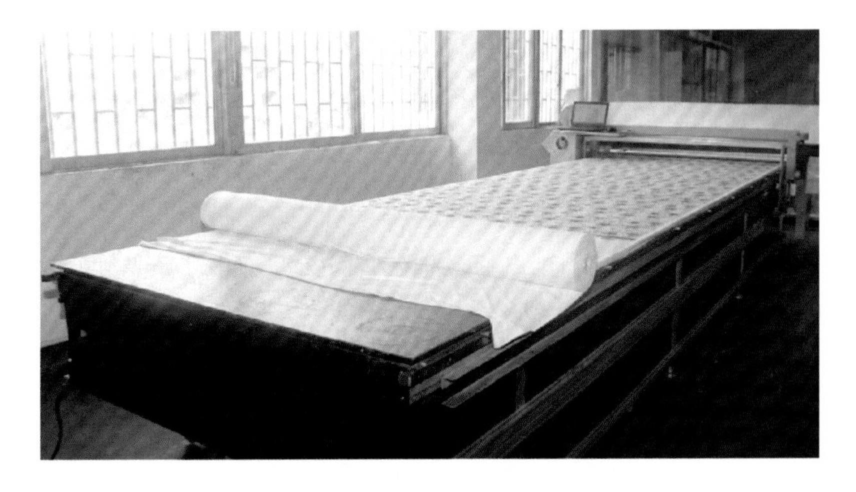

图9-28　皮革面料美饰图案数码喷印

②辅料购买

皮包制作除了印花皮革面料之外，还需要一些辅料，包括涂料、胶料、衬布、拉链、背带扣、缝线、纸板、背带用皮革和包边用皮革等，这些都是通过市场采购获得。

③手工工具

手工制作箱包所需要的工具包括剪刀、削刀、划线器、打孔圆斩、针脚菱斩、缝线针和夹具等。

9.5.4 裁片

①制版

在面料裁剪之前，需要进行版块设计。所谓版块设计就是将整个皮包拆分为若干料块，并测绘出每一料块的形状和尺寸。然后按照 1∶1 的比例，将料块的形状描画在木板或纸板上，并沿着划线裁剪而获得裁片的母版。

②裁片

按照母版的形状和尺寸，在面料上裁剪出所有料块。

9.5.5 缝合

①画缝合线

用划线器沿着面料边缘画出缝合轨迹，以确保缝合线圆滑美观。

②画针脚距

用菱斩在缝合线上刻画出缝线针的间距，确保缝合针脚间距一致，以提高美观性。

③穿针引线

用夹具将裁片固定夹紧，然后按缝合线和针脚距穿针引线缝合起来。

9.5.6 修饰与配件安装

①修边

为美观计，需要用削刀修削皮革面料的外露边缘，使其平整光滑。

②包边

对于外露的皮革面料边缘，也可以采用包边的方法来处理，即用薄而柔软的优质皮革包封，这样可以起到装饰线的作用。

③配件

全部缝制好以后，即可安装拉链、暗扣、提手和背带等配件。

通过以上工序步骤，获得了悬铃木树皮素材的女士坤包作品，实际效果如图 9-29 所示。

图9-29　女士坤包作品

以上是本章第五节的内容，这一节以悬铃木树皮素材的女式坤包作品为例，就箱包款式设计、美饰图案设计、材料准备、裁片、缝合、修饰与配件安装6个方面讨论了木美箱包技术。

9.6　木美扇艺技术

所谓木美扇艺，就是以扇面为载体，以木美元素为主要审美对象的艺术作品，可以同时用作实用工艺品和陈设工艺品。木美扇艺作品的制作，包括扇艺材料准备、扇面图案创作、扇面加工、扇架制作、组件压合、扇形裁剪、包边和安装扇坠等工序过程。下面以虫书香杉薄木宫扇为例，具体介绍木美扇艺开发技术。

9.6.1　扇艺材料准备

制作扇艺作品的材料主要包括扇面材料、扇背材料和扇架材料。扇面材料一般为真丝、绢布和宣纸，本案例所用为广西柳州产的香杉薄木，如图9-30所示，厚度为0.8mm；扇背为纸扇制作的专用纸张；扇架包括扇骨、扇环和手柄，均为竹质材料。此外，还有扇坠用的丝光彩线和包边用的彩纸。这些可以在市场采购。

图 9-30　香杉薄木

9.6.2　扇面图案创作

宫扇作为艺术品，扇面通常会有美饰图案，常见多为仕女图像、鸟雀鱼虫和植物花卉等。本案例为取自于昆虫侵蚀木材表面留下的坑道，它们极像古代篆体汉字，好似天书。

①原始素材

如图 9-31 所示是用数码相机在一块腐朽的木板上拍摄的原始图像。图中所见为昆虫侵蚀木材后留下的一些虫道，好似篆体的古书文字，很有历史和文化的韵味。

图 9-31　扇面美饰图案创作原始素材

②图案创作

从原始素材中提取9个形似篆体汉字的图形，重新排列组合，即可得到扇面装饰图案，如图9-32所示。

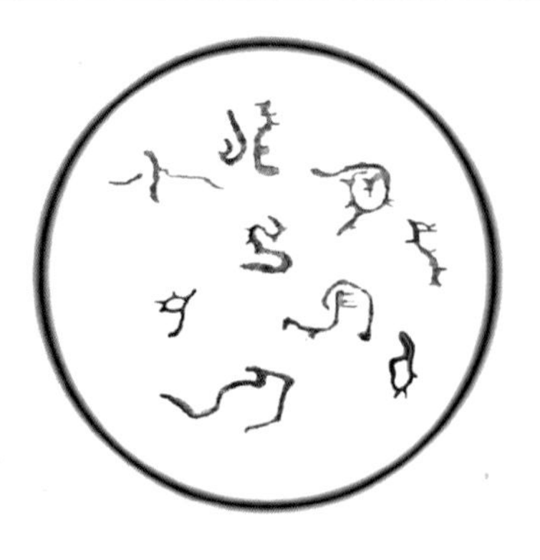

图9-32　扇面美饰图案

9.6.3　扇面加工

①原料裁剪

从香杉薄木卷材裁剪一块幅面30mm×26mm的薄木作为扇面基材。

②背面托底

为防止薄木碎裂，进行扇面绘画操作之前需要对薄木背面进行托底处理，即用单面背胶无纺布背衬在薄木基材的背面，并用电熨斗烫熨平整。

③表面烙画

用专业的电热烙画笔，如图9-33所示，将前面设计的扇面装饰图案描绘到扇面基材的表面，烙笔温度控制在200～300℃，以免烧穿薄木基材。烙画线条或深或浅、颜色或浓或淡，全靠烙笔温度和移动速度来控制。

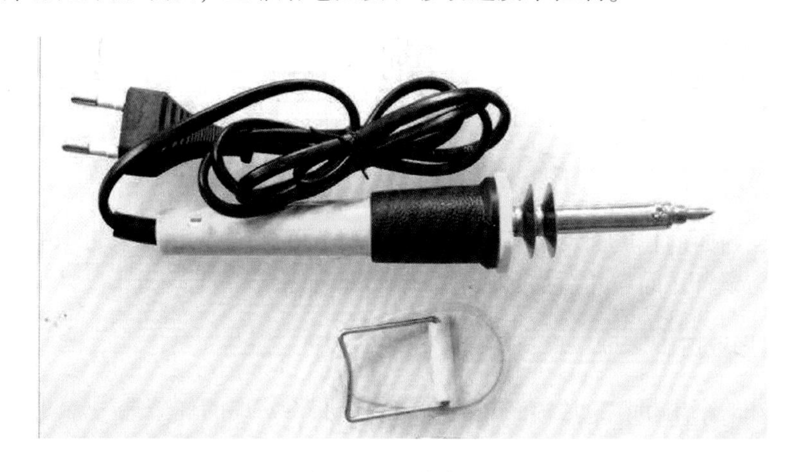

图9-33　电热烙画笔

9.6.4　扇架制作

扇架由扇柄、扇环和扇骨组成，如图9-34所示。

①制作扇柄

取经过人工或大气干燥过的竹鞭一段来制作扇柄，长度约18cm、直径10～12mm，两端用手电钻打孔，用以安装扇环和扇坠。

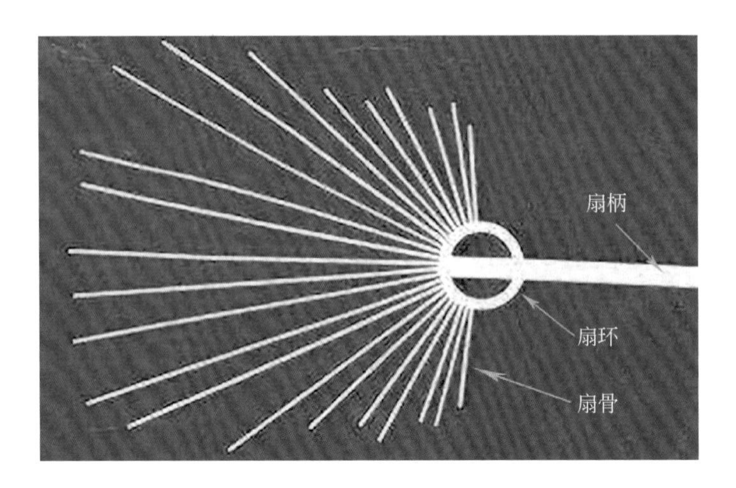

图 9-34　扇架的组成

②安装扇环

取长 20cm、直径 5mm 的竹条一段，烘烤加热后弯曲成圆环，两端插入手柄的孔眼中，并施胶固定。

③安装扇骨

扇骨为长短不一、牙签一般粗细的竹条，共有 35 根。首先在扇环上打孔，然后将扇骨逐一插入扇环的孔眼，并施胶固定。

9.6.5　组件压合

首先在扇面的托底面，以及扇背纸的一面分别施胶，并把扇架的扇骨部分夹放在扇面与扇背之间，然后加热压合，胶固即可。

9.6.6　扇形裁剪

压合好的宫扇粗坯，还需要进行裁剪，以获得宫扇的优美造型。过去是手工方式裁剪，效率低，且造型不准确、有误差。现在是在冲床上用专业模具冲压，效率高、造型准确无误。

9.6.7　包边

边缘是扇子最容易损坏的脆弱之处。为此，裁剪成形之后，需要对裁切的边缘进行包封。具体方法是裁剪出宽度 5mm 的彩色纸条，单面施胶，将涂胶面向着边缘线对折包封。这样在宫扇两面都会形成一条优美曲线，具有较好的装饰作用。

9.6.8　安装扇坠

扇坠直接从市场采购获得，系于手柄下端孔眼，这样就完成了宫扇制作的全过程。本案例最后获得的虫书香杉薄木宫扇作品，实际效果如图 9-35 所示。

图 9-35　虫书香杉宫扇作品

以上是本章第六节的内容，这一节以虫书香杉薄木宫扇为例，就扇艺材料、扇面图案、扇面加工、扇架制作、组件压合、扇形裁剪、包边和安装扇坠等 8 个方面讨论了木美扇艺技术。

9.7　木美家具技术

家具既有实用功能，又有空间摆设的装饰功能。所谓木美家具，就是以家具为载体、以木美元素为装饰的室内外家具。木美家具的制作，包括家具结构设计、家具美饰设计、家具材料生产和家具成品生产等工序过程。下面以木美陈列架为例，具体介绍木美家具开发技术。

9.7.1　家具结构设计

家具是一种生活器具，在结构设计时，首先要满足其实用功能的要求。在满足实用功能的前提下，好的设计还会提出视觉造型和功能合理性等美学要求。

本案例是放置于陈列室、资料室或展览馆的大型陈列架，其实用功能是陈放各种文献资料或摆放小件物品。在满足展陈物品功能的前提下，这里从美学的角度，对陈列架的结构设计提出了如下 3 个方面的要求：一是在长度上具有可伸缩性，可以根据室内开间大小调整陈列架的摆放长度；二是陈列架本身的摆放形状可随意调整，既可直线摆放，又可折线和曲线摆放；三是打破传统展架那种单调的方格模式，获得一种新颖的视觉效果。经过系统的构思设计和精确计算，最后陈列架的结构设计效果如图 9-36 所示。

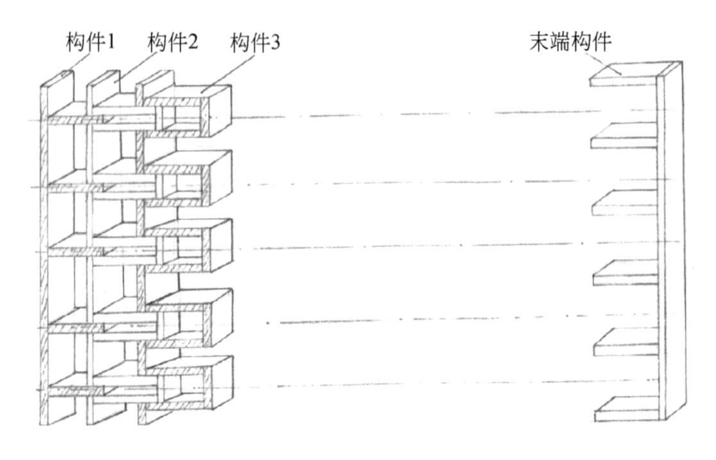

图 9-36　木美陈列架的结构设计

9.7.2　家具美饰设计

根据上述结构设计，选定制作陈列架材料为普通中密度纤维板。为了提高纤维板表面的装饰性，拟用木美图案来美饰中密度纤维板表面。

①原始素材

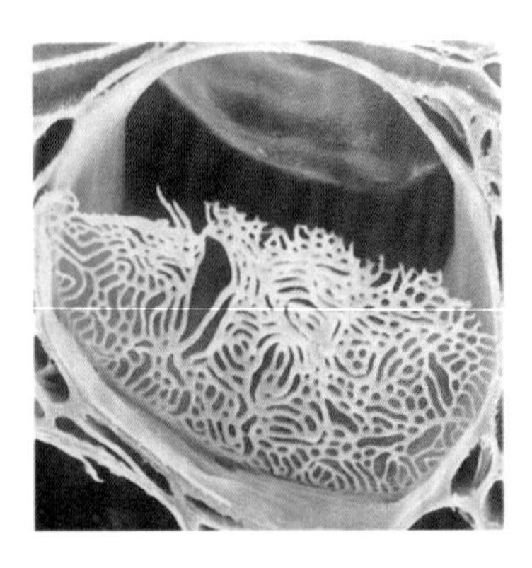

图 9-37　木美图案设计原始素材

木美图案设计的原始素材为西南猫尾树木材导管穿孔板，如图 9-37 所示，此穿孔板上分布有许多细小的穿孔，称为雕纹穿孔。下面以此雕纹穿孔为设计素材进行家具板材的饰面图案设计。

②图案设计

如图 9-38 所示，从原始素材中截取一部分作为一级构图元素（a），复制后得到 4 个完全相同的构图元素，按照上下、左右对称的原则进行拼接，获得对称式图案（b）。然后在图案（b）中截取红色框中的部分作为二级构图元素，再次运用对称式图案技术，获得四方连续的对称式图案（c），以此作为家具板材的美饰图案。

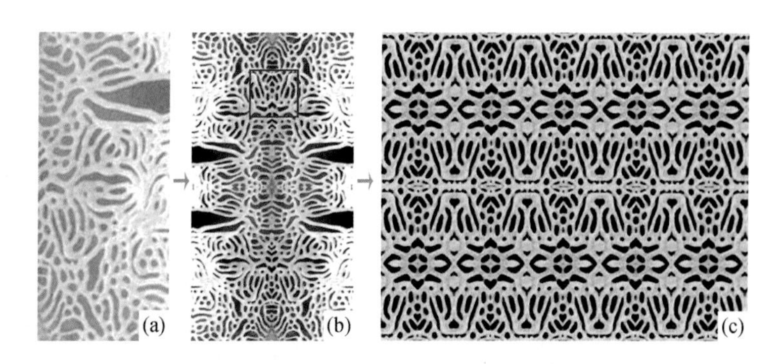

图 9-38　家具板材美饰图案创作过程

9.7.3　家具材料生产

陈列架生产所用的材料为木美图案装饰中密度纤维板，其生产工序流程如图 9-39 所示，包括木美装饰纸制备和中纤板基材处理，然后进行热压贴面，从而获得木美图案饰面的中密度纤维板，作为家具板材。

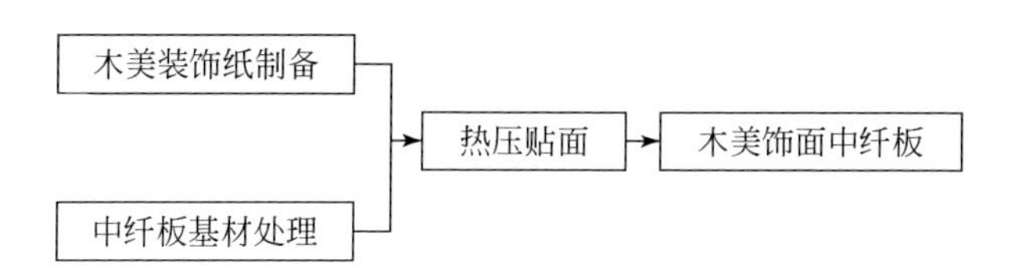

图 9-39　木美图案饰面中密度纤维板生产工序

①木美装饰纸

木美图案装饰纸的生产工艺与三聚氰胺浸渍纸大致相同。将上面设计的木美图案进行分色处理，一般分为红、绿、蓝（RGB）三基色，并根据图案的分色结果制作 3 个印刷版辊，每个版辊在原纸上印刷一定深浅的基色，叠加合成就可获得图案的原来色彩。

②中纤板基材处理

中密度纤维板基材为市场采购的普通中密度纤维板，热压贴面前，需要对板材表面进行砂光和除尘处理。

③热压贴面

将木美装饰纸、中密度纤维板基材和背衬平衡纸按照如图 9-40 所示关系进行组坯，并在热压机上压合，即可获得木美图案饰面中密度纤维板，如图 9-41 所示。

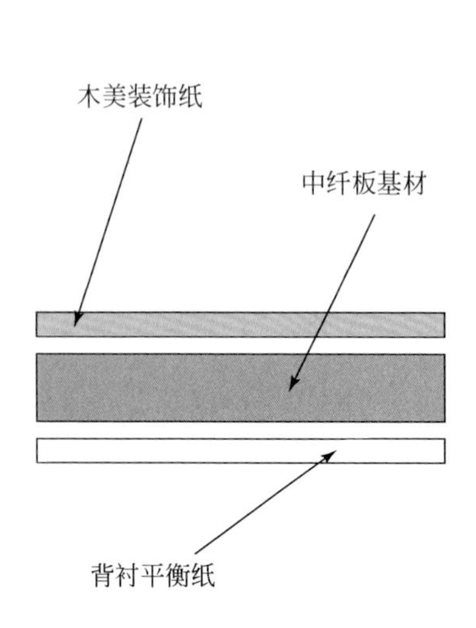

图 9-40　饰面中纤板结构示意

图 9-41　木美图案饰面中纤板

9.7.4　家具成品生产

用上述木美图案饰面中纤板生产家具，需要经过开料、封边、钻孔和装配四段工序。

①开料

根据设计图纸，在开料机上将板材裁切成所需尺寸和数量的板块。

②封边

在自动封边机上，将每一板块的四条侧边用封边条包封，起到美观和保护作用。

③钻孔

板块之间的结合是通过专门的三合一连接件来实现的，这需要在板块的连接部位钻孔。钻孔在专业的多轴排钻机上完成。

④装配

所有板块加工好后，按照装配图纸将板块用连接件组装成陈列架的构件。然后根据摆放要求，调整构件之间嵌合深度和角度，即可获得如图 9-42 所示的陈列架作品。陈列架作品达到了初始的设计要求。首先它既可以伸长或缩短，又可以直线、折线或曲线摆放，因而具有很好地适应和平衡室内空间的功能。其二，它打破了传统展架那种单调的方格模式，在同一水平层上陈放格的高度构成递减或递增的等差数列关系，等差数列的公差正好是板材厚度的两倍，因此整体上形成渐近或渐远的线条，给人们带来强烈的艺术冲击感。其三，板面上木材雕纹穿孔的美学图案，更是增添了陈列架的美学效果。

图 9-42　木美陈列架成品

以上是本章第七节的内容，这一节以木美陈列架为例，就家具结构设计、家具美饰设计、家具材料生产和家具成品生产 4 个方面讨论了木美家具技术。

第10章　木美作品赏析

“格物致知”是源于中国西汉时期大思想家司马迁的《礼记·大学》中“致知在格物，物格而后知至”的至理名言。自21世纪初，广西大学木美工作室潜心开展“格木致美”的研究与实践，并致力于木材美学的开发应用，创作出木美画作和木美服饰等一系列木材美学作品。本章将与读者分享其中的木美轴画、木美框画、木美领带、木美丝巾、木美箱包、木美陶瓷、木美地板和木美时装八类木美作品。在每一类作品中，读者既可以感受到木美素材的原始之美，又可以欣赏到木美作品的创作之美。

10.1　木美轴画

所谓轴画，就是带有卷轴的挂画，属于软装画，多用于室内的客厅、书房和茶室的墙面装饰。轴画可以单独挂展，但大多数情况下，配有描述画中意境和趣味的字幅，成套挂展。木材中有一些树木天然生长而成的花纹图案，可用于轴画创作，具有独特的艺术效果。这里撷取一二，以供读者赏析。

10.1.1　青山松茂（作者·格木人）

图10-1为“青山松茂”轴画作品，其素材源于广西南宁市青秀山风景区的金丝楠木博物馆。该博物馆收有藏品近千件，全为金丝楠木工艺品。其中有一对顶箱柜，用产自四川的金丝楠阴沉木（蜀人称为乌木）制作而成，堪称该博物馆的镇馆之宝。“青山松茂”作品的画芯就是源于这对金丝楠木顶箱柜的一块柜门板。

图10-2是金丝楠木博物馆中那张顶箱柜，图10-3是在这张顶箱柜的柜门板上拍摄的一幅原始图像。图像中清晰可见山谷中有几株古松，针叶繁茂、树干挺拔、松枝舒展，颇有山林美景之感。

作者对原始图像进行适当取舍，然后将其颜色处理成为传统水墨画的效果，就获得作品中的画芯，此乃树木生长而成的天然画作。画面中主题为三、五棵古松，它们树干挺拔、树皮斑剥，给人以岁月沧桑之感；但它们依然枝叶繁茂、松针青翠，阳光之下熠熠生辉，很好地表达了苍松坚韧不拔的品格。

图10-1　“青山松茂”轴画作品

图10-2　金丝楠木顶箱柜

图10-3　柜门板上拍摄的原始图像

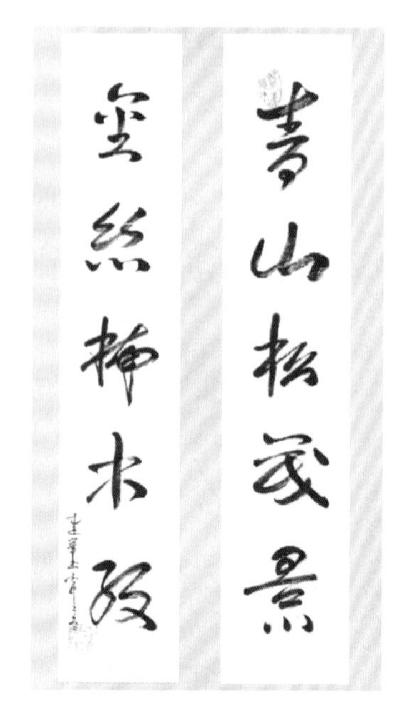

图 10-4 “青山松茂”作品的字联

为了便于对作品的理解，作者专门为该这幅画作书写了两联字幅，如图 10-4 所示。上联：青山松茂景，描写画中实景。这里“青山”二字，既有描述画中山林青翠之意，又有表述景物所在地点（青秀山景区）之意。下联：金丝楠木纹，阐明画作形成之机理，画中景物乃是由金丝楠木材的纹理天然构成。将字联与画芯组合起来，就获得整幅“青山松茂”作品。

10.1.2　狮身人面（作者·格木人）

图 10-5 为“狮身人面”作品，其素材源出于一件海南黄花梨的木材制品。海南黄花梨的学名为降香黄檀，珍稀名贵程度位居红木之首。海南黄花梨最为珍贵的特征之一是木材表面的“鬼脸”。狮身人面作品的可赏之处正是这种“鬼脸”特征。

图 10-5　“狮身人面”轴画作品

所谓“鬼脸”，实际上就是材面上的木节花纹。海南黄花梨特点是木节小而多，往往是几个木节聚生在一起，结果在材面上形成酷似人脸的图像。这种图像十分地神秘、怪诞而诡异多变，红木爱好者出于对这种图像的喜爱，称其为“鬼脸”。

图 10-6 是一幅拍摄于海南黄花梨木制品表面的原始图像，画面中“鬼脸”图像十分醒目，“狮身人面”作品就是源出于此。作者通过审美过程中的意象思维，看到原始图像中隐藏有一头奋力狂奔的雄狮。兼顾到画面上的“鬼脸”，于是将画作主题确立为“狮身人面”。

然后，把与主题无关的部分去掉后，再反复审视画中图像，觉得它既像是奋力狂奔的雄狮，又像是斗篷飞扬的大侠。因此，为该画作提书了两联字幅，如图 10-7 所示，上联：狮身人面海黄就，下联：斗篷大侠树木生，与画芯组合起来，就获得整幅“狮身人面”作品。

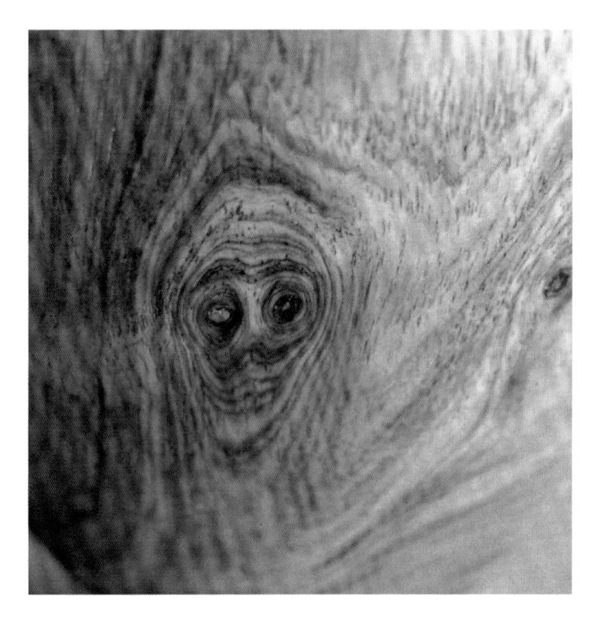

图 10-6　海南黄花梨“鬼脸”原始图像

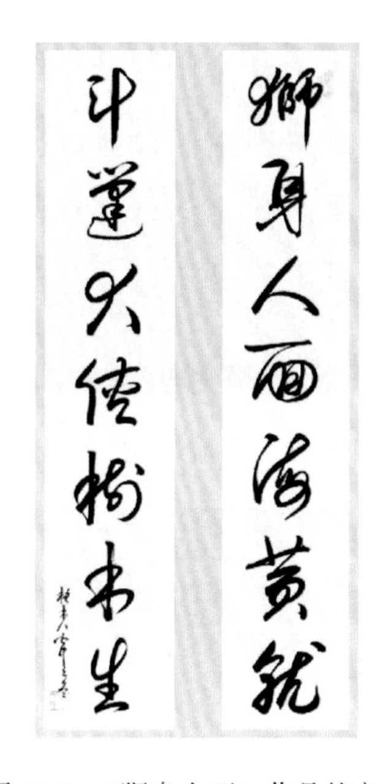

图 10-7　“狮身人面”作品的字联

以上是本章第一节的内容，这一节以“青山松茂”和“狮身人面”两幅作品为代表，对木美轴画的素材来源、构思立意、字幅意趣和画作效果等方面进行了探讨和赏析。

10.2　木美框画

所谓框画，就是带有边框的装饰画，它是一种硬装画，其画芯装裱于木板等硬质材料上，并在四周加上装饰边框。框画是一种传统的艺术作品形式，其历史可以追溯到公元二世纪，现在仍广泛流行于世界各地。传统的油画、国画、绣画和剪纸等都可以装裱成框画作品，用于室内壁面的装饰。木材中有许多宏观、微观和超微观的美学素材可用于框画创作，下面与读者分享几幅木美框画作品。

10.2.1 引航灯塔（作者·格木人）

图 10-8 “引航灯塔”作品

图 10-8 为“引航灯塔”框画作品，它源出于广西扶绥国营东门林场场部附近的一棵柠檬桉树的树干。

老龄柠檬桉树干上的树皮呈不规则的鳞片状剥落，因而在树干上通常可见一些曲线圆滑、形态迥异的具象图形。此外，在柠檬桉树干上通常还可以见到一种由于昆虫爬行所致的迂回曲线。图 10-9 为树皮脱落斑痕，图 10-10 为昆虫爬行曲线。

图 10-11 是“引航灯塔”作品的原始素材，也是一幅拍摄于柠檬桉树干的图像。原始图像中顶部像玉米棒部分就是前面所说的树皮剥落斑痕，下部像钢丝弹簧一样的部分就是前面所说的昆虫爬行所致的迂回曲线。对原始图像稍做色彩处理，再加上画框就得到“引航灯塔”框画作品。

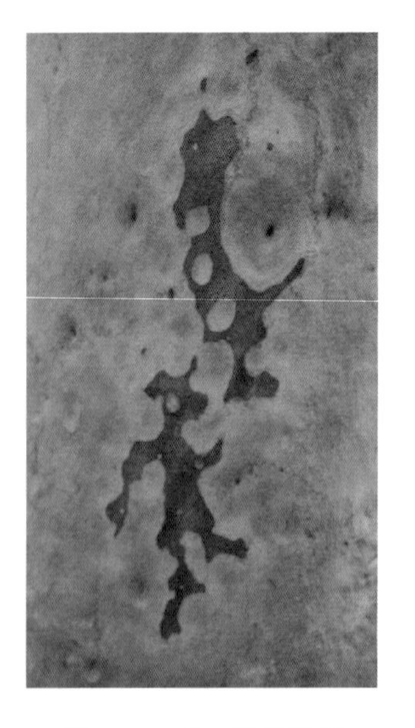

图 10-9　树皮脱落斑痕

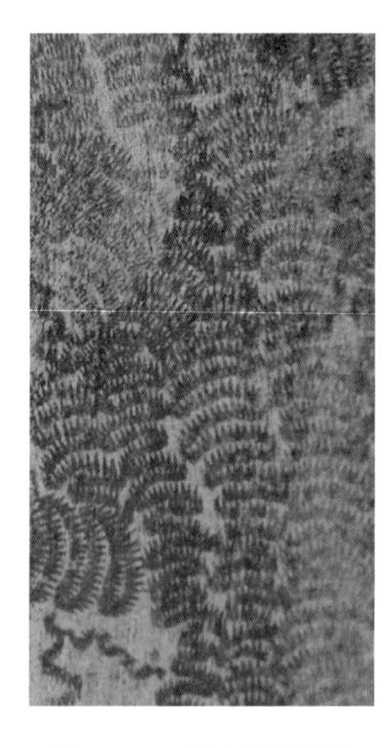

图 10-10　昆虫爬行轨迹

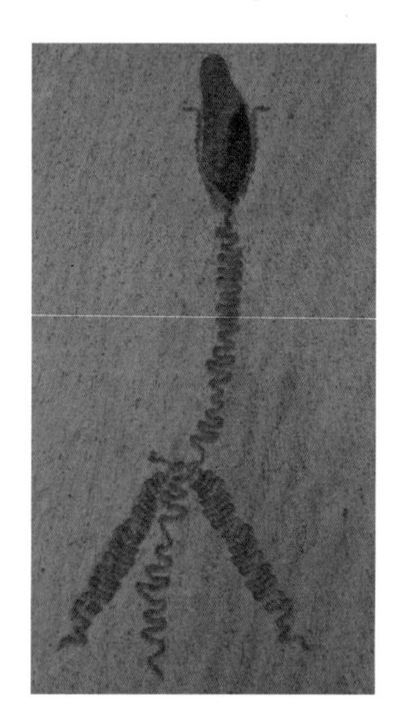

图 10-11 “引航灯塔”作品素材

作品中的灯塔艺术性很好、设计感极强、结构简单而合理。下部灯座，为钢簧构成的三脚支架，三条支腿可以收拢或张开，从而实现灯座高度的自如调节。灯座上端连接有一条钢簧支杆，顶端有灯座，灯座内装有灯泡，正照亮着夜空的繁星点点。三脚灯座上端的操作手柄可以用来精确调整灯泡的垂直高度和水平方位，以准确指引夜行船只的正确航道。

10.2.2　海底世界（作者·黎玉霞）

图 10-12 为“海底世界”框画作品，它源自于龙眼木材横切面的一幅显微构造图像。龙眼，如图 10-13 所示，又称桂圆，原产于中国南部及西南部，现主要分布于广东、广西、福建等地区。其木材致密坚实、木纹细腻、色泽柔和，特别适合于制作雕刻工艺品，福建“龙眼木雕”乃中国四大木雕之一。

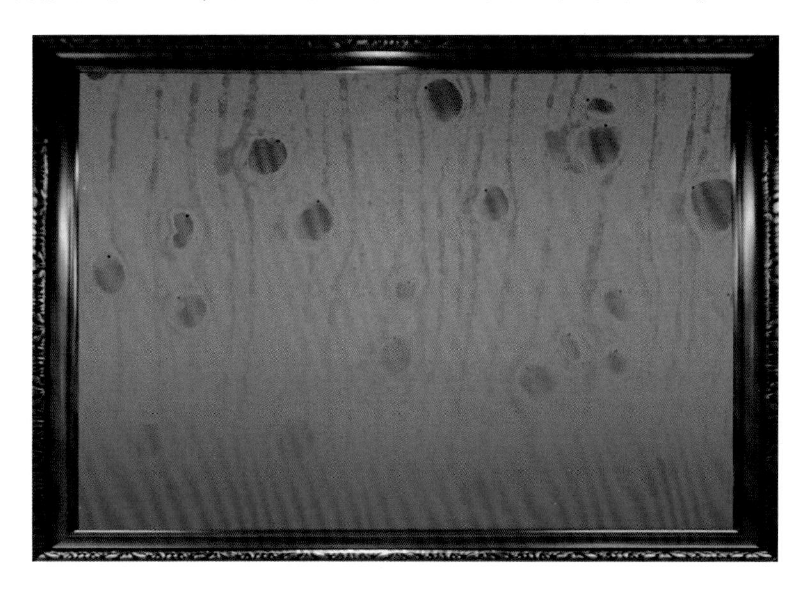

图 10-12　“海底世界”作品

图 10-14 是“海底世界”作品的原始素材，一幅龙眼木横切面在体视显微镜下的构造图像。龙眼木材为散孔材，轴向薄壁组织为傍管型、量少。图像中椭圆形孔洞为管孔，这些弯弯扭扭的线条为木射线。

对原始图像稍做色彩处理，再加上画框就得到“海底世界”框画作品。这里原始图像中的木射线构成了作品中随海水飘动着的海草，管孔构成了作品中在海草丛中嬉戏游玩的热带鱼，还有傍生在管孔旁边的轴向薄壁细胞构成了热带鱼的眼睛。

图 10-13　龙眼树与果

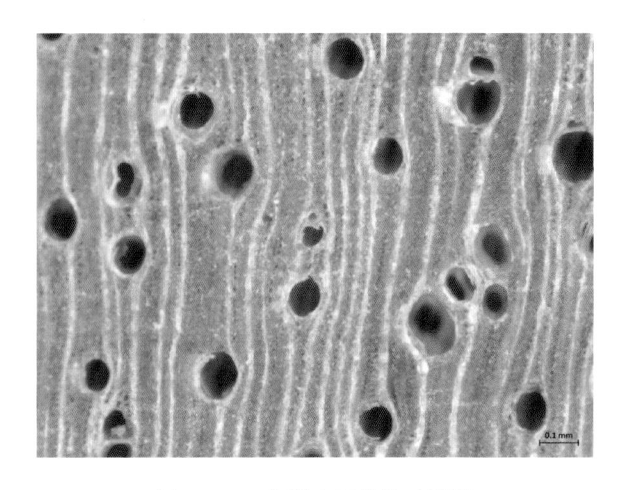

图 10-14　龙眼木显微构造图像

10. 2. 3　烈焰火山（作者 · 格木人）

图 10-15 为“烈焰火山”作品，它源出于油丹木材径切面的一幅扫描电镜图像。油丹为樟科、油丹属的常绿高大乔木，如图 10-16 所示，属于国家Ⅱ级重点保护物种。其木材纹理通直、结构细腻、色泽油润、含有丰富的油脂或黏液，因此木材香气浓郁、耐极腐性强。

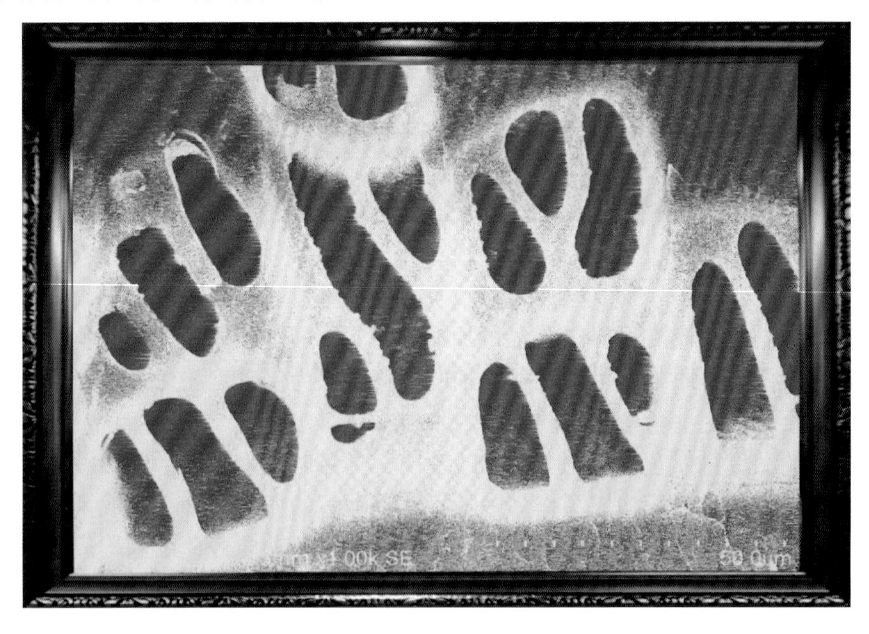

图 10-15　“烈焰火山”作品

如图 10-17 所示为“烈焰火山”作品的原始素材，它是一幅拍摄于油丹木材径切面的扫描电镜图像。原始图像所示为油丹木材中纵向的导管细胞与横向的射线细胞相交叉的区域，这些孔洞就是相邻细胞壁上的纹孔。

图 10-16　油丹树木

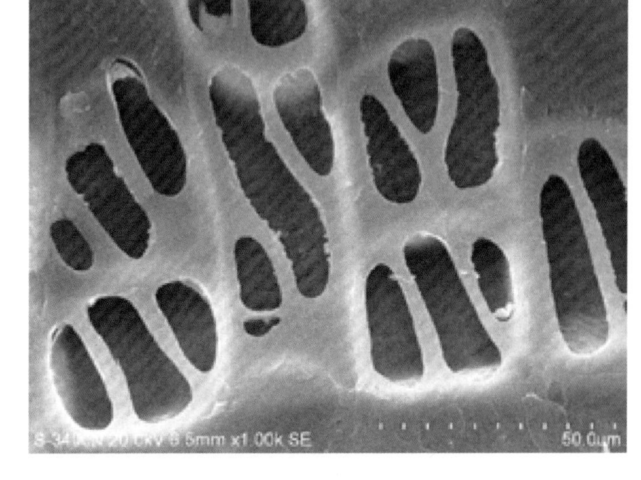

图 10-17　“烈焰火山”作品的原始素材

对原始图像稍做色彩处理，再加上画框就得到“烈焰火山”框画作品。作品背景为火红色，主题为黄色的火苗。整体像一座大山，由七个篆刻“山”字构成，故名为“烈焰火山”。这里每个“山”字，实际上是一组纹孔，分别由三个单纹孔组成。

以上是本章第二节的内容，讨论了“引航灯塔”“海底世界”和“烈焰火山”三幅框画作品，它们分别源自于木材的宏观、微观和超微观构造。以这三幅作品为代表，对木美框画的素材来源、构思立意和画作效果等方面进行了探讨和赏析。

10.3　木美领带

领带是现代人常用的服饰品，人们穿着正统西装时，一般要在衬衫领口系上领带。然而，这种在当今社会认为很绅士、很文明的领带，却是起源于一种不太文明的行为。据说，领带起源于英国。在中世纪，英国人以猪、牛、羊肉为食，并用手抓着吃。当时男人们长着乱蓬蓬的大胡子，啃完肉食后，满嘴油污，就用衣袖揩抹胡子上的油污。妇女们在饱受洗涮男人们油垢衣服的辛劳之后，想到一个办法。她们在男人们上衣的领口上挂一块布条，供他们抹嘴之用，并在袖口处钉上几颗石子，以整治他们用衣袖抹嘴的坏毛病。天长日久之后，妇女们终于制服了男人们的不文明行为。后来，挂在领口的布条演变成了现在的领带，袖口上的石子演变成了现在西装袖子上的排扣。

木材中的一些宏观、微观和超微观构造特征，具有很好的美学利用价值，可以用来作为领带的美饰设计。下面与读者一起来赏析“蛇纹祥云”“银桦波浪”和“火红流星”三款木美领带作品。

10.3.1　蛇纹祥云（作者·格木人）

如图 10-18 所示这款“蛇纹祥云”领带的面料为印花真丝，满饰朵朵祥云，并有云片漂浮游走于云朵之间。这些云朵和云片并非人为绘制，而是由蛇纹木的天然木纹所构成。

蛇纹木，如图 10-19 所示，又称龙檀木，是世界上最名贵的木材之一，享有“木材中的钻石”之美誉。其心材暗红褐色，具有不规则黑色斑点或花纹、类似蛇纹，因此而得名“蛇纹木”。

图 10-18　“蛇纹祥云”领带作品

图 10-19　蛇纹木

如图10-20 所示，“蛇纹祥云”领带作品美饰图案源自蛇纹木的雕件（a）。从原始素材中，提取美学元素（b），组成构图单元（c），由此即可设计出领带面料美饰图案（d）。采用数码印花技术，将此图案印制到真丝面料，就可加工出“蛇纹祥云”领带。

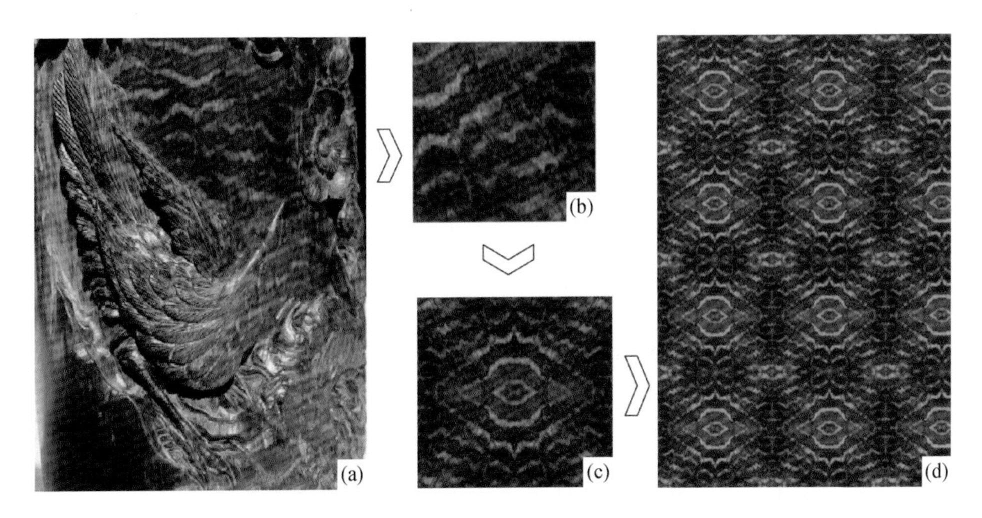

图 10-20　“蛇纹祥云”领带美饰图案创作

10.3.2　银桦波浪（作者·叶萍）

如图 10-21 所示的“银桦波浪”领带为印花真丝面料，色泽丰富，过渡自然。面料上可见层层波浪，有如海浪翻滚、汹涌澎湃。白色的海浪线与红色的斜杠线呈直角正交。这里白色海浪线由木材管孔组成，红色斜杠线为木射线，所有美饰元素全部出自于银桦木材的显微构造图像，如图 10-22 所示。

图 10-21　“银桦波浪”领带作品

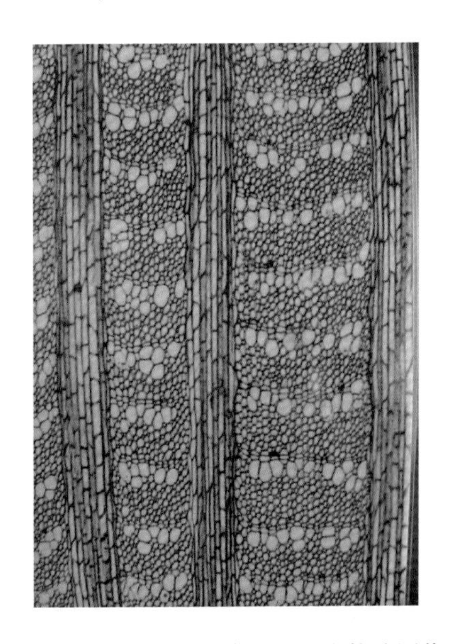

图 10-22　银桦木材横切面显微构造图像

图 10-22 是“银桦波浪”作品的原始素材，即银桦木材横切面的显微构造图像。银桦木材有 3 个显著特征：其一，木射线粗大；其二，轴向薄壁组织为单侧傍管型，弦列成带；其三，管孔弦向排列，在两条木射线之间呈弯月状，凸起的一面统一朝着髓心方向。

如图 10-23 所示，从原始素材图像中截取一部分作为构图元素（a），按照对称性原则进行反复拼接，即可获得领带的美饰图（b）。采用数码印花技术，将此图案印制到真丝面料上，就可加工出“银桦波浪”领带作品。

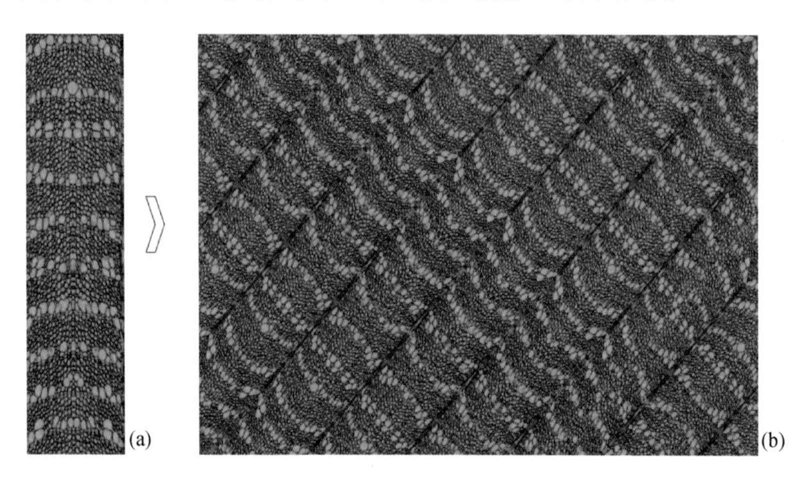

图 10-23 “银桦波浪”领带美饰图案创作

10.3.3 火红流星（作者·格木人）

图 10-24 的“火红流星”领带为印花涤丝面料，面料以土蓝为底色，装饰图纹为火红色，好似火红的流星雨从天而降。这些“流星”实际上是龙眼木材导管内壁上合生纹孔的扫描电镜图像。

龙眼木属于无患子科的龙眼属。如图 10-25 所示，在扫描电子显微镜下，龙眼木材的导管内壁上可见纹孔口外延，并合生呈裂隙状。

图 10-26 左边是“火红流星”领带美饰图案创作的原始素材（a），它是一幅龙眼木导管内壁的电镜图像，图像中所见为导管壁上的合生纹孔。对此原始图像稍做颜色处理，获得领带面料的美饰图案（b）。采用数码印花技术，将此图案印制到涤丝面料，就可制作出“火红流星”领带作品。

以上是本章第三节的内容，这一节讨论了“蛇纹祥云”“银桦波浪”和“火红流星”三款领带作品，它们的美饰图案分别源自木材的宏观、微观和超微观构造。以这三款作品为代表，对木美领带的素材来源、图案创作、美饰特征和作品效果等方面进行了探讨和赏析。

图 10-24　“火红流星”领带作品

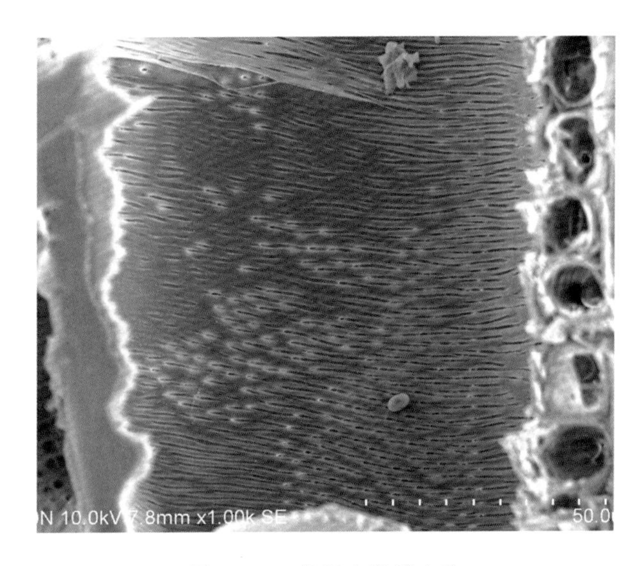

图 10-25　龙眼木导管内壁

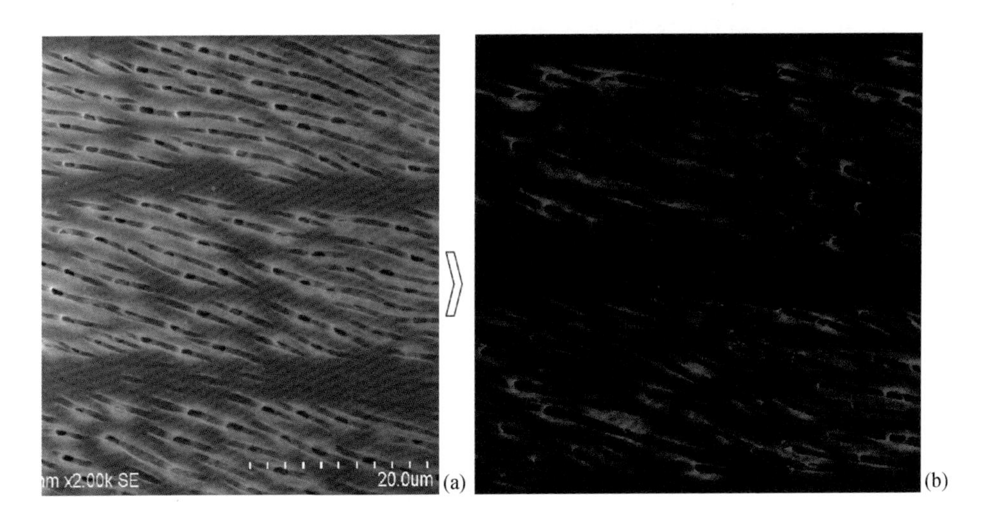

图 10-26　“火红流星”领带美饰图案创作

10.4　木美丝巾

据说，丝巾问世于中世纪前的北欧和法兰西。开始的丝巾只是当作围脖，妇女们用它来抵御寒冷和风沙。到 16 世纪中期，随着丝巾面料的不断变化，进而发展成为具有装饰功能的服饰品。当今，丝巾已是女性必备服饰品，其面料、款式、花色和系法很多，深受现代女性的青睐。木材中的许多宏观、微观和超微观构造特征，具有很好的美学利用价值，可以用来作为丝巾的美饰设计。下面与读者一起来探讨和赏析“方圆天地”“水波粼粼”和“海浪山花”三款丝巾作品。

10.4.1　方圆天地（作者·韦晶晶）

图 10-27 的“方圆天地”丝巾为真丝印花面料。面料为土蓝底色，在底色上起花，花纹图案整体为外方内圆。外围设计有多层方框，以适合方巾的形状，方框内为对称式纹样，图形工整严谨而不失飘逸灵动之美感。

“方圆天地”丝巾上所有美饰元素源自于黄金榕木材。黄金榕为桑科、榕属的一种常绿小乔木，如图 10-28 所示，其嫩叶呈金黄色，故有黄金榕之称。它枝叶繁茂，树冠阔大，在我国华南地区多用作园林绿化和盆景造型树种。

图 10-27　“方圆天地”丝巾作品

图 10-28　黄金榕树木

如图 10-29 所示，“方圆天地”丝巾的创作素材是一幅黄金榕木材横切面的显微构造图像（a）。通过分形图案技术，由素材图像获得两个基础图案（b）和（c），再从（b）和（c）中提取构图元素，重新组合，即可获得丝巾面料的美饰图案（d）。采用数码印花技术，将此美饰图案印制到真丝面料，就可加工出这款“方圆天地”丝巾作品。

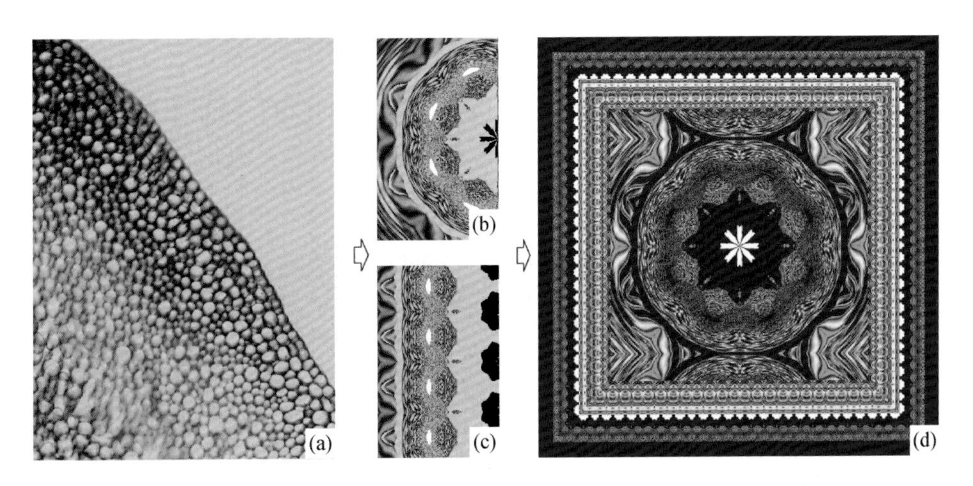

图 10-29　“方圆天地”丝巾美饰图案创作

10.4.2　水波粼粼（作者·叶萍）

图 10-30 的“水波粼粼”丝巾色泽丰富，过渡自然。真丝面料上的层层水波纹，有一种波光粼粼的效果。这里白色波浪线由木材管孔组成，与之垂直相交的为木射线，所有的美学元素全部源自于如图 10-31 所示的银桦树木。回顾 10.3.2 节可知，这里“水波粼粼”丝巾所用的面料与“银桦波浪”领带为同一款面料。

图 10-30　“水波粼粼”丝巾作品

图 10-31　银桦树木

10. 4. 3　海浪山花（作者 · 格木人）

如图 10-32 所示的“海浪山花”丝巾是一款真丝长巾。丝巾上为对称纹样，中部有浪花朵朵，翻滚奔腾，卷起阵阵涟漪和旋涡。两边有山花绽放，花瓣层层叠叠，由内向外，分别为雪白、深蓝和水红颜色。

图 10-32　“海浪山花”丝巾作品

“海浪山花”丝巾的美饰图案完全源自于如图 10-33 所示的银杉树木。银杉在第三纪时期曾广泛分布于欧亚大陆，后因第四纪大陆冰川的侵袭而几乎灭绝。20 世纪 50 年代在我国广西与湖南的交接地区再次发现，被人们称之为树木的活化石、植物界的大熊猫。图 10-34 是“海浪山花”丝巾创作的原始素材，它是一幅银杉木材径切面电镜构造图像。

图 10-33　银杉树木

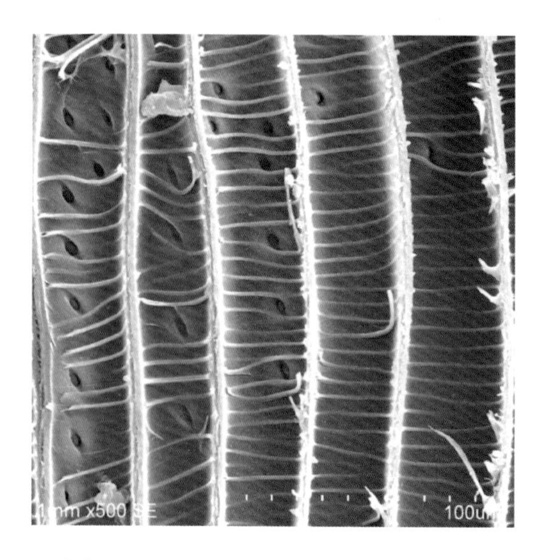

图 10-34　银杉木材径切面电镜构造图像

如图 10-35 所示，从图 10-34 原始素材出发，通过第一次、第二次和第三次分形变换，分别获得 3 个分形基础图案（a）、（b）、（c），然后将分形图案（c）对称拼接并进行色彩等处理，最后获得丝巾的面料美饰图案（d）。采用数码印花技术，将此图案印制到真丝面料，就可加工出“海浪山花”丝巾作品。

图 10-35 “海浪山花”丝巾美饰图案创作

以上是本章第四节的内容，这一节介绍了“方圆天地”“水波粼粼”和“海浪山花”三款丝巾作品，它们的美饰图案分别源自黄金榕与银桦木材的显微构造和银杉木材的电镜构造。以这三款丝巾为代表，对木美丝巾的素材来源、图案创作、美饰特征和作品效果等方面进行了具体讨论和赏析。

10.5 木美箱包

箱包是用以容纳物品的各种包的统称，包括手提包、背包、挎包、钱包、腰包、拉杆箱和行李箱等。过去，箱包的主要功能就是容纳物品，但随着社会的进步，箱包的装饰性得到大幅提升。现在已经成为人们身边不可或缺的物品。手包更是女士的最爱，甚至是时髦、品位和地位的象征。

随着箱包材料技术的进步与发展，箱包的舒适性和装饰性越来越受到人们的重视。木材中的许多宏观和微观构造特征，具有很好的美学利用价值，可以用来作为箱包的美饰设计。下面以迷彩拉杆箱、女式小圆包和女士休闲袋为例，对木美箱包进行探讨和分析。

10.5.1　迷彩拉杆箱（作者·孟陶陶）

图10-36的迷彩拉杆箱是一个20吋的登机箱，其面料为帆布，但看上去很有皮革质感，这是因为它上面的树皮纹样。帆布面料上印制有斑块状迷彩花纹，这种迷彩花纹不是人为设计的，而是由悬铃木的树木天然生长而形成。

悬铃木，如图10-37所示，亦称法国梧桐，为悬铃木科、悬铃木属的树木，主要分布于欧洲东南部、印度和美洲。据文献记载，中国晋代就有引种，但未能得到广泛传播，直到20世纪的10～20年代我国才有大量种植，现在我国从北到南都有分布。悬铃木树干的外树皮呈斑块状剥落，结果在树干上留下迷彩状斑痕。这种天然形成的斑痕具有很好的审美意义，这里将它作为箱包的美饰设计素材。

图10-36　“迷彩拉杆箱”作品

图10-37　悬铃木的树木

图10-38左边为一幅悬铃木树皮的原始图像（a），采用对称式图案技术，可以获得迷彩拉杆箱的美饰图案（b）。采用数码印花技术，将此美饰图案印制到帆布面料，就可加工出这款迷彩拉杆箱作品。

10.5.2　圆形小坤包（作者·孟陶陶）

图10-39的小坤包外形为规整的圆形，面料为聚氨酯印花皮革。一条大波

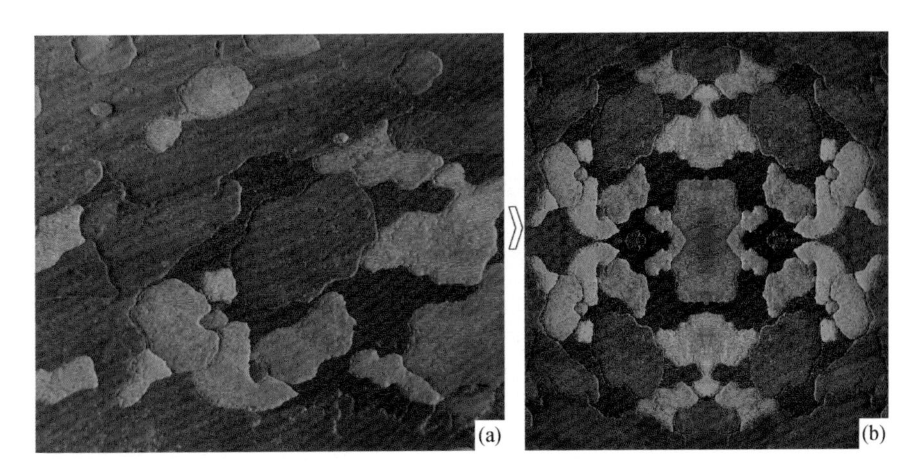

图 10-38　“迷彩拉杆箱”美饰图案创作

浪线将包面分为上下两半，具有截然不同的质感。上半部如光面皮革，并有射线斑纹形成的点划线装饰，犹如动物皮革上的毛孔；下半部粗糙，具有翻毛皮的质感。

悬铃木的树干上除了具有上述树皮剥落斑痕的特征之外，树皮上的射线斑纹，也是其显著特征之一，如图 10-40 中箭头所指。这是由于悬铃木中具有粗大的木射线，射线端头反映在树皮表面就形成了这种射线斑纹。

图 10-39　“圆形小坤包”作品

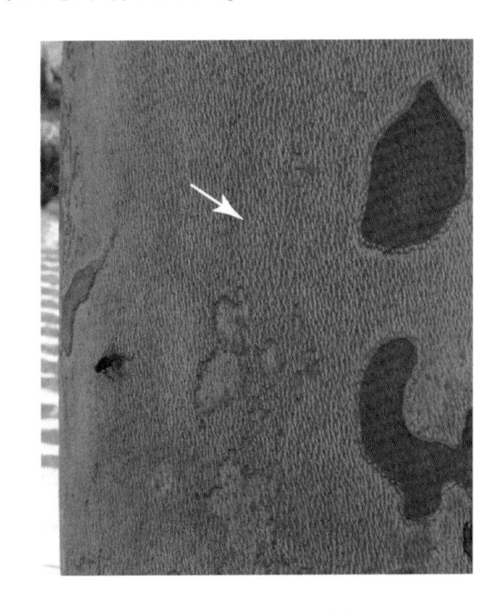

图 10-40　悬铃木树干

图 10-41 是圆形小坤包美饰图案创作的原始素材。包面上的大波浪线是不规则片状树皮干枯剥落而留下的斑痕，那些点划线就是悬铃木树皮上的射线斑纹。

在悬铃木树皮原始素材图像中截取合适部分，并进行适当的色彩效果处理，就获得了圆形小坤包的美饰图案，如图 10-42 所示。采用数码印花技术，将此美饰图案印制到纯白色聚氨酯皮革面料上，就可加工出这款圆形小坤包作品。

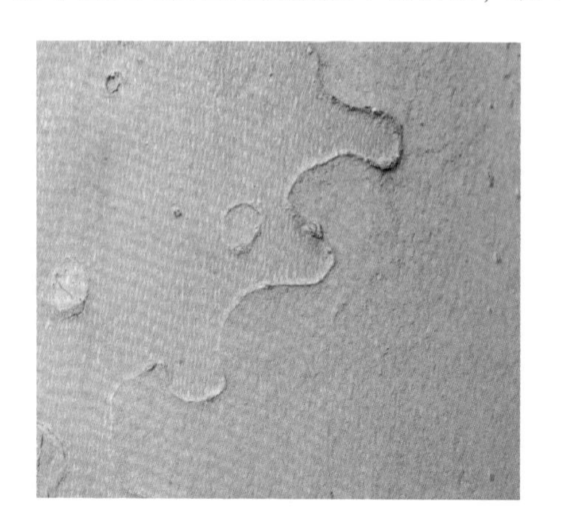

图 10-41 悬铃木树皮原始图像

图 10-42 “圆形小坤包”美饰图案

10.5.3 女式休闲袋（作者·格木人）

图 10-43 的女式休闲袋的面料是印花帆布，它含有两种源自于木材构造特征的美饰元素：其一是面料上满幅的皮革纹，其二是面料上星散分布的珍珠般颗粒。

图 10-43 女式休闲袋作品

如图 10-44 所示，这款女式休闲袋面料上的皮革纹来自于落叶松的轴向树脂道。以树脂道横切面电镜构造图像（a）为素材，采用对称式图案技术，可获得面料皮革纹图案（b）。

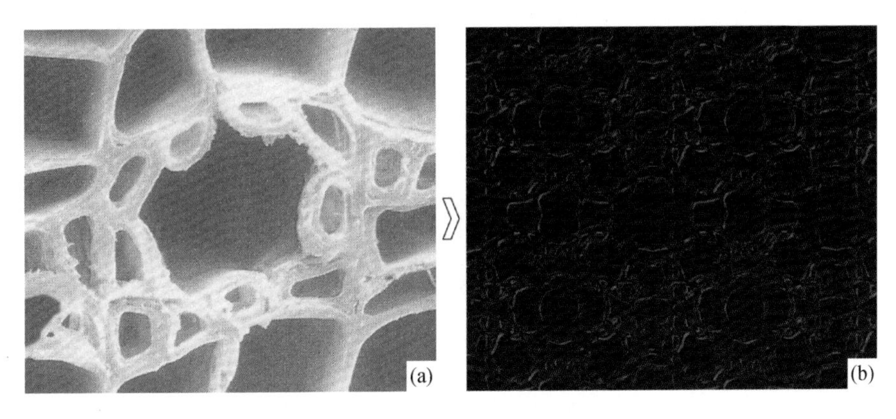

图 10-44　休闲袋面料皮革纹图案创作

如图 10-45 所示，面料上的珍珠颗粒来自于龙眼木轴向薄壁细胞内的淀粉颗粒（a）。以淀粉颗粒电镜构造图像为素材，采用散点式图案技术，可获得面料上的珍珠颗粒图案（b）。

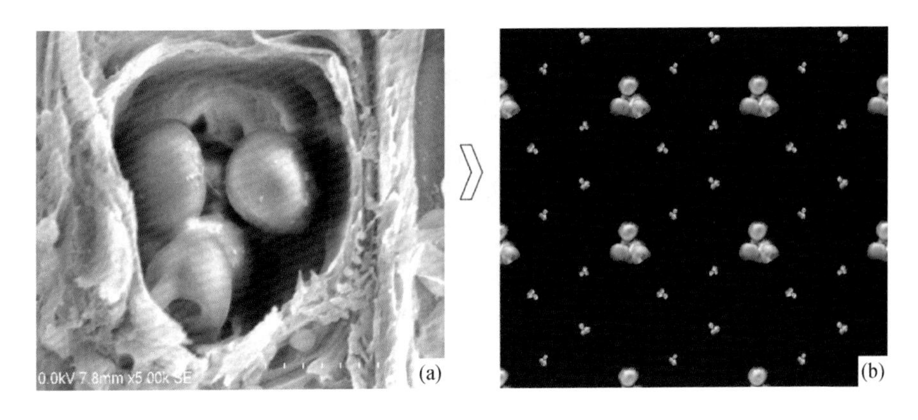

图 10-45　休闲袋面料上珍珠颗粒图案创作

将上述皮革纹和珍珠颗粒两幅图案叠加，就获得了女式休闲袋面料上的美饰图案（图 10-46）。采用数码印花技术，将此美饰图案印制到白色帆布面料，就可加工出这款女式休闲袋。

以上是本章第五节的内容，这一节以“迷彩拉杆箱”“圆形小坤包”和“女式休闲袋”三款作品为代表，对木美箱包的素材来源、图案创作、美饰特征和作品效果等方面进行了讨论和赏析。

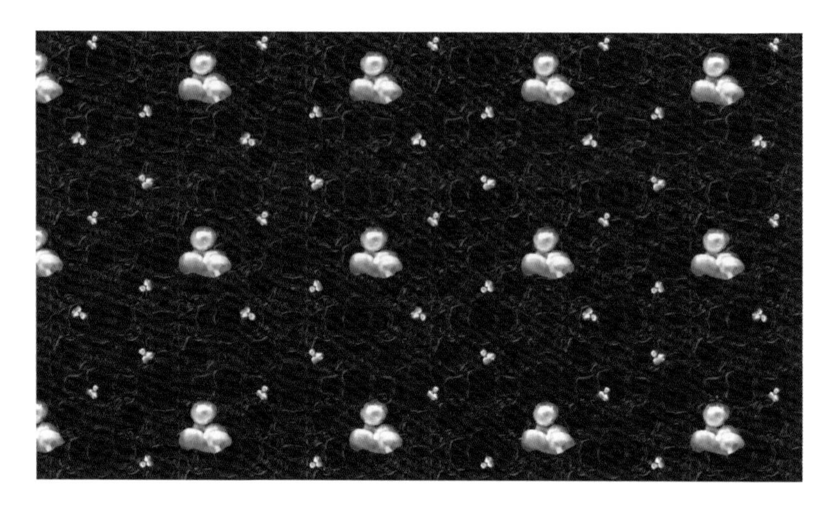

图 10-46 休闲袋面料美饰图案

10.6 木美陶瓷

英语中把陶瓷称为“china”，这足以说明中国是最先发明陶瓷技术和使用陶瓷器具的地方。中国的陶艺技术可以追溯到公元前 4500—前 2500 年，早于欧洲一千多年。陶瓷可分为陶器和瓷器。陶器是以陶土作坯，在较低温度下烧制而成，一般质地粗、硬度低、不透明；瓷器是以瓷土（高岭土）作坯，在较高温度下烧制而成，一般质地细、硬度高、半透明。陶瓷是科学技术和文化艺术相结合的产物，是一种物化的文化艺术，是中华民族在制造使用和欣赏陶瓷过程中的精神文明和物质文明的结晶。不同历史时期的陶瓷造型与装饰艺术，都展示了当时人们的创造智慧，在一定程度上反映当时的科学技术水平。

木材美学是现代木材科学与技术的研究成果。这一节讨论木美陶瓷，一方面以陶瓷为载体来展示木材组织构造之美，同时也以天然的木材美学元素来丰富和发展陶瓷装饰艺术。

10.6.1 幌伞枫泥陶茶具（作者 · 韦晓丹）

图 10-47 是一套幌伞枫泥陶茶具作品，它质地粗犷、造型古朴、色泽厚重。其外表有不规则条块作为装饰，立体感很强。条块为手工雕刻，长短大小不等，大致均匀分布，很像传统石磨磨盘上的齿纹。茶壶和茶杯的整体效果，好像是用整块花岗岩石料雕挖打磨成形，并在外表面用手工雕刻装饰花纹，具有厚实感和自然感，很好地表现了中国茶文化内涵丰富、传承久远、历史厚重的特征。

图 10-47　幌伞枫泥陶茶具作品

这套泥陶茶具外表的装饰图纹源自于幌伞枫的树皮。如图 10-48 所示，幌伞枫（a），又名罗伞树，为五加科幌伞枫属的常绿高大乔木。因其树冠犹如古代皇帝出巡的罗伞（b）因而得名“幌伞枫”。

图 10-48　幌伞枫树木与罗伞

图 10-49 是一幅幌伞枫树皮的原始图像。树干上均匀分布的纵向条块，形状基本一致、粗细大小不尽相同，很像是泥塑艺人用手将泥条掐捏成形后再贴合于树干的泥塑作品。除此以外，树干上还有叶柄的脱落斑痕，呈螺旋线状缠绕于树干，把树干上的泥塑分割成为不同的板块。

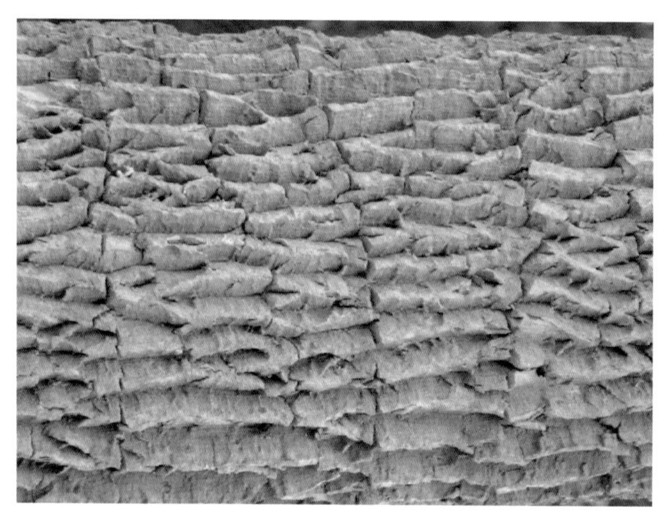

图 10-49　幌伞枫树皮原始图像

以幌伞枫树皮的原始图像为素材，采用手工雕刻工艺，将此树皮图像雕塑到茶壶和茶杯陶坯的外壁，经炉窑烧制后就获得了这套具有幌伞枫树皮效果的茶具作品。

10.6.2　龙纹青花摆瓶（作者·何拓）

图 10-50 的龙纹青花摆瓶，高约 40cm，呈保龄球瓶形状。瓶身的装饰图纹，犹如群龙起舞，上下翻腾，气势恢宏，它源自于如图 10-51 所示的鼠李树木。瓶口与圈足之处的花边装饰源自于如图 10-52 所示的西南猫尾树。

图 10-50　龙纹青花摆瓶

图 10-51　鼠李树木

图 10-52　西南猫尾树

如图 10-53 所示，这款龙纹青花摆瓶作品，瓶身的龙纹来自鼠李木材横切面显微构造图像（a）。图中可见，鼠李木材的管孔分布，形似龙爪。将鼠李木材的管孔分布图像勾画出来，就获得了瓶身的群龙翻腾美饰图纹（b）。

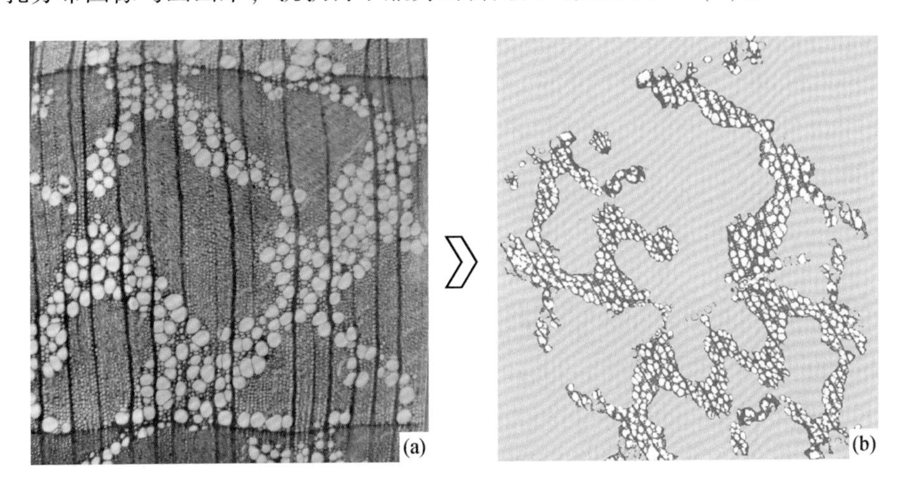

图 10-53　龙纹青花摆瓶的美饰龙纹创作

如图 10-54 所示，瓶口与圈足处的花边图案创作的原始素材为西南猫尾树导管的雕纹穿孔板的扫描电镜图像（a）。从原始素材中截取构图元素（b），按照左右对称原则拼接，获得左右对称图案（c）。从（c）中取红色框部分作为二次构图元素，按照上下左右对称原则反复拼接，获得对称式四方连续图案（d）。从（d）中取出红色框部分，就获得瓶口与圈足处的花边装饰图案（e）。

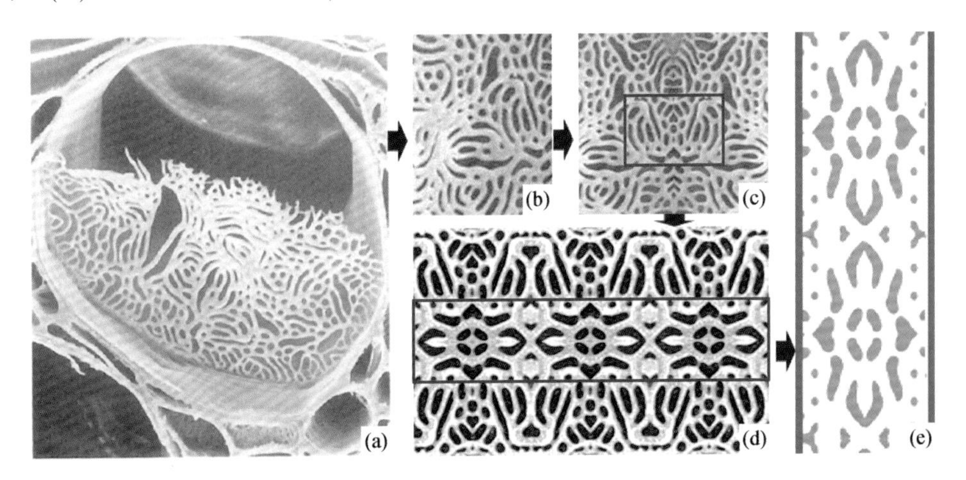

图 10-54　龙纹青花摆瓶的美饰花边创作

将上面的龙纹图案手工描绘到摆瓶的瓶身部位，将花边图案手工描绘于瓶口和圈足部位，再经上釉和炉窑烧制，即可获得了这款龙纹青花摆瓶的艺术效果。

10.6.3 鸭嘴青瓷套瓶（作者·何拓）

图 10-55 是一套鸭嘴青瓷花瓶，高低错落有致，形态各不相同，瓶口都呈鸭嘴状，但开口大小、深浅相异。这样一套花瓶，插上鲜花，摆放于案几，别具风格。

这套花瓶的亮点是瓶口的鸭嘴造型，它源自于赤栎木材导管具缘纹孔对的电镜构造。如图 10-56 所示，这就是赤栎木材具缘纹孔对的原始图像，其纹孔缘恰似鸭嘴，在此基础上略加变形，就获得了这套花瓶的艺术效果。

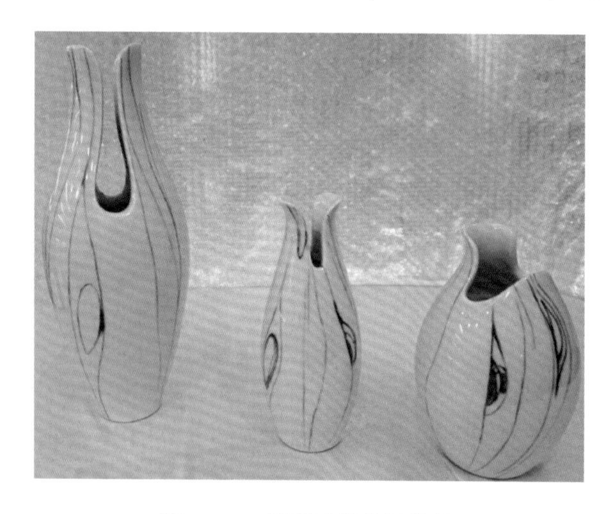

图 10-55 鸭嘴青瓷花瓶作品

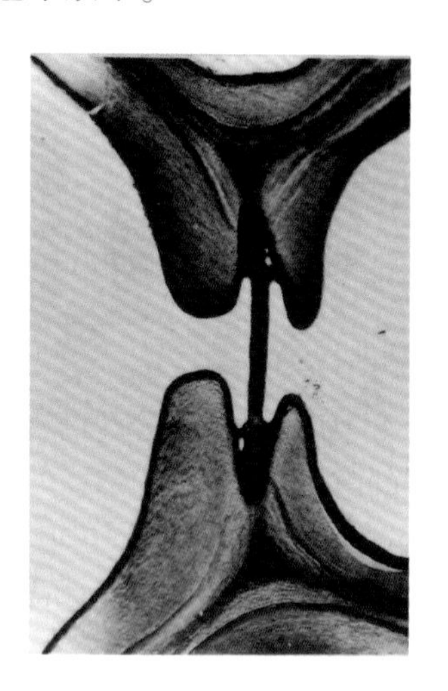

图 10-56 赤栎木材导管具缘纹孔电镜构造图像

以上是本章第六节的内容，这一节以“幌伞枫泥陶茶具”“龙纹青花摆瓶”和“鸭嘴青瓷套瓶”三组作品为代表，对木美陶瓷制品的创作素材、美饰设计和审美效果等方面进行了探讨和赏析。

10.7 木 美 地 板

地板的功能主要有二，一是装修，二是装饰。装修是在泥土或水泥混凝土等地基上铺设某种地板材料，从而获得适合人们日常活动的地面；装饰是为了满足人们的审美需求，引导人们产生审美的“心理距离”而赋予地板的美学效果。随着人类社会的发展和社会文明的进步，地板装饰功能越来越受到重视，有些地板产品已经成为一种美学产品。例如，上海书香门地美学家居股份有限公司成立于 20 世纪末，该公司将地板材料与国际大师的名画、名曲相融合，推出了美学地板产品。

下面以“金丝楠木纹地板”“紫檀木纹地板”和“凤尾竹回纹地板”三款作品为例，介绍木材美学地板。

10.7.1　金丝楠木纹地板（作者·格木人）

如图 10-57 所示是一款金丝楠木纹地板，具有天然花岗岩的效果，整体颜色为印度红。地板表面有斑块状和条带状花纹，自然随机地分布，主要呈红、黑两种颜色。这款地板的美饰图纹出自于金丝楠木的宏观花纹。

金丝楠，如图 10-58 所示，乃中国独有的珍稀名木，明清时期，为皇家专属用材，平民百姓不得享用，专用于打造皇宫器物。金丝楠木珍贵之处主要在于其独特的花纹千变万化、移步换景，光照之下，金光闪烁，绚丽多彩。

图 10-57　金丝楠木纹地板作品

图 10-58　金丝楠木

图 10-59 是在金丝楠木茶台表面拍摄的一幅原始图像，对它进行适当裁剪和颜色处理，获得地板的美饰图案。按照 9.4 节介绍的木美地板技术，将该图案做到陶瓷地板表面，就获得了这款具有花岗岩效果的金丝楠木纹地板。

10.7.2　紫檀木纹地板（作者·格木人）

图 10-60 的紫檀木纹地板为浅黄白色，花纹新颖别致。板面满布平行的条带，在长的条带之间还间隔有短的条带，长短条带同向。单个短条带由 5 ~ 8 个珍珠般的颗粒串联而构成纺锤形状，在整个板面大致分布均匀、排列整齐，形成叠生构造。

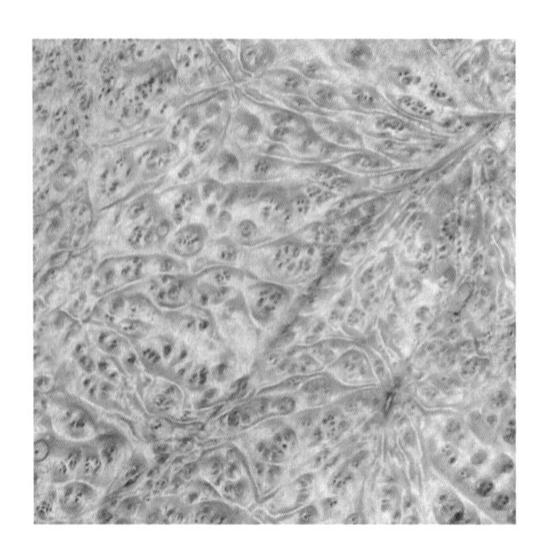

图 10-59　金丝楠茶台表面宏观花纹

图 10-60　檀香木纹地板作品

这款紫檀木纹地板的美饰图案源自于如图 10-61 所示檀香紫檀树木的木材显微构造。檀香紫檀木材密实、材质硬重、颜色黑红泛亮，其名贵程度位于红木之首。檀香紫檀木材有一种特殊的木材构造特征，即叠生构造。在木材的弦切面上，其木射线粗细相同、高度大致相等、排列整齐，形成叠生构造。

图 10-62 就是一幅檀香紫檀木材弦切面显微构造的原始图像。对该图像进行颜色处理，即可获得紫檀木纹地板的美饰图案。运用 9. 4 节介绍的木美地板技术，将该美饰图案做到陶瓷地板上，就获得了这款具有檀香紫檀木纹的木材美学地板。

图 10-61　檀香紫檀树木

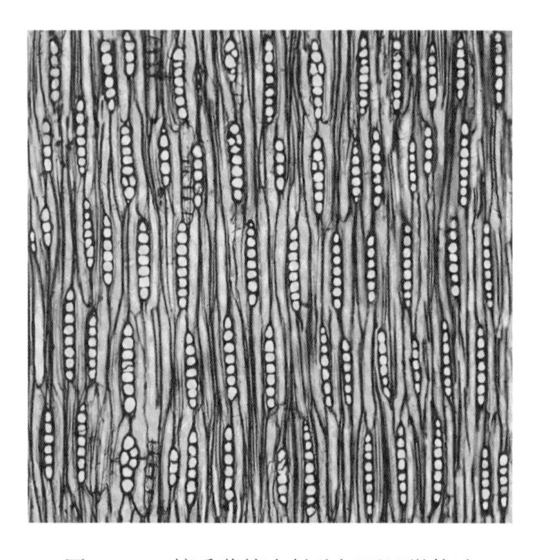

图 10-62　檀香紫檀木材弦切面显微构造

10.7.3　凤尾竹回纹地板（作者·格木人）

如图 10-63 所示的凤尾竹回纹地板，板面具有三种纹饰。其一是那些与对角线平行的条带，好似竹篾编织而成的竹席纹；其二是那些位于竹席纹条带之间的方块，如回形文字；其三是每个回纹方块中的扁圆形对称图纹，恰似纵横交替呈现的灯笼。

这款美学地板的美饰图案源自于凤尾竹的扫描电镜构造。凤尾竹为禾本科、竹亚科、簕竹属植物，多用于盆栽和园林景观。其叶为羽状复叶，形似凤尾，因而得名凤尾竹，如图 10-64 所示。

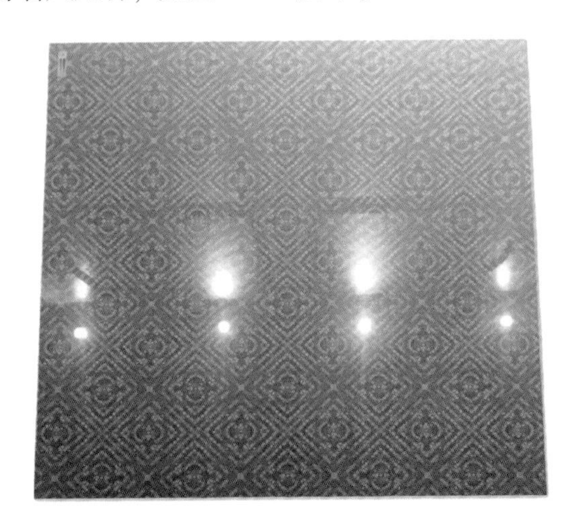

图 10-63　凤尾竹回纹地板作品

图 10-64　凤尾竹

如图 10-65 所示，左边是凤尾竹竹竿纵切面上轴向薄壁组织的电镜构造原始

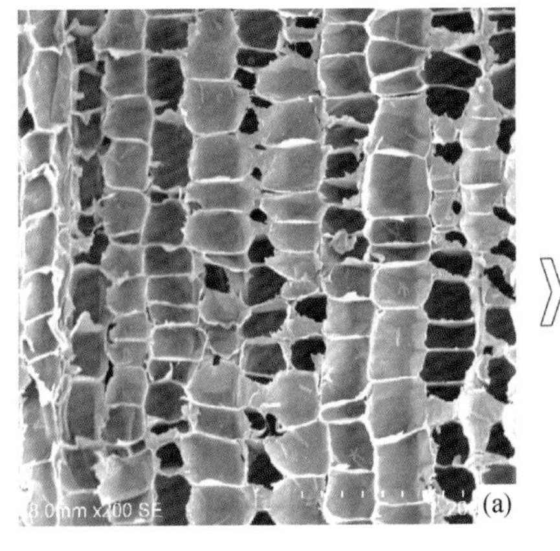

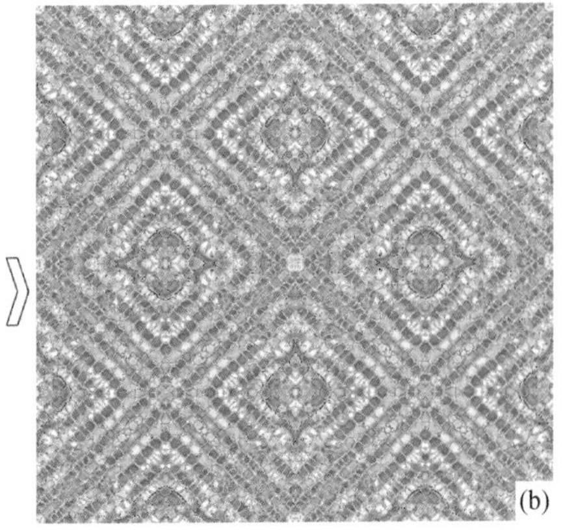

图 10-65　凤尾竹回纹地板美饰图案创作

图像（a），应用8.2节介绍的对称式图案技术，可以获得地板美饰图案（b）。再运用9.4节介绍的木美地板技术，将此美饰图案做到陶瓷地板上，就获得了这款凤尾竹回纹地板。

以上是本章第7节的内容，这一节以“金丝楠木纹地板”“紫檀木纹地板”和“凤尾竹回纹地板”三款作品为代表，对木美地板的创作素材、美饰设计和审美效果等方面进行了讨论和赏析。

10.8 木美时装

一般来说，衣服的功能主要有两个方面，一是御寒，二是美饰，两者孰重孰轻，因人、因时、因地而异。随着社会的发展，人们的工作、生活环境越来越舒适，因此衣服的御寒功能逐渐淡化，美饰功能逐渐成为主导。当美饰成为衣服的主导功能时，这样的衣服就成为了时装。所谓时装，即新颖时髦的服装。

木材美学在时装设计领域大有用武之地。一方面，人们以时装为载体，可以把木材之美充分展示出来；另一方面，木材内部具有极为丰富的美学元素，它们可以应用于时装设计。木材之美可以极大地丰富时装设计的内涵和形式。时装不但能够展示人体之美，还可以很好地展示木材之美、树木之美和大自然之美。下面与读者一起来赏析“鸡翅木纹T恤”“金丝楠木纹长裙”和“银杏晶花旗袍”三款木美时装。

10.8.1 鸡翅木纹T恤（作者·格木人）

图10-66的棉料T恤以红色为主调，满幅细碎花纹，呈条带状，红白相间，自然流畅，好似静谧的湖面被清风吹皱，阳光之下，微波荡漾，偶有小小旋涡时隐时现，给人以强烈冲击而又舒适自然的视觉美感。这款T恤花纹完全就是鸡翅木的宏观花纹。

鸡翅木，如图10-67所示，它材质硬重，乃国标红木材种之一，包括斯图崖豆、白花崖豆和铁刀木三个树种。鸡翅木最显著的特点之一就是其弦切面上具有宛若鸡翅羽毛般的花纹，因而民间匠人把它称之为鸡翅木。

图10-68是在广西浦寨红木家具市场，拍摄于鸡翅木餐桌桌面的一幅宏观木纹图像，它就是鸡翅木纹T恤印花图案的原始素材。对此图像进行色彩处理后即获得T恤面料的美饰图案，然后应用9.2节介绍的木美布艺技术，就可获得这款鸡翅木纹T恤。

图 10-66　鸡翅木纹 T 恤作品

图 10-67　鸡翅木的树木

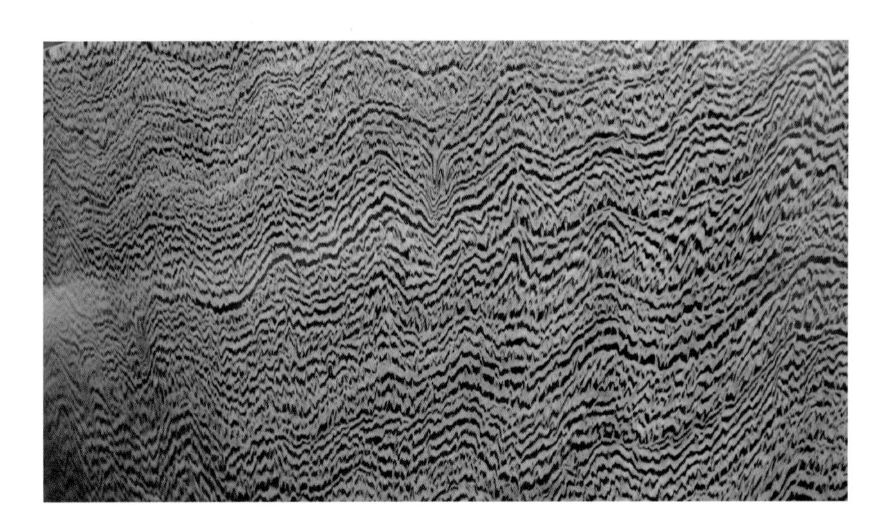

图 10-68　鸡翅木材面上的鸡翅花纹

10.8.2　金丝楠木纹长裙（作者·朱雪萍）

图 10-69 的金丝楠木纹长裙为双层结构的大摆裙，内衬黑色裙胆。长裙外层为柔软、轻薄的高织纱印花面料。面料印花为条带状花纹，包括无规律弯曲的白色柔性条带和刚直的纺锤形条带。那些纺锤形刚直条带，由卵圆形颗粒所构成，掩映于白色柔性条带之中。随着人体的行走，裙摆飘逸，可尽显女性轻盈、纤柔与灵秀之美。这款长裙面料的美饰元素来源于如图 10-70 所示的金丝楠木。

图 10-69　金丝楠木纹长裙作品

图 10-70　金丝楠树木

如图 10-71 所示，左边是一幅金丝楠木弦切面显微构造的原始图像（a），图像中可见两类细胞组织，一是木纤维组织，二是木射线组织。长裙面料印花图案中那些无规律弯曲的白色条带是由木纤维细胞经变形处理而来，那些纺锤形条带就是这里的木射线组织。以这个金丝楠木弦切面显微构造原始图像为素材，应用图形处理技术，获得了长裙面料图案（b）。根据前面的木美布艺技术，将该图案印制于高织纱面料，就可获得这款金丝楠木纹长裙。

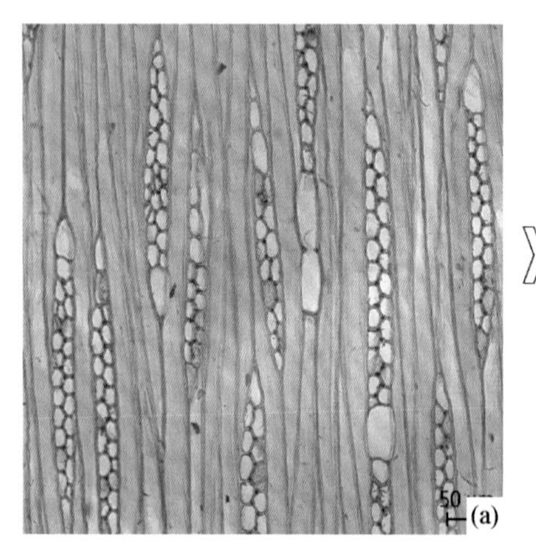

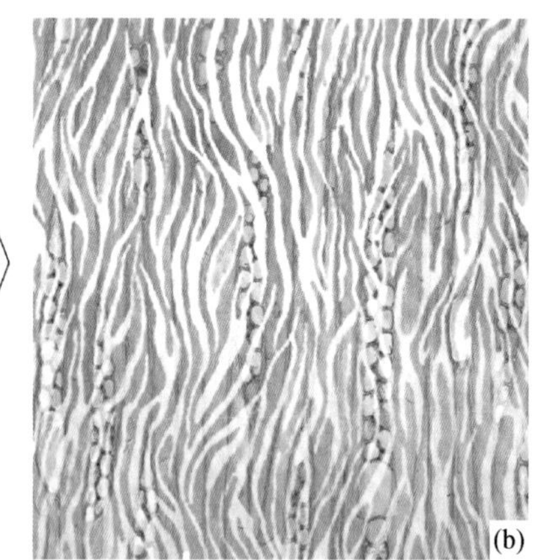

图 10-71　金丝楠木纹长裙面料图案创作

10.8.3 银杏晶花旗袍（作者 · 格木人）

图 10-72 的银杏晶花旗袍为真丝印花面料，以玫红为主色调。印花为联缀式四方连续图案。图案中主元素呈花朵状，立体感很强，花朵有的单生、有的连生，大小不一，分布自然。这款旗袍能够充分展示女性文雅贤淑、美丽大方的高贵气质。旗袍上的印花图案源自于银杏树木，如图 10-73 所示。

图 10-72 银杏晶花旗袍作品

图 10-73 银杏树木

银杏为银杏科、银杏属的落叶大乔木，树干可达几米之粗。银杏为长寿树，素有“公孙树”之称。据考察，现在中国还有 12 棵 5000 年以上树龄的银杏古木。银杏木材的特征之一是薄壁细胞内含有硕大的簇状晶体。如图 10-74 所示，

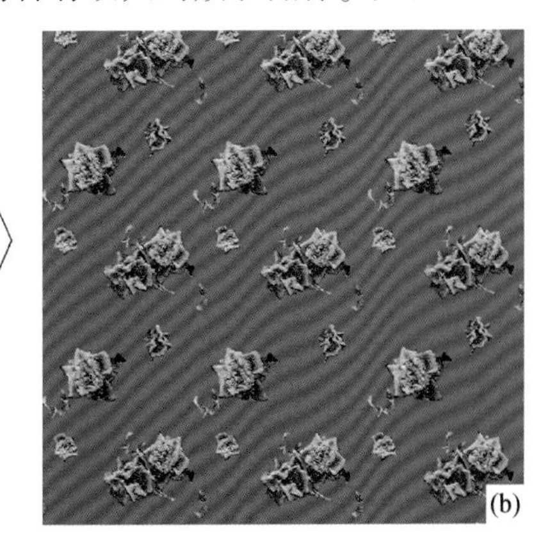

图 10-74 银杏晶花旗袍面料印花图案创作

左边是银杏木材轴向薄壁细胞内所含簇晶的扫描电镜原始图像（a），呈花朵状。以此为素材，根据 8.3 节介绍的联缀式图案技术，可以获得旗袍面料印花图案（b）。应用 9.2 节介绍的木美布艺技术，将该图案印制于真丝面料，就可以获得这款银杏晶花旗袍作品。

以上是本章第 8 节的内容，这一节以“鸡翅木纹 T 恤”“金丝楠木纹长裙”和“银杏晶花旗袍”三款作品为代表，就木美时装的创作素材、美饰设计和审美效果等方面进行了讨论和赏析。

后　记

本书作者于2008年8月在《中国林业教育》发表了第一篇关于木材美学的论文“开展木材美学研究·拓宽木材解剖学的应用”，并于同年9月在广西科学技术出版社出版了第一本关于木材美学方面的著作《木材美学引论》。时光荏苒，十二年如白驹过隙。过去十多年来，作者初心不改，一直积极努力地倡导木材美学，通过展会展览、学术报告、课堂教学和网络视频等多种方式，不遗余力地在全国和全球范围内宣讲和推广木材美学，其心不可谓不专、情不可谓不切、力不可谓不尽、行不可谓不辛、志不可谓不坚。迄今，木材美学研究已引起国内外许多学者的广泛兴趣。现在，国内有广西大学和中南林业科技大学等高校开设了木材美学网络课程，有南京林业大学、中南林业科技大学、内蒙古农业大学、西南林业大学、山东农业大学、山东建筑大学、湖南科技学院和广西大学等高校广泛地开展了木材美学领域的科学研究，有南京林业大学、中南林业科技大学、内蒙古农业大学和广西大学等开展了木材美学领域的博士或硕士研究生培养。在国外，美国俄勒冈州立大学和加拿大多伦多大学持续开展了木材腐朽美学领域的系统研究和人才培养。看到这些，作者甚感欣慰。衷心希望在广大木文化人的鼎力支持和悉心呵护下，木材美学能够茁壮成长为一朵绚丽的奇葩，伫立于美学与艺术之林，熠熠生辉。

作　者

2020年12月

参考文献

[1] 罗建举．开展木材美学研究促进木材解剖学发展．中国林业教育，2008，26（4）：25-27.

[2] 罗建举，徐峰，李宁，等．木材美学引论．南宁：广西科学技术出版社，2008.

[3] 罗建举，罗帆，吕金阳，等．木材宏观构造美学．北京：科学出版社，2011.

[4] 罗建举，罗帆，何拓．木与人类文明．北京：科学出版社，2015.

[5] 徐峰，罗建举，陈旭东，等．木材鉴定图谱．北京：化学工业出版社，2008.

[6] 成俊卿．木材学．北京：中国林业出版社，1985.

[7] 李坚．木材科学．木材学．北京：中国林业出版社，1985.

[8] 海凌超，徐峰．红木与名贵硬木家具用材鉴赏．北京：化学工业出版社，2010.

[9] 成俊卿，杨家驹，刘鹏．中国木材志．北京：中国林业出版社，1992.

[10] 梁敏．紫檀属红木构造研究．南宁：广西大学，2008.

[11] 徐诚．缅甸树化玉．杭州：浙江科学技术出版社，2006.

[12] 胡景初，方海，彭亮．世界现代家具发展史．北京：中央编译出版社，2005.

[13] 杭间，张晓凌．朱小杰家具设计．长春：吉林美术出版社，2005.

[14] 朱家溍．明清家具．上海：上海科学技术出版社，2002.

[15] 尹思慈．木材学．北京：中国林业出版社，1996.

[16] 李英健，李岩泉，蔡子良．红木．北京：中国轻工业出版社，2014.

[17] 汪秉全．木材识别．西安：陕西科学技术出版社，1983.

[18] 徐有明，徐峰．木材学．北京：中国林业出版社，2006.

[19] 吕金阳，树木髓心的构造与美学价值研究．南宁：广西大学，2010.

[20] 申宗圻．木材学．北京：中国林业出版社，1993.

[21] 中国大学慕课．木材美学，https://www.icourse163.org/learn/CSUFT-1206703843?tid=1455310445#/learn/content?type=detail&id=1229231111&sm=1.

[22] 鲍亚飞．硬木家具收藏推高海南黄花梨，http://www.022net.com/2007/11-3/486729133282668.html.

[23] 百度百科．黎族树皮衣服，https://baike.baidu.com/item/黎族树皮布上衣/23197313.

[24] 义乌市浩子电子商务商行．木纤维衣服，http://9310.b2b.qth58.cn/product/12633615.html.

[25] 孔夫子旧书网．邮票，http://book.kongfz.com/263935/1802439919/.

[26] 中国设计之窗．世界最高木结构，http://www.333cn.com/shejizixun/201916/43495_148354.html.

[27] 马蜂窝．都市阳伞，http://www.mafengwo.cn/i/12161402.html.

[28] 新浪网．人体进化过程，http://blog.sina.com.cn/s/blog_4c88f2d00100hyb4.html.

[29] 网易．滚木，https://dy.163.com/article/DTOLPC5M05129RFH.html?referFrom=163.

[30] 黑三角灵异网．木鸢，http://www.heisanjiaolingyi.com/list3/lishiwenhua/30885.html.
[31] 古建中国．木简，https://news.gujianchina.cn/show-3245.html.
[32] 建E室内设计网．木活字，https://www.justeasy.cn/news/2682.html.
[33] 蝌蚪五线谱．丈量步车，http://story.kedo.gov.cn/c/2017-08-16/800567.shtml.
[34] 网易．记里鼓车，https://dy.163.com/article/E3RU74K50534171E.html.
[35] 潍坊坚美．排箫，http://www.wfjianmei.com/ydjk/xxpjff.html.
[36] 搜狗．芦笙，https://baike.sogou.com/v543110.html.
[37] 搜狐．年画，https://www.sohu.com/a/222028239_287599.
[38] 图游华夏网．真武阁，https://www.tuyouhuaxia.com/thread-861-1-1.html.
[39] 新浪网．程阳风雨桥，http://fj.sina.com.cn/travel/message/2012-08-15/15436009_4.html.
[40] 每日甘肃．移花接木，http://comment.gansudaily.com.cn/system/2014/01/22/014868722.shtml.
[41] 新浪网．桃符，http://blog.sina.com.cn/s/blog_8d21f5140102wdoj.html.
[42] 360文档网．光合作用，https://www.wendangwang.com/doc/dd8de3d258faf4937b390780/2.
[43] 新浪网．荔枝，http://blog.sina.com.cn/s/blog_6270df310100h1qg.html.
[44] 360常识网．人心果，http://www.360changshi.com/ys/jinji/12237.html.
[45] 盛世收藏．紫檀木雕围棋提盒，http://yz.sssc.cn/item/view/530940.
[46] 知乎．小叶紫檀，https://www.zhihu.com/question/35736756/answer/517746420.
[47] 搜狐．檀香紫檀，https://www.sohu.com/a/358984101_559421.
[48] 雅昌拍卖．紫檀文具盒，https://auction.artron.net/paimai-art5015641666/.
[49] 新浪网．黄花梨圈椅，http://blog.sina.com.cn/s/blog_b12bf4430101ms3u.html.
[50] 盛世收藏．木雕灵芝摆件，http://yz.sssc.cn/item/view/685277.
[51] 雅昌拍卖．晚清扶手椅，https://auction.artron.net/paimai-art0025914515/.
[52] 中国古典家具网．蛇纹木，http://www.zggdjj.com/View/News-8384.html.
[53] 木工爱好者．茶叶罐，http://app.zuojiaju.com/thread-470295-1-1.html.
[54] 木材王国．蛇纹木圈椅，http://blueuyan.yuzhuwood.com/product_detail_40284dc84e078aaf014e1fa600d50066.htm.
[55] 收藏网．清乾隆宝箱，http://news.socang.com/2010/06/09/1134477005.html.
[56] 中华古玩网．三角圈椅，http://www.gucn.com/Service_CurioAuction_Show.asp? ID=5042411.
[57] 华声新闻．空心树木，http://society.voc.com.cn/article/201506/201506151156413068.html.
[58] 奇闻葩事．辟邪，http://baijiahao.baidu.com/s? id=1560849881251493&wfr=spider&for=pc.
[59] 好宝网．黄花梨瘿瘤，http://www.haobao.com/bwzhanshi/ghshowpic.asp? id=72587.
[60] 北京市文化创意产业联盟网．紫檀木微观照片，http://www.gaobeidian.cn/details.asp?id=1481.
[61] 雅昌艺术网．海南黄花梨板面树瘤，http://bbs.artron.net/viewthread.php? tid=779295.
[62] 百度图片网．木制工艺品，http://image.baidu.com/i? tn=baiduimage&ct=201326592&lm=-1&cl=2&fm=ps&word=%C4%BE%D6%C6%B9%A4%D2%D5%C6%B7&rn=21&pn

=90.
[63] 茂林商贸公司．木制工艺品，http://www.fudalighting.com/pic/wooden_craftwork/wooden_craftwork_5.jpg.
[64] 中国工艺品网．木雕珍珠，http://www.cncraftinfo.com/buy/dir-more-nub-A09001-page-81.html.
[65] 理红轩．根雕艺术欣赏，http://siyu.tech.topzj.com/viewthread.php? tid=11658&extra=page%3D1%26amp%3Bfilter%3Ddigest.
[66] 澳泊家具网．家具产品，http://www.opal-furniture.com.
[67] 大自然地板网．地板产品，http://www.nature-cn.cn/Index_Product.html.
[68] 想想．树木—化石，http://bb.61flash.com/index.php/action/viewspace/itemid/29160/aid/41026.
[69] 百度百科．树木，http://baike.baidu.com/view/5626.htm.
[70] 百度图片．石榴，http://hi.baidu.com/liangtian05/album/item/3c3a74f865642c2fd9f9fdac.html.
[71] 百度图片．杜鹃，http://www.pecc.cn/UPfile/2008-04/User15630-2008411113529.jpg.
[72] 百度图片．金花茶，http://hi.baidu.com/linbocashbody/album/item/fb5d70a52cb4dee89052eeb4.html.
[73] 中国教育信息网．奥运与香山红叶，http://news.e21.cn/html/2008/tyjk/195/20080918084108_12216984681320986370.htm.
[74] 我爱旅游网．香山红叶，http://www.52travel.net/Destinations/Scenic_Info.asp? ScenicID=539.
[75] 图片素材库．烂漫樱花，http://sucai.jz173.com/28/519/521/312/view20688.html.
[76] 图片素材库．树木特写，http://sucai.jz173.com/13/14/18/1079/view145024.html.
[77] 图片素材库．果树果园，http://sucai.jz173.com/13/14/18/1083/view145370.html.
[78] 新浪科技．动物伪装大师，http://tech.sina.com.cn/d/2008-11-06/08122560140.shtml.
[79] 中国木业信息网．桦树皮工艺品，http://www.wood168.net/selldetail.asp? this=50551.
[80] 工礼网．桦树皮工艺品，http://www.gift12345.com/sale.asp? id=17322.
[81] 中国旅游商品网．桦树皮工艺品，http://www.zglysp.com/read.php? tid=4928.
[82] 美家乐网．质感树皮，http://www.52mjl.com/zhongji/iitem_id2973_iqd3acxaywsauu1fjc2duq8870132122018002.shtml.
[83] E库素材网．风蚀木纹，http://www.iecool.com/photo/show/642/50343.htm.
[84] 中国民族文化网．木雕工艺品，http://www.56china.com/2009/1015/69557.html.
[85] 旺旺工艺品采购网．树根里的神奇艺术，http://www.wwgyp.com/newsall/20083298317.html.
[86] 简书．世界银杉王，https://www.jianshu.com/p/54ea69dacc9b.